美国著名奥数教练蒂图·安德雷斯库系列丛书(第二辑)

111个代数和数论问题

111 Problems in Algebra and Number Theory

[美] 阿德里安·安德雷斯库(Adrian Andreescu)

[美] 维嘉·维尔(Vinjai Vale) 著

隋振林 译

哈尔滨工业大学出版社
HARBIN INSTITUTE OF TECHNOLOGY PRESS

黑版贸审字 08－2017－026 号

内 容 简 介

本书深入地研究了代数和数论的基础知识.第一部分先从研究不等式开始,然后转换到二次方程和多项式,并呈现一系列有价值的代数技巧;第二部分从代数的角度讨论了数论的一些基础知识;第三部分列出了包含在问题中的提示,并以随机顺序排列.内容丰富,叙述详尽.

本书可供高等学校理工科师生及数学爱好者阅读和收藏.

图书在版编目(CIP)数据

111 个代数和数论问题/(美)阿德里安·安德雷斯库(Adrian Andreescu),(美)维嘉·维尔(Vinjai Vale)著;隋振林译.—哈尔滨:哈尔滨工业大学出版社,2019.5(2025.4 重印)

书名原文:111 Problems in Algebra and Number Theory

ISBN 978－7－5603－8083－4

Ⅰ.①1… Ⅱ.①阿…②维…③隋… Ⅲ.①代数数论
Ⅳ.①O156.2

中国版本图书馆 CIP 数据核字(2019)第 058063 号

策划编辑	刘培杰　张永芹
责任编辑	张永芹　陈雅君
封面设计	孙茵艾
出版发行	哈尔滨工业大学出版社
社　　址	哈尔滨市南岗区复华四道街 10 号　邮编 150006
传　　真	0451－86414749
网　　址	http://hitpress.hit.edu.cn
印　　刷	哈尔滨起源印务有限公司
开　　本	787mm×1092mm　1/16　印张 12　字数 269 千字
版　　次	2019 年 5 月第 1 版　2025 年 4 月第 6 次印刷
书　　号	ISBN 978－7－5603－8083－4
定　　价	58.00 元

(如因印装质量问题影响阅读,我社负责调换)

美国著名奥数教练蒂图·安德雷斯库

序　言

朋友之间的合作始终是值得追求的. Helen Keller 曾经说过:"独自一人做的很少,但团结起来我们能做的很多."著名的数学家 Paul Erdös 在同事家里讨论问题的时候,总会说这样的一句话:"另一个屋顶,另一个证明."作为一个终身数学教育者,我的目标远不止于传统教学,我为部分求知欲强烈的年轻学生开设了数学讨论小组,我想与这个小组成员做一些不同寻常的事情.我的目标不仅仅是给学生们传授解决问题的方法,而且还要传授给他们团结协作的经验,并使他们努力学习更多的东西,充分发挥自己的潜能.随着他们的知识的增长和技能的提高,在解决问题时他们互相挑战,并付出了大量时间复习、剖析和探索有意义的数学问题,每个人都带来了自己独特的解题方法,出于共同的愿望,他们努力工作并奉献各自的智慧.由此,他们的合作逐渐发展起来了.

《111 个代数和数论问题》是由 Adrian Andreescu 和 Vinjai Vale 合作著的.这本书深入地研究了代数和数论的基础知识,对扩大学生的数学视野给予全面指导.通过全面的理论介绍、充实的实例和说明性问题,读者将学到解决问题的技巧和方法,以帮助学生更好地理解数学,并在诸如 USAJMO 等竞赛中获得成功.我看到,在我的指导下,这两个学生共同努力、团结协作完成了本书的编纂工作.在完成这个雄心勃勃的项目的过程中,他们的数学水平和个人成熟度也大大增加.我将永远把这本书看成是我的学生辛勤努力的结晶,也是我对数学和教学的热情的肯定,我在 Adrian 和 Vinjai 回馈数学界的时候看到了这一点.

Dr. Titu Andreescu
2016 年 3 月

前　言

　　代数和数论是紧密交织在一起的数学领域. 在本书中,我们从头开始探索青少年奥林匹克代数和数论的基础知识,并且有许多有益的例子. 本书从研究不等式开始,然后转换到更高阶的二次方程和多项式,并呈现一系列有价值的代数技巧,这些技巧多次出现在数学竞赛中. 接下来是大致按难易程度排列的混合问题,旨在强化理论部分中讨论的概念. 每一个问题,我们都提供了一个完整的解决方案,其中的某些问题提供了不止一个方法. 在本书的第二部分,我们从代数的角度讨论了数论的一些基础知识,从整除性和模运算开始,还包括初级奥林匹克标准数论概念等其他各种主题,接下来是数论方面的一部分问题. 最后,本书列出了包含在问题中的所有提示,并以随机顺序排列,因此读者不必担心无意中发现了下一个问题的线索. 我们衷心感谢 Titu Andreescu 博士慷慨提供的若干问题和有益的指导,没有他的帮助,本书是不可能完成的. 他耐心细致的指导和富有洞察力的建议都极大地塑造了本书. 我们还要感谢 Gabriel Dospinescu 博士和 Richard Stong 博士校对了我们的手稿并提供了许多宝贵的建议,他们详尽的评论极大地提高了本书的质量. 最后,我们要感谢我们的父母,从开始到出版对整个项目的不懈支持.

　　享受问题吧!

如何使用这本书

数学奥林匹克允许参赛者利用若干小时来解决一些问题. 因此, 问题本身具有独特的性质. 其目的是要考查一个人的解题能力, 这不仅涉及已知的概念, 而且还需要应用创造性的解决方案来解决即使是最好的问题. 我们强烈建议读者花些时间研究给出的问题, 包括示例. 大多时候, 人们必须从几个不同的角度来解决一个问题, 然后才能取得实质性的进展, 因为有些尝试是徒劳的. 我们鼓励读者完整阅读所有提供的解决方案, 包括那些已经解决的问题. 每个解决方案都具有启发性, 许多解法里面包含重要的见解、动机和可能发生的错误. 有些人较少关注解决问题的过程, 但其实这是如何在实际竞赛中提出解决方案的好例子. 我们也鼓励读者在阅读解决方案后回归到问题并尝试寻找另一种途径, 因为大多数奥林匹克问题可以通过多种方式来解决. 最后, 我们希望读者对解决奥林匹克问题的艺术以及创作出富有洞察力和严谨的解决方案能够更加满意.

许多问题都有提示. 一般来说, 提示是为了让读者能轻松地进入正确的方向, 如果一个问题只有一个提示, 这通常是一种暗示. 但是, 如果它有两个或三个提示, 那么第一个提示通常是间接的, 而第二个和第三个提示可能会提供更直接的建议. 我们强烈建议读者在阅读第一个提示之后能花些时间尝试解决问题, 然后再转到第二个或第三个提示. 只有先全心全意地尝试解决这个问题, 才能阅读提示! 另外, 请记住, 通常有各种可能的方法解决问题, 提示可能仅仅是其中一种方法.

我们偶尔使用符号 LHS 和 RHS 分别表示等式或不等式的左侧和右侧. 此外, $\mathbb{N}$, $\mathbb{Z}$, $\mathbb{Q}$, $\mathbb{R}$, $\mathbb{C}$ 分别用于表示自然数、整数、有理数、实数和复数的集合. 其他符号, 例如, $\deg(P)$ 表示多项式 P 的次数; $\varphi(n)$ 表示 Euler 总体函数, 在文中都有定义. 读者可能在本书中遇到一些新的数学术语, 例如, "成对"; 变量 a, b, c "两两不同"是指 $a \neq b, b \neq c, c \neq a$.

目　　录

第一部分 代 数

代数不仅在数学中,而且在其他各科领域中发挥着重要作用.没有代数,就没有统一的语言来表达概念,如算术或数字的属性.因此,为了在其他数学学科(如数论、组合数学甚至几何学)中取得优异成绩,熟悉该领域是非常重要的.在本部分中,我们将涵盖代数(作为数学自身的一个分支),并讨论在许多奥林匹克问题中也适用的重要技巧.

第1章 不 等 式

不等式的领域充满了理论和许多优美的问题.在奥林匹克竞赛层面上,建立(相对)基本的工具和技术库就足够了.不等式可能具有"简陋"的证明以及巧妙优雅的解决方案,本章将重点介绍后者,并努力提供这些证明背后的动机.

我们首先讨论基础知识,从头开始构建我们的直觉.对于那些已经熟悉不等式的人来说,这部分可能只是一个评论,但确保所有关键概念得到巩固总是值得的.然后,我们继续讨论诸如算术平均－几何平均不等式、排序不等式和 Cauchy－Schwarz 不等式的三个经典不等式.Titu 引理是 Cauchy－Schwarz 不等式的一个必然结果,也会详细讨论.最后,我们介绍不常见但功能强大的 Hölder 和 Schur 不等式,这两个不等式在奥林匹克竞赛难题中都有许多应用.

1.1 基 础 知 识

基本代数处理关于未知数的确定结果,如 $x=2$ 和 $a^3+3a=14$.但是,如果我们只知道有关结果的一些信息而不是确切的值呢?例如,我们可能知道它存在于实数的一些子集中.要描述的最简单的子集是半直线或区间,例如,$x>2$ 和 $1 \leqslant a^3+3a \leqslant 14$.现在,开始学习不等式.

本节的目标是从头开始建立不等式背后的直觉,具有一些以往不等式经验的读者可以跳过本节.

例 1.1 考虑不等式 $2x+3 \geqslant 17$,那么关于变量 x 我们能说些什么呢?

解 如果 $2x+3$ 至少是 17,那么必有 $2x$ 至少是 14.这就意味着 x 至少是 7.

例 1.2 如果 $x \geqslant 2$,求 $9x+4$ 的最小可能值.

解 因为 $x \geqslant 2$,我们知道 $9x \geqslant 18$,所以 $9x+4 \geqslant 22$,并且,当 $x=2$ 时,有 $9x+4=22$,因此,$9x+4$ 可以达到的最小值由 $x \geqslant 2$ 确定,最小值就是 22.

注 注意到单独的 $9x+4 \geqslant 22$ 并不意味着 $9x+4$ 的最小可能值是 22,我们还需要知道 22 是可以达到的.一般来说,证明一个界限是可以达到的是一个有效证明的重要组成部分.

在上面的几个例子中我们看到,可以用不等式的方式做很多事情,当然也可以用等式来做.例如,可以在两边同时加或减任何量,不等式将仍然成立,这是很直观的.然而,在下一个问题中,乘和除并不像加或减那样简单.

例 1.3 如果实数 a 和 b 满足 $a > b$,那么关于 $-a$ 和 $-b$ 我们能说些什么呢?

解 用 -1 乘以不等式的两边,我们可能会认为 $-a > -b$.但请考虑以下结论:不等式两边减去 a,得到 $0 > b-a$,然后,再减去 b 得到 $-b > -a$,这等价于 $-a < -b$.这两个结论中的哪一个是正确的?

我们确定第二个是正确的.因为我们已经知道,从不等式的两边同时加或减一个数是完全可以的.这意味着乘以 -1 必然是错误的.考虑例子,假设 $a=3,b=2$,我们则有 $-3 < -2$ 而不是 $-3 > -2$.

直观地,可以考虑一数轴上的两个点 a 和 b,穿过零点分别得到点 a 和 b 的对应点 $-a$ 和 $-b$,则点 $-a$ 和 $-b$ 的次序与点 a 和 b 的次序正好相反.这意味着,只要我们乘以 -1 或任何负数,必须改变符号.也就是说,当我们乘以可能是正数或负数的时候,需要确保分别考虑了两种情况,因为他们可能因不等号改变而需要个别处理.除法的情况也是如此,这实质上是两边同乘以一个数的倒数.

例 1.4 证明:如果 $a > b > 0$,那么 $\dfrac{1}{a} < \dfrac{1}{b}$.条件中为什么要求 a 和 b 是正数呢?

证明 因为 $a > b > 0$,$ab > 0$,所以,我们可以在 $a > b$ 的两边同除以 ab,得到 $\dfrac{1}{b} > \dfrac{1}{a}$.正数条件很重要,因为如果 $ab > 0$,我们可以以这种方式除以 ab,相反,我们可以找到一个反例(例如:$2 > -2$,但是 $\dfrac{1}{2} < -\dfrac{1}{2}$ 不成立).

到目前为止,我们已经讨论了不等式两边的加、减、乘和除,但也有其他的操作,我们可以用等式来执行,比如加、减、乘或者除其中的两个.

例 1.5 如果有两个不等式,为了对其成功实施加法运算,那么必须具备什么条件?实施减法运算呢?

解　看一些例子,很快就会明白,为了相加两个不等式并且结果仍然成立,它们必须具有相同的不等号.如果 $a > b$ 且 $c > d$,那么必有 $a + c > b + d$,但是,我们不能说 $a > b$ 且 $d < c$,必有 $a + d > b + c$,这并非总是如此.

减法的情况非常相似,因为它只是相加一个相反的数量,所以不等号必须相反.因此,对不等式 $a > b$ 且 $d < c$,我们可以相减得到 $a - d > b - c$(注意:除了我们已经将 c 和 d 移到另一边,这实际上是和 $a + c > b + d$ 相同的不等式).

例 1.6　乘法和除法的情况怎么样呢?

解　如果所有不等式的两边都是正的,那么就需要它们有相同的方式.例如,我们可以安全地将不等式 $3 > 2$ 和 $7 > 4$ 相乘,得到 $21 > 8$.但是,如果企图将不等式 $10 > 3$ 和 $-2 > -3$ 相乘,得到 $-20 > -9$,那就错了.因此,确定不等式两边都是正数之后,两个不等式相乘是安全的.由例 1.4 可知,除法的情况类似,因为除以 $a > b$ 与乘以 $\frac{1}{a} < \frac{1}{b}$ 相同.

注　还有其他一些情况,比如一个不等式:当 $a > 0, b < 0$ 时,$a > b$.然后,我们可以安全地将 $a > b$ 乘以任意正数 $c, d(c > d)$ 以得到 $ac > bd$.这些其他案例留给好奇的读者去探索.这个信息表明,对不等式进行乘法或除法时,必须格外小心.

现在我们探索一些不受限制的变量.

定理(平凡不等式)　任意实数 x 满足 $x^2 \geqslant 0$.

证明　如果 x 是正数,那么 $x \cdot x$ 是两个正数的乘积,也必须是正数;如果 x 是负数,那么 $x \cdot x$ 是两个负数的乘积,必然是正数;如果 x 是零,那么 $x \cdot x$ 也是零.在所有情况下,我们都有 $x^2 \geqslant 0$.

平凡不等式从根本上说是非常有趣的.特别是,它适用于所有实数 x,没有任何其他条件.此外,我们已经看到了几个线性不等式的例子($x \geqslant y, 2x - 3 \geqslant 5$,等等),并且平凡不等式告诉我们,即使是最简单的二次函数也已经很有趣了.

例 1.7　证明:对于所有实数 a 和 b,$(a + b)^2 \geqslant 4ab$.

证明　如果我们展开 $(a + b)^2$,那么有

$$a^2 + 2ab + b^2 \geqslant 4ab$$

这等价于

$$a^2 - 2ab + b^2 \geqslant 0$$

即

$$(a - b)^2 \geqslant 0$$

因为这是平凡不等式,显然是真的,所以原来的不等式也必定是真的.

注　一个非常有用的相关结果是,对于所有实数 a 和 b,$a^2 + b^2 \geqslant 2ab$.

例 1.8　证明:对于所有实数 a 和 b,$a^2 + 4b^2 \geqslant 4ab$.

证明　如果我们将项 $4ab$ 移到不等式的左边,看到可以因式分解,得

$$(a-2b)^2 \geqslant 0$$

这是平凡不等式,所以原不等式也必然是真的(另外,我们看到,由 $x^2 + y^2 \geqslant 2xy$ 可以得到 $a^2 + (2b)^2 \geqslant 2a(2b)$).

例 1.9 计算 $2^2 + 3^2 + 6^2$ 和 $2 \cdot 3 + 3 \cdot 6 + 6 \cdot 2, 5^2 + 4^2 + 1^2$ 和 $5 \cdot 4 + 4 \cdot 1 + 1 \cdot 5$. 一般情况下,$a^2 + b^2 + c^2$ 和 $a \cdot b + b \cdot c + c \cdot a$ 哪个更大一些,为什么?

解 通过简单的计算,我们得

$$2^2 + 3^2 + 6^2 = 4 + 9 + 36 = 49$$

$$2 \cdot 3 + 3 \cdot 6 + 6 \cdot 2 = 6 + 18 + 12 = 36$$

还有

$$5^2 + 4^2 + 1^2 = 25 + 16 + 1 = 42$$

$$5 \cdot 4 + 4 \cdot 1 + 1 \cdot 5 = 20 + 4 + 5 = 29$$

一般情况下,当然 $a^2 + b^2 + c^2$ 比 $a \cdot b + b \cdot c + c \cdot a$ 要大一些,现在,我们来证明它.

我们对三个数平方的和知道很少,但我们知道两个数平方的和满足 $a^2 + b^2 \geqslant 2ab$. 这在目前的形式中并没有太多的帮助,因为左边不包括 c^2. 为解决这个问题,我们考虑两个类似的不等式

$$b^2 + c^2 \geqslant 2bc, c^2 + a^2 \geqslant 2ca$$

然后,将三个不等式相加,得

$$2a^2 + 2b^2 + 2c^2 \geqslant 2ab + 2bc + 2ca$$

不等式两边同除以 2,即得所要的结果.

注 注意到等式(即 $a^2 + b^2 + c^2 = ab + bc + ca$)成立,当且仅当 $a = b = c$,因为我们相加的三个不等式分别当 $a = b, b = c, c = a$ 时,等式成立.

例 1.10 证明:对所有实数 a, b, c,我们有

$$3(a^2 + b^2 + c^2) \geqslant (a + b + c)^2 \geqslant 3(ab + bc + ca)$$

证明 我们先证明

$$3(a^2 + b^2 + c^2) \geqslant (a + b + c)^2$$

展开不等式的两边,给出其等价形式

$$3a^2 + 3b^2 + 3c^2 \geqslant a^2 + b^2 + c^2 + 2ab + 2bc + 2ca$$

这可以简化为

$$a^2 + b^2 + c^2 \geqslant ab + bc + ca$$

这是我们前面已经证明过的.因此,第一部分的证明完成.

现在,我们来证明

$$(a + b + c)^2 \geqslant 3(ab + bc + ca)$$

再来一次,我们展开不等式的两边

$$a^2 + b^2 + c^2 + 2ab + 2bc + 2ca \geqslant 3ab + 3bc + 3ca$$

和之前一样,这可以简化为

$$a^2 + b^2 + c^2 \geqslant ab + bc + ca$$

因此,证明完成.

例 1.11 证明:对所有正实数 a, b, c,我们有

$$a^2(b+c) + b^2(c+a) + c^2(a+b) \geqslant 6abc$$

证明 注意到,我们可以重组不等式左边的项为

$$a(b^2 + c^2) + b(c^2 + a^2) + c(a^2 + b^2)$$

之后,应用不等式 $x^2 + y^2 \geqslant 2xy$,得

$$a(b^2 + c^2) + b(c^2 + a^2) + c(a^2 + b^2) \geqslant 2abc + 2abc + 2abc = 6abc$$

例 1.12 证明:对所有正实数 a, b, c,有

$$(a+b)(b+c)(c+a) \geqslant 8abc$$

证法 1 展开不等式的左边,得到其等价不等式

$$2abc + a^2b + ab^2 + b^2c + bc^2 + c^2a + ca^2 \geqslant 8abc$$

然后应用前面的例子,即得所需的结论.

证法 2 令 $x = \sqrt{a}, y = \sqrt{b}, z = \sqrt{c}$. 则不等式等价于

$$(x^2 + y^2)(y^2 + z^2)(z^2 + x^2) \geqslant 8x^2 y^2 z^2$$

这可以由下面三个不等式相乘得到

$$x^2 + y^2 \geqslant 2xy, \quad y^2 + z^2 \geqslant 2yz, \quad z^2 + x^2 \geqslant 2zx$$

(可以自由地进行这种乘法运算,因为所有三个不等式的两边都是正的).

例 1.13 证明:对所有正实数 $a_1, a_2, \cdots, a_n$,我们有

$$a_1^2 + a_2^2 + \cdots + a_n^2 \geqslant a_1 a_2 + a_2 a_3 + \cdots + a_n a_1$$

证明 这个不等式与例 1.9 所说的不等式 $a^2 + b^2 + c^2 \geqslant ab + bc + ca$ 非常相似. 这可以直接两边加倍,并改写成如下形式

$$(a_1 - a_2)^2 + (a_2 - a_3)^2 + \cdots + (a_n - a_1)^2 \geqslant 0$$

例 1.14 证明:对所有正实数 a, b, c,有

$$a^4 + b^4 + c^4 \geqslant abc(a + b + c)$$

证明 首先,注意到

$$a^4 + b^4 + c^4 = (a^2)^2 + (b^2)^2 + (c^2)^2 \geqslant a^2 b^2 + b^2 c^2 + c^2 a^2$$

然后

$$a^2 b^2 + b^2 c^2 + c^2 a^2 = (ab)^2 + (bc)^2 + (ca)^2$$
$$\geqslant ab \cdot bc + bc \cdot ca + ca \cdot ab$$
$$= abc(a + b + c)$$

组合上述两个不等式,即得

$$(a^4 + b^4 + c^4) \geqslant abc(a + b + c)$$

1.2 AM-GM 不等式

定理(AM-GM 不等式) 设 n 是一个正整数,则对所有正实数 $x_1, x_2, \cdots, x_n$,有

$$\frac{x_1 + x_2 + \cdots + x_n}{n} \geqslant \sqrt[n]{x_1 x_2 \cdots x_n}$$

如名称所指示的,这个不等式的左边是一组数的算术平均值或平均值,右边是其几何平均值,这是另一种形式的平均值. 这个不等式在许多问题中都非常有用,考虑到等式的情况下,使两边相等的变量的值是解决不等式问题的一种强大的技巧,特别是在使用 AM-GM 不等式时,AM-GM 不等式相等的条件是当所有的 x_i 都相等.

AM-GM 不等式可以通过多种方式进行扩展. 与此相关的是二次均值(QM,也称为均方根[RMS])和调和平均值(HM). n 个正实数 $x_1, x_2, \cdots, x_n$ 的 QM 和 HM 定义如下

$$QM = \sqrt{\frac{x_1^2 + x_2^2 + \cdots + x_n^2}{2}}$$

$$HM = \frac{n}{\dfrac{1}{x_1} + \dfrac{1}{x_2} + \cdots + \dfrac{1}{x_n}}$$

可以证明,AM-GM 不等式可以扩展到

$$QM \geqslant AM \geqslant GM \geqslant HM$$

我们将在本章的问题部分中证明这个结果.

现在我们来证明 AM-GM 不等式. 在例 1.7 中,我们已经证明了结果 $(x_1 + x_2)^2 \geqslant 4x_1 x_2$,当 x_1, x_2 是正数时,不等式两边取算术平方根,得到 $x_1 + x_2 \geqslant 2\sqrt{x_1 x_2}$. 这实际上是 AM-GM 不等式当 $n = 2$ 时的情况,等号成立的条件是 $x_1 = x_2$.

例 2.1 证明:如果 AM-GM 不等式对于 $n = k$ 成立,那么它对 $n = 2k$ 也成立.

证明 设 $2k$ 个正实数是 $x_1, x_2, \cdots, x_{2k}$. 令

$$a = \frac{x_1 + x_2 + \cdots + x_k}{k}, b = \frac{x_{k+1} + x_{k+2} + \cdots + x_{2k}}{k}$$

则由两变量的 AM-GM 不等式,得

$$\frac{x_1 + x_2 + \cdots + x_{2k}}{2k} = \frac{a + b}{2} \geqslant \sqrt{ab}$$

接下来,由于 AM-GM 不等式当 $n = k$ 时成立,因此有

$$\sqrt{ab} = \sqrt{\left(\frac{x_1 + x_2 + \cdots + x_k}{k}\right)\left(\frac{x_{k+1} + x_{k+2} + \cdots + x_{2k}}{k}\right)}$$

$$\geqslant \sqrt{\sqrt[k]{x_1 x_2 \cdots x_k} \cdot \sqrt[k]{x_{k+1} x_{k+2} \cdots x_{2k}}}$$
$$= \sqrt[2k]{x_1 x_2 \cdots x_{2k}}$$

这样一来,我们就证明了当 $n=k$ 时 AM$-$GM 不等式成立,则当 $n=2k$ 时也成立.

例 2.2 证明:如果 AM$-$GM 不等式对于 $n=k$ 成立,那么它对 $n=k-1$ 也成立.

证明 设 $k-1$ 个正实数 $x_1, x_2, \cdots, x_{k-1}$. 因为 AM$-$GM 不等式当 $n=k$ 时成立,因此对 k 个正实数 $x_1, x_2, \cdots, x_{k-1}, \dfrac{x_1+x_2+\cdots+x_{k-1}}{k-1}$ 应用 AM$\to$GM 不等式,有

$$\frac{x_1+x_2+\cdots+x_{k-1}+\dfrac{x_1+x_2+\cdots+x_{k-1}}{k-1}}{k} \geqslant \sqrt[k]{x_1 x_2 \cdots x_{k-1}\left(\frac{x_1+x_2+\cdots+x_{k-1}}{k-1}\right)}$$

接下来,我们可以实施一些简单的操作来简化左边,得

$$\frac{x_1+x_2+\cdots+x_{k-1}}{k-1} \geqslant \sqrt[k]{x_1 x_2 \cdots x_{k-1}\left(\frac{x_1+x_2+\cdots+x_{k-1}}{k-1}\right)}$$

$$\left(\frac{x_1+x_2+\cdots+x_{k-1}}{k-1}\right)^k \geqslant x_1 x_2 \cdots x_{k-1}\left(\frac{x_1+x_2+\cdots+x_{k-1}}{k-1}\right)$$

$$\left(\frac{x_1+x_2+\cdots+x_{k-1}}{k-1}\right)^{k-1} \geqslant x_1 x_2 \cdots x_{k-1}$$

$$\frac{x_1+x_2+\cdots+x_{k-1}}{k-1} \geqslant \sqrt[k-1]{x_1 x_2 \cdots x_{k-1}}$$

这样,我们就证明了 AM$-$GM 不等式对于 $n=k$ 成立,那么它对 $n=k-1$ 也成立.

注 再次强调,这些实数是正的,在论证的有效性中起着至关重要的作用,因为,若不然,最后一组操作可能不成立.

例 2.3 结合前面的结果来证明:对所有正整数 n 的 AM$-$GM 不等式.

证明 $n=1$ 的情况是显然的.所以,我们从 $n=2$ 的情况开始,反复应用例 2.1,我们看到,当 $n=2^k(k \geqslant 1)$ 时,不等式总是成立的.然后,我们可以在 2 的幂次之间填充正整数,重复应用例 2.2,这样,就遍历了所有正整数 n,不等式都是成立的.

注 当且仅当 $x_1=x_2=\cdots=x_n$ 时,AM$-$GM 不等式的等号成立.这个问题的证明留给读者作为练习.

掌握 AM$-$GM 不等式需要经验,因为它涉及熟练的项操作技巧.本部分的目标之一是建立理解这种水平所需的直觉.我们从应用 AM$-$GM 不等式的一个关键思想开始:消去法.

例 2.4 假设 x 是一个正实数,求 $x+\dfrac{1}{x}$ 的最小可能值.

解 在两个量 x 和 $\dfrac{1}{x}$ 上应用 AM$-$GM 不等式,使得我们可以在较大的一方获得它们的和,而在较小的一方获得它们的一个常数(因为 x 在 GM 中消除了)

$$\frac{x+\frac{1}{x}}{2} \geq \sqrt{x \cdot \frac{1}{x}} = 1$$

所以

$$x + \frac{1}{x} \geq 2$$

当 $x = \frac{1}{x}$ 或者 $x = 1$ 时,等号成立.

例 2.5 假设 x 是一个正实数,求 $x^2 + \frac{1}{x}$ 的最小可能值.

解 如果采用和上例同样的方法,那么得

$$x^2 + \frac{1}{x} \geq 2\sqrt{x^2 \cdot \frac{1}{x}} = 2\sqrt{x}$$

不幸的是,这并不能帮助我们,因为我们需要的下界是一个常数,这意味着无论如何都需要消去变量 x. 在此的处理手法是将项 $\frac{1}{x}$ 分拆成 $\frac{\frac{1}{2}}{x} + \frac{\frac{1}{2}}{x}$,然后再使用 AM-GM 不等式,因为现在分母中有两个 x 来抵消 x^2,所以有

$$x^2 + \frac{1}{x} = x^2 + \frac{\frac{1}{2}}{x} + \frac{\frac{1}{2}}{x} \geq 3\sqrt[3]{x^2 \cdot \frac{\frac{1}{2}}{x} \cdot \frac{\frac{1}{2}}{x}} = 3\sqrt[3]{\frac{1}{4}}$$

当 $x^2 = \frac{\frac{1}{2}}{x}$ 或者 $x = \sqrt[3]{\frac{1}{2}}$ 时,等号成立.

例 2.6 对所有实数 $a, b, c > 0$,证明

$$\frac{a+b}{c} + \frac{b+c}{a} + \frac{c+a}{b} \geq 6$$

证法 1 对三个分式应用 AM-GM 不等式,得

$$\frac{a+b}{c} + \frac{b+c}{a} + \frac{c+a}{b} \geq 3\sqrt[3]{\frac{(a+b)(b+c)(c+a)}{abc}} = 3\sqrt[3]{8} = 3 \cdot 2 = 6$$

因为 $(a+b)(b+c)(c+a) \geq 8abc$(参见例 1.12).

证法 2 我们可以先分拆分数,然后将 AM-GM 不等式应用到左边,从而使变量消去,得

$$\frac{a}{c} + \frac{b}{c} + \frac{b}{a} + \frac{c}{a} + \frac{c}{b} + \frac{a}{b} \geq 6\sqrt[6]{\frac{a}{c} \cdot \frac{b}{c} \cdot \frac{b}{a} \cdot \frac{c}{a} \cdot \frac{c}{b} \cdot \frac{a}{b}} = 6$$

这正是我们想要证明的.

证法 3 我们可以使用与证法 2 同样的方法,然后注意到

$$\frac{a}{b} + \frac{b}{a} \geqslant 2, \frac{b}{c} + \frac{c}{b} \geqslant 2, \frac{c}{a} + \frac{a}{c} \geqslant 2$$

并将它们相加即可.

注 在这三种证法中,我们看到,当且仅当 $a = b = c$ 时,等号才成立.

使用 AM－GM 不等式的另一种强有力的方法是将表达式分解为循环部分,并在每个部分上应用 AM－GM 不等式. 我们在例 1.9 中看到了这种技巧的一个实例,下一个问题中将看到另一个例子.

例 2.7 对所有正实数 a, b, c,证明

$$a^3 + b^3 + c^3 \geqslant a^2 b + b^2 c + c^2 a$$

证明 我们可以将 $a^2 b, b^2 c, c^2 a$ 表示为 a^3, b^3, c^3 的几何平均,即

$$\frac{a^3 + a^3 + b^3}{3} \geqslant a^2 b, \frac{b^3 + b^3 + c^3}{3} \geqslant b^2 c, \frac{c^3 + c^3 + a^3}{3} \geqslant c^2 a$$

上述三个不等式相加,即得

$$a^3 + b^3 + c^3 \geqslant a^2 b + b^2 c + c^2 a$$

例 2.8 两个正实数 a 和 b 的和为 1,求表达式 $a^2 b^3$ 的最大可能值.

解 考虑表达式 $a^2 b^3$ 中的指数,我们将和式 $a + b = 1$ 拆分,然后使用 AM－GM 不等式,可得

$$1 = \frac{a}{2} + \frac{a}{2} + \frac{b}{3} + \frac{b}{3} + \frac{b}{3} \geqslant 5 \sqrt[5]{\frac{a^2 b^3}{108}}$$

两边同除以 5,有

$$\frac{1}{5} \geqslant \sqrt[5]{\frac{a^2 b^3}{108}}$$

并五次方,得

$$\frac{1}{3\ 125} \geqslant \frac{a^2 b^3}{108}$$

即

$$a^2 b^3 \leqslant \frac{108}{3\ 125}$$

现在,我们必须证明这个值是可以达到的,当 $a = \frac{2}{5}, b = \frac{3}{5}$ 时,这显然是正确的,即 AM－GM 不等式相等情况的应用.

例 2.9 假设 x, y, z 是正实数,满足 $xyz = 32$,求表达式 $x^2 + 4xy + 4y^2 + 2z^2$ 的最小可能值.

解 因为我们想要获得一个和的下限,所以想到了 AM－GM 不等式. 另外,必须使用条件 $xyz = 32$,所以,在 GM 中 x, y, z 必须具有相同的次数,注意到

$$x^2 + 4xy + 4y^2 = (x + 2y)^2 \geqslant 8xy$$

因此,只需求 $8xy + 2z^2$ 的最小值即可. 我们按下列方式进行

$$8xy + 2z^2 = 4xy + 4xy + 2z^2 \geqslant 3\sqrt[3]{32x^2y^2z^2} = 96$$

这最后一步利用了条件 $xyz = 32$. 易证当 $(x,y,z) = (4,2,4)$ 时,所要求的最小值 96 是可以达到的.

例 2.10 设 $a,b,c > 0$,证明

$$\frac{a}{a + 2\sqrt{bc}} + \frac{b}{b + 2\sqrt{ca}} + \frac{c}{c + 2\sqrt{ab}} \geqslant 1$$

证明 由 AM $-$ GM 不等式可知,$a + 2\sqrt{bc}$,$b + 2\sqrt{ca}$ 和 $c + 2\sqrt{ab}$ 每一个至多为 $a + b + c$,所以不等式的左边至少为

$$\frac{a}{a + b + c} + \frac{b}{a + b + c} + \frac{c}{a + b + c} = \frac{a + b + c}{a + b + c} = 1$$

证毕.

例 2.11 设 a,b,c 都是大于或等于 1 的实数,证明

$$\frac{a(b^2 + 3)}{3c^2 + 1} + \frac{b(c^2 + 3)}{3a^2 + 1} + \frac{c(a^2 + 3)}{3b^2 + 1} \geqslant 3$$

证明 对于不等式中出现的分式,我们没有更多可以考虑的,因为每一个分式中三个变量 a,b 和 c 都出现了. 相反的,考虑分式 $\frac{a(a^2 + 3)}{3a^2 + 1}$,这个表达式对所有变量的值都是一样的. 注意到

$$a(a^2 + 3) = a^3 + 3a \geqslant 3a^2 + 1$$

(因为 $(a - 1)^3 = a^3 - 3a^2 + 3a - 1 \geqslant 0$). 这样一来,这个分式至少是 1. 所以,利用 AM $-$ GM 不等式可以得到三个分式的乘积

$$\frac{a(b^2 + 3)}{3c^2 + 1} + \frac{b(c^2 + 3)}{3a^2 + 1} + \frac{c(a^2 + 3)}{3b^2 + 1} \geqslant 3\sqrt[3]{\frac{a(b^2 + 3)}{3c^2 + 1} \cdot \frac{b(c^2 + 3)}{3a^2 + 1} \cdot \frac{c(a^2 + 3)}{3b^2 + 1}}$$

$$= 3\sqrt[3]{\frac{a(a^2 + 3)}{3a^2 + 1} \cdot \frac{b(b^2 + 3)}{3b^2 + 1} \cdot \frac{c(c^2 + 3)}{3c^2 + 1}}$$

$$\geqslant 3\sqrt[3]{1 \cdot 1 \cdot 1} = 3$$

例 2.12 证明:对所有实数 $a,b,c \geqslant 0$,有

$$(a + b + c)^5 \geqslant 81abc(a^2 + b^2 + c^2)$$

证明 五次方似乎不好处理,因此,在不等式的两边同时乘以 $a + b + c$,以便在不等式的左边形成一个复合指数,这样不等式变成了

$$(a + b + c)^6 \geqslant 81abc(a + b + c)(a^2 + b^2 + c^2)$$

接下来,利用恒等式

$$(a+b+c)^2 = (a^2+b^2+c^2) + (ab+bc+ca) + (ab+bc+ca)$$

以及 AM$-$GM 不等式,得

$$(a+b+c)^6 = \left[(a+b+c)^2 \right]^3 \geqslant 27(a^2+b^2+c^2)(ab+bc+ca)^2$$

因此,只需证明不等式

$$(ab+bc+ca)^2 \geqslant 3abc(a+b+c)$$

这等价于

$$(x+y+z)^2 \geqslant 3(xy+yz+zx)$$

其中 $x=ab$, $y=bc$, $z=ca$. 这最后的不等式,我们已经讨论过了,证毕.

1.3 Cauchy$-$Schwarz 不等式和 Titu 引理

定理 3.1(Cauchy$-$Schwarz 不等式) 设 n 是一个正整数,则对于实数 $a_1, a_2, \cdots, a_n$ 和 $b_1, b_2, \cdots, b_n$,有

$$(a_1^2 + a_2^2 + \cdots + a_n^2)(b_1^2 + b_2^2 + \cdots + b_n^2) \geqslant (a_1 b_1 + a_2 b_2 + \cdots + a_n b_n)^2$$

证明 设 $A = \sqrt{a_1^2 + a_2^2 + \cdots + a_n^2}$, $B = \sqrt{b_1^2 + b_2^2 + \cdots + b_n^2}$, 利用 AM$-$GM 不等式, 有

$$\sum_{i=1}^n \frac{a_i b_i}{AB} \leqslant \sum_{i=1}^n \frac{1}{2} \left(\frac{a_i^2}{A^2} + \frac{b_i^2}{B^2} \right) = 1$$

整理即得

$$\sum_{i=1}^n a_i b_i \leqslant AB = \sqrt{a_1^2 + a_2^2 + \cdots + a_n^2} \cdot \sqrt{b_1^2 + b_2^2 + \cdots + b_n^2}$$

这就证明了不等式.

注 当且仅当存在一个常数 k, 使得 $a_i = kb_i (1 \leqslant i \leqslant n)$ 时, Cauchy$-$Schwarz 不等式等号成立.

下面, 我们通过一系列例子来说明 Cauchy$-$Schwarz 不等式的强大和多功能性.

例 3.1 设 a, b, c 是正实数, 证明

$$(a+b+c)\left(\frac{1}{a} + \frac{1}{b} + \frac{1}{c} \right) \geqslant 9$$

证法 1 对不等式左边乘积中的两项, 分别使用 AM$-$GM 不等式, 有

$$(a+b+c)\left(\frac{1}{a} + \frac{1}{b} + \frac{1}{c} \right) \geqslant 3\sqrt[3]{abc} \cdot 3\sqrt[3]{\frac{1}{abc}} = 9$$

证法 2 Cauchy$-$Schwarz 不等式提供了更直接的证明

$$(a+b+c)\left(\frac{1}{a} + \frac{1}{b} + \frac{1}{c} \right) \geqslant (1+1+1)^2 = 9$$

证毕.

例 3.2 设 a,b,c 是正实数,证明

$$\frac{ab}{c} + \frac{bc}{a} + \frac{ca}{b} \geqslant a + b + c$$

证法 1 关键的想法是

$$\frac{ab}{c} \cdot \frac{bc}{a} = b^2, \frac{bc}{a} \cdot \frac{ca}{b} = c^2, \frac{ca}{b} \cdot \frac{ab}{c} = a^2$$

这意味着由 Cauchy — Schwarz 不等式,有

$$\left(\frac{ab}{c} + \frac{bc}{a} + \frac{ca}{b}\right)^2 = \left(\frac{ab}{c} + \frac{bc}{a} + \frac{ca}{b}\right)\left(\frac{bc}{a} + \frac{ca}{b} + \frac{ab}{c}\right) \geqslant (a+b+c)^2$$

不等式两边取算术平方根,即得所证不等式.

证法 2 注意到,不等式两边同时乘以 abc,得

$$(ab)^2 + (bc)^2 + (ca)^2 \geqslant (ab)(bc) + (bc)(ca) + (ca)(ab)$$

这由例 1.9 立即可得.

调整项顺序的技巧是使用 Cauchy — Schwarz 不等式的基础,在下面不太多的例子中你将看到其身影.

例 3.3 设 a,b,c 是正实数,证明

$$\frac{1}{\sqrt{ab}} + \frac{1}{\sqrt{bc}} + \frac{1}{\sqrt{ca}} \geqslant \frac{1}{a} + \frac{1}{b} + \frac{1}{c}$$

证法 1 我们只要简单地将两边放在一起并重新排列项的顺序,得

$$\left(\frac{1}{\sqrt{ab}} + \frac{1}{\sqrt{bc}} + \frac{1}{\sqrt{ca}}\right)^2 \leqslant \left(\frac{1}{a} + \frac{1}{b} + \frac{1}{c}\right)\left(\frac{1}{b} + \frac{1}{c} + \frac{1}{a}\right)$$

这由 Cauchy — Schwarz 不等式可直接得到.

证法 2 这也可以直接由

$$x^2 + y^2 + z^2 \geqslant xy + yz + zx$$

其中

$$x = \frac{1}{\sqrt{a}}, y = \frac{1}{\sqrt{b}}, z = \frac{1}{\sqrt{c}}$$

得到.

到目前为止,我们使用 AM — GM 不等式解决了所有这些出现的不等式.然而,一些构思精巧的问题需要灵活地运用 Cauchy — Schwarz 不等式,因为它们可能对 AM — GM 不等式的直接应用非常不便.

例 3.4 设 a,b,c 是正实数,证明

$$a\sqrt{b+c} + b\sqrt{c+a} + c\sqrt{a+b} \leqslant \sqrt{2(a+b+c)(ab+bc+ca)}$$

证明 我们再次尝试使用 Cauchy — Schwarz 不等式,因为如果不等式两边平方,那么它就类似于"和的积至少是积的平方和"的形式,可改写不等式的左侧以便在右侧形成

所需的项,即

$$\sqrt{a} \cdot \sqrt{ab + ac} + \sqrt{b} \cdot \sqrt{bc + ab} + \sqrt{c} \cdot \sqrt{ca + bc}$$

由 Cauchy－Schwarz 不等式,有

$$(\sqrt{a} \cdot \sqrt{ab + ac} + \sqrt{b} \cdot \sqrt{bc + ab} + \sqrt{c} \cdot \sqrt{ca + bc})^2$$
$$\leqslant (a + b + c)[(ab + ac) + (bc + ab) + (ca + bc)]$$
$$= 2(a + b + c)(ab + bc + ca)$$

不等式两边取算术平方根即得所证不等式.

注 请注意,如果尝试使用 $\sqrt{a^2} \cdot \sqrt{b + c}$ 等形式来改写不等式的左边,那么将不起作用,这反而给出了一个较弱的结果

$$a\sqrt{b + c} + b\sqrt{c + a} + c\sqrt{a + b} \leqslant \sqrt{2(a + b + c)(a^2 + b^2 + c^2)}$$

Cauchy－Schwarz 不等式的一个有用的推论是 Titu 引理,有时也被称为分数形式的 Cauchy－Schwarz 不等式.

定理 3.2(Titu 引理) 设 $x_1, x_2, \cdots, x_n$ 是实数,$y_1, y_2, \cdots, y_n$ 是正实数,则

$$\frac{x_1^2}{y_1} + \frac{x_2^2}{y_2} + \cdots + \frac{x_n^2}{y_n} \geqslant \frac{(x_1 + x_2 + \cdots + x_n)^2}{y_1 + y_2 + \cdots + y_n}$$

证明 由于 y_i 的循环和,所以 Cauchy－Schwarz 不等式首当其冲.不等式两边同乘以 $y_1 + y_2 + \cdots + y_n$,得

$$(y_1 + y_2 + \cdots + y_n)\left(\frac{x_1^2}{y_1} + \frac{x_2^2}{y_2} + \cdots + \frac{x_n^2}{y_n}\right) \geqslant (x_1 + x_2 + \cdots + x_n)^2$$

但也可以对 $a_i = \sqrt{y_i}, b_i = \frac{x_i}{\sqrt{y_i}} (i = 1, 2, \cdots, n)$ 直接利用 Cauchy－Schwarz 不等式得到.

注 注意到,等号成立的情况与 Cauchy－Schwarz 不等式的情况是一样的,即

$$\frac{x_1}{y_1} = \frac{x_2}{y_2} = \cdots = \frac{x_n}{y_n}$$

另外,变量 x_i 不必是正实数,但对 y_i 来说,必须是正实数(否则,Cauchy－Schwarz 不等式将不能使用).

我们也给出了独立于 Cauchy－Schwarz 不等式的 Titu 引理的证明,具体情况如下.

证明 首先,我们证明

$$\frac{x_1^2}{y_1} + \frac{x_2^2}{y_2} \geqslant \frac{(x_1 + x_2)^2}{y_1 + y_2}$$

为此,不等式两边同乘以 $y_1 + y_2$,并展开,得

$$x_1^2 + \frac{y_2}{y_1}x_1^2 + x_2^2 + \frac{y_1}{y_2}x_2^2 \geqslant x_1^2 + 2x_1x_2 + x_2^2$$

这可以简化为

$$\frac{y_2}{y_1}x_1^2 + \frac{y_1}{y_2}x_2^2 \geqslant 2x_1 x_2$$

这直接由 AM-GM 不等式就可以得到.

现在,我们反复使用这个不等式,可得

$$\frac{x_1^2}{y_1} + \frac{x_2^2}{y_2} + \cdots + \frac{x_n^2}{y_n} \geqslant \frac{(x_1+x_2)^2}{y_1+y_2} + \frac{x_3^2}{y_3} + \cdots + \frac{x_n^2}{y_n} \geqslant \cdots \geqslant \frac{(x_1+x_2+\cdots+x_n)^2}{y_1+y_2+\cdots+y_n}$$

证毕.

例 3.5 设 $a_1, a_2, \cdots, a_n$ 是正实数,证明

$$\left(1+\frac{a_1^2}{a_2}\right)\left(1+\frac{a_2^2}{a_3}\right)\cdots\left(1+\frac{a_n^2}{a_1}\right) \geqslant (1+a_1)(1+a_2)\cdots(1+a_n)$$

证明 由 Titu 引理,得

$$\frac{1^2}{1} + \frac{x^2}{y} \geqslant \frac{(1+x)^2}{1+y}$$

将这个结果应用到所证不等式左边的每一项,我们发现,左边至少是

$$\frac{(1+a_1)^2(1+a_2)^2\cdots(1+a_n)^2}{(1+a_1)(1+a_2)\cdots(1+a_n)}$$

这个简化之后,就是所要证明的不等式.

例 3.6(Nesbitt 不等式) 设 a, b, c 是正实数,证明

$$\frac{a}{b+c} + \frac{b}{c+a} + \frac{c}{a+b} \geqslant \frac{3}{2}$$

证明 这个问题的证明其实就是 Titu 引理的一个简单应用.将每一个分式的分子写成平方形式,即

$$\frac{a^2}{ab+ca} + \frac{b^2}{bc+ab} + \frac{c^2}{ca+bc} \geqslant \frac{3}{2}$$

由 Titu 引理,有

$$\frac{a^2}{ab+ca} + \frac{b^2}{bc+ab} + \frac{c^2}{ca+bc} \geqslant \frac{(a+b+c)^2}{2ab+2bc+2ca}$$

然后,由已知不等式 $(a+b+c)^2 \geqslant 3(ab+bc+ca)$ 即可得到.

例 3.7 设 a, b, c 是正实数,证明

$$\frac{-a^2+b^2+c^2}{a^2+2bc} + \frac{a^2-b^2+c^2}{b^2+2ca} + \frac{a^2+b^2-c^2}{c^2+2ab} \geqslant 1$$

证明 不等式左边三个分式和的结构,似乎预示可以考虑 Titu 引理.无论如何,分式的分子必须变成一个平方形式,为此,每个分式都加上 1,得

$$\frac{-a^2+b^2+c^2}{a^2+2bc}+1 + \frac{a^2-b^2+c^2}{b^2+2ca}+1 + \frac{a^2+b^2-c^2}{c^2+2ab}+1 \geqslant 1+3$$

即

$$\frac{b^2+2bc+c^2}{a^2+2bc}+\frac{c^2+2ca+a^2}{b^2+2ca}+\frac{a^2+2ab+b^2}{c^2+2ab}\geqslant 4$$

将每个分式的分子写成平方形式,然后使用 Titu 引理,只需证明

$$\frac{[(a+b)+(b+c)+(c+a)]^2}{a^2+b^2+c^2+2(ab+bc+ca)}\geqslant 4$$

这正好是

$$\frac{(2a+2b+2c)^2}{(a+b+c)^2}\geqslant 4$$

这显然成立.

例 3.8(IMO 1990 入围赛)　设 w,x,y,z 是正实数,满足 $wx+xy+yz+zw=1$. 证明

$$\frac{w^3}{x+y+z}+\frac{x^3}{y+z+w}+\frac{y^3}{z+w+x}+\frac{z^3}{w+x+y}\geqslant\frac{1}{3}$$

证明　将不等式左边的每个分式的分子写成四次方形式,然后应用 Titu 引理,可知余下只需证明

$$\frac{(w^2+x^2+y^2+z^2)^2}{2(wx+wy+wz+xy+yz+zx)}\geqslant\frac{1}{3}$$

由题设条件,知上述不等式等价于

$$\frac{(w^2+x^2+y^2+z^2)^2}{2(1+wy+zx)}\geqslant\frac{1}{3}$$

这样一来,我们必须证明

$$3(w^2+x^2+y^2+z^2)^2\geqslant 2(1+wy+zx)$$

由 AM$-$GM 不等式,有

$$w^2+x^2+y^2+z^2\geqslant 2(wy+zx)$$

由例 1.13,我们有

$$w^2+x^2+y^2+z^2\geqslant wx+xy+yz+zx=1$$

综合上述结果,即得所要证明的不等式.

例 3.9(IMO 1998 入围赛)　设 x,y,z 是正实数,满足 $xyz=1$. 证明

$$\frac{x^3}{(1+y)(1+z)}+\frac{y^3}{(1+z)(1+x)}+\frac{z^3}{(1+x)(1+y)}\geqslant\frac{3}{4}$$

证明　与例 3.8 一样,将不等式左边分式的分子变成平方形式,然后应用 Titu 引理将左边变成一个分式,我们来证明

$$\frac{(x^2+y^2+z^2)^2}{3xyz+2(xy+yz+zx)+x+y+z}\geqslant\frac{3}{4}$$

交叉相乘,有

$$4(x^2+y^2+z^2)^2\geqslant 9+6(xy+yz+zx)+3(x+y+z)$$

由 AM$-$GM 不等式,有

$$x^2 + y^2 + z^2 \geqslant 3\sqrt[3]{x^2 y^2 z^2} = 3$$

所以

$$(x^2 + y^2 + z^2)^2 \geqslant 9$$

另外

$$2(x^2 + y^2 + z^2)^2 \geqslant 6(xy + yz + zx)$$

由于 $x^2 + y^2 + z^2 \geqslant 3$ 以及 $x^2 + y^2 + z^2 \geqslant xy + yz + zx$, 因此

$$(x^2 + y^2 + z^2)^2 \geqslant (xy + yz + zx)^2 \geqslant 3xyz(x + y + z) = 3(x + y + z)$$

这些不等式相加即得所证不等式.

例 3.10 设 x, y, z 是正实数, 证明

$$\sqrt{\frac{x}{x+y}} + \sqrt{\frac{y}{y+z}} + \sqrt{\frac{z}{z+x}} \leqslant \frac{3}{\sqrt{2}}$$

证明 注意到

$$\text{LHS} = \frac{\sqrt{x(y+z)(z+x)} + \sqrt{y(z+x)(x+y)} + \sqrt{z(x+y)(y+z)}}{\sqrt{(x+y)(y+z)(z+x)}}$$

$$\leqslant \sqrt{\frac{[x(y+z) + y(z+x) + z(x+y)](z+x+x+y+y+z)}{(x+y)(y+z)(z+x)}}$$

$$= \sqrt{4 \cdot \frac{(xy+yz+zx)(x+y+z)}{(x+y)(y+z)(z+x)}}$$

$$= 2 \cdot \sqrt{\frac{(x+y)(y+z)(z+x) + xyz}{(x+y)(y+z)(z+x)}}$$

$$= 2 \cdot \sqrt{1 + \frac{xyz}{(x+y)(y+z)(z+x)}}$$

$$\leqslant 2 \cdot \sqrt{1 + \frac{1}{8}} = \frac{3}{\sqrt{2}}$$

这最后的不等式使用例 1.12(其中 $(x+y)(y+z)(z+x) \geqslant 8xyz$) 的结果.

例 3.11 设 a, b, c 是非负实数, 证明

$$\sqrt{2a^2 + 3b^2 + 4c^2} + \sqrt{3a^2 + 4b^2 + 2c^2} + \sqrt{4a^2 + 2b^2 + 3c^2} \geqslant (\sqrt{a} + \sqrt{b} + \sqrt{c})^2$$

证明 直觉告诉我们, 应该简化复杂的平方根. 我们看到, $2 + 3 + 4 = 9$, 是一个完全平方, 这启发我们使用 Cauchy – Schwarz 不等式, 即

$$(2 + 3 + 4)(2a^2 + 3b^2 + 4c^2) \geqslant (2a + 3b + 4c)^2$$

两边同时除以 9 并取算术平方根, 得

$$\sqrt{2a^2 + 3b^2 + 4c^2} \geqslant \frac{2a + 3b + 4c}{9}$$

类似可得其他两个不等式, 这样一来, 不等式就变成证明

$$\frac{2a+3b+4c}{3} + \frac{3a+4b+2c}{3} + \frac{4a+2b+3c}{3} \geqslant (\sqrt{a} + \sqrt{b} + \sqrt{c})^2$$

展开上述不等式的左边是 $3(a+b+c)$，利用例 1.10 即得所证不等式.

1.4　排序不等式

排序不等式是一种简单而通用的技巧，可以在许多情况下应用. 这个不等式的强大可以通过其应用得到最好的体现，其中包括众所周知的推论、和形式的 Chebyshev 不等式，首先我们来讨论它的证明，然后给出若干例子.

定理（排序不等式）　设 $x_1, x_2, \cdots, x_n$ 和 $y_1, y_2, \cdots, y_n$ 都是实数，满足 $x_1 \leqslant x_2 \leqslant \cdots \leqslant x_n$ 和 $y_1 \leqslant y_2 \leqslant \cdots \leqslant y_n$. 则对于 $y_1, y_2, \cdots, y_n$ 的任一排列 $z_1, z_2, \cdots, z_n$，有

$$x_1 y_1 + x_2 y_2 + \cdots + x_n y_n \geqslant x_1 z_1 + x_2 z_2 + \cdots + x_n z_n \geqslant x_1 y_n + x_2 y_{n-1} + \cdots + x_n y_1$$

证明　我们只证明不等式的左半部分，因为右半部分可以直接用 $-y_n, -y_{n-1}, \cdots, -y_1$ 来替代 $y_1, y_2, \cdots, y_n$ 得到. 现在，来考察表达式 $x_1 t_1 + x_2 t_2 + \cdots + x_n t_n$ 的最大值，其中 $t_1, t_2, \cdots, t_n$ 是 $y_1, y_2, \cdots, y_n$ 的一个排列. 对任意 $i, j \in \{1, 2, \cdots, n\}$ 且 $i < j$，有

$$x_1 t_1 + x_2 t_2 + \cdots + x_i t_i + \cdots + x_j t_j + \cdots + x_n t_n$$
$$\geqslant x_1 t_1 + x_2 t_2 + \cdots + x_i t_j + \cdots + x_j t_i + \cdots + x_n t_n$$

消去两边的公共项，得

$$x_i t_i + x_j t_j \geqslant x_i t_j + x_j t_i$$

这可以改写成

$$(x_j - x_i)(t_j - t_i) \geqslant 0$$

这样一来，因为 $x_j - x_i \geqslant 0$，所以或者 $t_j \geqslant t_i$ 或者 $x_i = x_j$. 只要有 $x_i = x_j$ 的对 (i, j)，则执行下面的操作：

用 $(\min(t_i, t_j), \max(t_i, t_j))$ 来替换 (t_i, t_j)，表达式 $x_1 t_1 + x_2 t_2 + \cdots + x_n t_n$ 的值并不改变. 现在我们看到，在有限多步操作之后，最终达到 $y_1, y_2, \cdots, y_n$ 的一个排列 $t'_1, t'_2, \cdots, t'_n$ 使得 $t'_1 x_1 + t'_2 x_2 + \cdots + t'_n x_n = t_1 x_1 + t_2 x_2 + \cdots + t_n x_n$（仍然最大），而且 $t'_1 \leqslant t'_2 \leqslant \cdots \leqslant t'_n$. 所以，$t'_i = y_i (1 \leqslant i \leqslant n)$，因此，$x_1 y_1 + x_2 y_2 + \cdots + x_n y_n$ 实际上就是表达式 $x_1 z_1 + x_2 z_2 + \cdots + x_n z_n$ 遍历 $y_1, y_2, \cdots, y_n$ 的所有排列 $z_1, z_2, \cdots, z_n$ 的最大可能值.

注　这个证明是一种称为平滑技巧的很好的例子. 有关更多详细信息，参阅"构造、平滑和排序"部分. 虽然排序不等式看起来很简单，但它可以用来证明许多其他的不等式. 例如，不等式 $x^2 + y^2 + z^2 \geqslant xy + yz + zx$. 不失一般性，假设 $x \geqslant y \geqslant z$，可以直接由排序不等式得到.

例 4.1（IMO 1975）　设 $x_1 \leqslant x_2 \leqslant \cdots \leqslant x_n$ 和 $y_1 \leqslant y_2 \leqslant \cdots \leqslant y_n$ 是实数，又设 $z_1, z_2, \cdots, z_n$ 是 $y_1, y_2, \cdots, y_n$ 的一个排列，证明

$$(x_1 - y_1)^2 + (x_2 - y_2)^2 + \cdots + (x_n - y_n)^2$$
$$\leqslant (x_1 - z_1)^2 + (x_2 - z_2)^2 + \cdots + (x_n - z_n)^2$$

证明　注意到

$$y_1^2 + y_2^2 + \cdots + y_n^2 = z_1^2 + z_2^2 + \cdots + z_n^2$$

所以,展开平方项并消去相等的项,有

$$x_1 z_1 + x_2 z_2 + \cdots + x_n z_n \leqslant x_1 y_1 + x_2 y_2 + \cdots + x_n y_n$$

这就是排序不等式.

例 4.2(IMO 1978)　设 $a_1, a_2, \cdots, a_n$ 是两两不同的正整数,证明

$$\frac{a_1}{1^2} + \frac{a_2}{2^2} + \cdots + \frac{a_n}{n^2} \geqslant \frac{1}{1} + \frac{1}{2} + \cdots + \frac{1}{n}$$

证法 1　设 $(b_1, b_2, \cdots, b_n)$ 是 $(a_1, a_2, \cdots, a_n)$ 的一个排列,满足 $b_1 \leqslant b_2 \leqslant \cdots \leqslant b_n$. 注意到,因为 $a_1, a_2, \cdots, a_n$ 是两两不同的正整数,所以,必有 $b_i \geqslant i (1 \leqslant i \leqslant n)$. 由于序列 $\left(\frac{1}{1^2}, \frac{1}{2^2}, \cdots, \frac{1}{n^2}\right)$ 是递减的,由排序不等式,有

$$\frac{a_1}{1^2} + \frac{a_2}{2^2} + \cdots + \frac{a_n}{n^2} \geqslant \frac{b_1}{1^2} + \frac{b_2}{2^2} + \cdots + \frac{b_n}{n^2}$$

$$\geqslant \frac{1}{1^2} + \frac{2}{2^2} + \cdots + \frac{n}{n^2}$$

$$= \frac{1}{1} + \frac{1}{2} + \cdots + \frac{1}{n}$$

证法 2　由 Cauchy — Schwarz 不等式,有

$$\left(1 + \frac{1}{2} + \cdots + \frac{1}{n}\right)^2 = \left(\sqrt{\frac{a_1}{1^2}} \cdot \sqrt{\frac{1}{a_1}} + \sqrt{\frac{a_2}{2^2}} \cdot \sqrt{\frac{1}{a_2}} + \cdots + \sqrt{\frac{a_n}{n^2}} \cdot \sqrt{\frac{1}{a_n}}\right)^2$$

$$\leqslant \left(\frac{a_1}{1^2} + \frac{a_2}{2^2} + \cdots + \frac{a_n}{n^2}\right) \cdot \left(\frac{1}{a_1} + \frac{1}{a_2} + \cdots + \frac{1}{a_n}\right)$$

所以,只需证明

$$\frac{1}{a_1} + \frac{1}{a_2} + \cdots + \frac{1}{a_n} \leqslant 1 + \frac{1}{2} + \cdots + \frac{1}{n}$$

这可以直接由序列 $a_1, a_2, \cdots, a_n$ 是两两不同的正整数而得到.

由于以下结果,在代数问题中处理三角形的边长时,排序不等式也非常有用.

例 4.3　证明:一个三角形的三边长 $a \geqslant b \geqslant c$,则

$$c(a + b - c) \geqslant b(c + a - b) \geqslant a(b + c - a)$$

证明　我们来证明

$$c(a + b - c) - b(c + a - b) \geqslant 0$$

因为 $b \geqslant c$,我们想分解出 $b - c$,于是

$$c(a + b - c) - b(c + a - b) = (b - c)(b + c - a) \geqslant 0$$

因为两个因子都是非负的. 类似可证不等式

$$b(c + a - b) \geqslant a(b + c - a)$$

注 这个证明是一个称为排序的强大技巧的简单例子, 有关这个技巧的更多信息, 参阅"构造、平滑和排序"部分.

例 4.4(IMO1983) 设 a, b, c 是一个三角形的三边长, 证明

$$a^2 b(a - b) + b^2 c(b - c) + c^2 a(c - a) \geqslant 0$$

证明 由例 4.3 可知, 序列 $\left(\dfrac{1}{a}, \dfrac{1}{b}, \dfrac{1}{c}\right)$ 和 $(a(b + c - a), b(c + a - b), c(a + b - c))$ 具有相同的次序, 所以由排序不等式, 有

$$\frac{1}{c} \cdot a(b + c - a) + \frac{1}{a} \cdot b(c + a - b) + \frac{1}{b} \cdot c(a + b - c)$$

$$\leqslant \frac{1}{a} \cdot a(b + c - a) + \frac{1}{b} \cdot b(c + a - b) + \frac{1}{c} \cdot c(a + b - c)$$

$$= a + b + c$$

这个不等式等价于

$$\frac{1}{c} a(b - a) + \frac{1}{a} b(c - b) + \frac{1}{b} c(a - c) \leqslant 0$$

两边同乘以 abc, 即得所证不等式.

例 4.5 设 a, b, c 是正实数, 证明

$$\frac{a^2 + bc}{b + c} + \frac{b^2 + ca}{c + a} + \frac{c^2 + ab}{a + b} \geqslant a + b + c$$

证法 1 不失一般性, 设 $a \geqslant b \geqslant c$. 则

$$a^2 \geqslant b^2 \geqslant c^2, \quad \frac{1}{b + c} \geqslant \frac{1}{c + a} \geqslant \frac{1}{a + b}$$

由排序不等式, 有

$$\frac{a^2}{b + c} + \frac{b^2}{c + a} + \frac{c^2}{a + b} \geqslant \frac{b^2}{b + c} + \frac{c^2}{c + a} + \frac{a^2}{a + b}$$

上述不等式两边同时加上 $\dfrac{bc}{b + c} + \dfrac{ca}{c + a} + \dfrac{ab}{a + b}$, 有

$$\frac{a^2 + bc}{b + c} + \frac{b^2 + ca}{c + a} + \frac{c^2 + ab}{a + b} \geqslant \frac{b^2 + bc}{b + c} + \frac{c^2 + ca}{c + a} + \frac{a^2 + ab}{a + b} = a + b + c$$

证毕.

证法 2 不等式左边的第一项加 a、第二项加 b、第三项加 c, 有

$$\frac{(a + b)(a + c)}{b + c} + \frac{(b + a)(b + c)}{a + c} + \frac{(c + a)(c + b)}{a + b} \geqslant (a + b) + (b + c) + (c + a)$$

由此可见, 设 $x = a + b, y = b + c, z = a + b$, 则不等式变成

$$\frac{xy}{z} + \frac{yz}{x} + \frac{zx}{y} \geq x + y + z$$

这个不等式在例 3.2 我们已经证明了.

排序不等式的一个重要推论是关于和的 Chebyshev 不等式.

定理(和的 Chebyshev 不等式) 设 $a_1 \leq a_2 \leq \cdots \leq a_n$ 和 $b_1 \leq b_2 \leq \cdots \leq b_n$ 是正实数,则

$$\frac{a_1 b_1 + a_2 b_2 + \cdots + a_n b_n}{n} \geq \frac{a_1 + a_2 + \cdots + a_n}{n} \cdot \frac{b_1 + b_2 + \cdots + b_n}{n}$$

证明 所证不等式只需将下列不等式相加即可

$$\sum_{i=1}^{n} a_i b_i \geq a_1 b_1 + a_2 b_2 + \cdots + a_n b_n$$

$$\sum_{i=1}^{n} a_i b_i \geq a_1 b_2 + a_2 b_3 + \cdots + a_n b_1$$

$$\vdots$$

$$\sum_{i=1}^{n} a_i b_i \geq a_1 b_n + a_2 b_1 + \cdots + a_n b_{n-1}$$

注 如果两个序列的方向相反,那么不等式反向成立(这是已证不等式的直接结果). 另外,如果我们将原不等式的两边乘以 n^2,那么新的不等式左边和右边之间的差是

$$\frac{1}{2} \sum_{i=1}^{n} \sum_{j=1}^{n} (a_i - a_j)(b_i - b_j)$$

这显然是非负性的,这就给出另外一个简短的证明.

例 4.6 设 $a_1, a_2, \cdots, a_n$ 是正实数,且 $s = a_1 + a_2 + \cdots + a_n$,证明

$$\frac{a_1}{s - a_1} + \frac{a_2}{s - a_2} + \cdots + \frac{a_n}{s - a_n} \geq \frac{n}{n-1}$$

证法 1 不等式两边都是对称的,所以,不失一般性,我们可以假设 $a_1 \leq a_2 \leq \cdots \leq a_n$,则

$$s - a_1 \geq s - a_2 \geq \cdots \geq s - a_n$$

从而

$$\frac{1}{s - a_1} \leq \frac{1}{s - a_2} \leq \cdots \leq \frac{1}{s - a_n}$$

由 Chebyshev 不等式,有

$$\frac{a_1}{s - a_1} + \frac{a_2}{s - a_2} + \cdots + \frac{a_n}{s - a_n} \geq \frac{1}{n}(a_1 + a_2 + \cdots + a_n)\left(\frac{1}{s - a_1} + \frac{1}{s - a_2} + \cdots + \frac{1}{s - a_n}\right)$$

$$= \frac{1}{n}\left(\frac{s}{s - a_1} + \frac{s}{s - a_2} + \cdots + \frac{s}{s - a_n}\right)$$

$$= \frac{1}{n}\left(\frac{a_1}{s-a_1} + \frac{a_2}{s-a_2} + \cdots + \frac{a_n}{s-a_n} + n\right)$$

由此可见

$$\left(1 - \frac{1}{n}\right)\left(\frac{a_1}{s-a_1} + \frac{a_2}{s-a_2} + \cdots + \frac{a_n}{s-a_n}\right) \geqslant 1$$

所以

$$\frac{a_1}{s-a_1} + \frac{a_2}{s-a_2} + \cdots + \frac{a_n}{s-a_n} \geqslant \frac{n}{n-1}$$

证毕.

证法 2　由 Titu 引理,有

$$\frac{a_1^2}{sa_1 - a_1^2} + \frac{a_2^2}{sa_2 - a_2^2} + \cdots + \frac{a_n^2}{sa_n - a_n^2} \geqslant \frac{s^2}{s^2 - (a_1^2 + a_2^2 + \cdots + a_n^2)}$$

因此,只需证明

$$\frac{s^2}{s^2 - (a_1^2 + a_2^2 + \cdots + a_n^2)} \geqslant \frac{n}{n-1}$$

简化为

$$n(a_1^2 + a_2^2 + \cdots + a_n^2) \geqslant s^2$$

这由 Cauchy－Schwarz 不等式可知很明显,所以我们可以得出结论.

注　注意到,当 $n = 3$ 时,我们得到 Nesbitt 不等式

$$\frac{a}{b+c} + \frac{b}{c+a} + \frac{c}{a+b} \geqslant \frac{3}{2}$$

例 4.7　设 a, b, c 是正实数,证明

$$\frac{ab}{a+b} + \frac{bc}{b+c} + \frac{ca}{c+a} \leqslant \frac{3(ab+bc+ca)}{2(a+b+c)}$$

证法 1　不失一般性,设 $a \geqslant b \geqslant c$. 则

$$a + b \geqslant a + c \geqslant b + c$$

另外还有

$$\frac{ab}{a+b} \geqslant \frac{ca}{c+a} \geqslant \frac{bc}{b+c}$$

因为这两个不等式等价于

$$a^2 b + abc \geqslant a^2 c + abc$$

和

$$c^2 a + abc \geqslant c^2 b + abc$$

这个不等式显然成立. 所以由和形式的 Chebyshev 不等式,有

$$\left(\frac{ab}{a+b} + \frac{bc}{b+c} + \frac{ca}{c+a}\right)\left[(a+b) + (b+c) + (c+a)\right] \leqslant 3(ab+bc+ca)$$

两边同除以 $2(a+b+c)$,即得所证不等式.

证法 2 不等式两边同乘以 $a+b+c$,则不等式的左边变成了

$$ab + bc + ca + \frac{abc}{a+b} + \frac{abc}{b+c} + \frac{abc}{c+a}$$

这样一来,只需证明不等式

$$\frac{abc}{a+b} + \frac{abc}{b+c} + \frac{abc}{c+a} \leqslant \frac{ab+bc+ca}{2}$$

这可由不等式

$$\frac{abc}{a+b} \leqslant \frac{(a+b)^2 c}{4(a+b)} = \frac{ca+cb}{4}$$

以及另外两个类似不等式相加得到.

1.5　和形式的 Hölder 不等式

现在来考虑 Cauchy — Schwarz 的一般情况,这就是我们熟知的 Hölder 不等式.

定理 5.1(和的 Hölder 不等式)　设 $a_{ij}, p_i (i=1,2,\cdots,k; j=1,2,\cdots,n)$ 是正实数,且满足 $\sum\limits_{i=1}^{k} \frac{1}{p_i} = 1$,则

$$\sum_{j=1}^{n} \prod_{i=1}^{k} a_{ij} \leqslant \prod_{i=1}^{k} \left(\sum_{j=1}^{n} a_{ij}^{p_i} \right)^{\frac{1}{p_i}}$$

在此,我们只证明 $k=2$ 的情况,因为其余的内容超出了本书的范围.

定理 5.2(和的 Hölder 不等式, $k=2$)　设 $a_1, a_2, \cdots, a_n; b_1, b_2, \cdots, b_n$ 是正实数,又设 $p, q > 1$ 是实数,满足 $\frac{1}{p} + \frac{1}{q} = 1$,则

$$\sum_{j=1}^{n} a_j b_j \leqslant \left(\sum_{j=1}^{n} a_j^p \right)^{\frac{1}{p}} \left(\sum_{j=1}^{n} b_j^q \right)^{\frac{1}{q}}$$

当且仅当 $\frac{a_1^p}{b_1^q} = \frac{a_2^p}{b_2^q} = \cdots = \frac{a_n^p}{b_n^q}$ 时等号成立.

证明　在这里我们需要使用另一个结果,称为 Young 不等式.

定理 5.3(Young 不等式)　设 $x, y > 0, p, q > 1$ 是实数,满足 $\frac{1}{p} + \frac{1}{q} = 1$,则

$$xy \leqslant \frac{x^p}{p} + \frac{y^q}{q}$$

当且仅当 $x^p = y^q$ 时等号成立.

证明　Young 不等式对实数 p, q 的证明,需要分析的知识. 所以,在此我们仅就 p, q 是有理数的情况加以证明(具有一定分析知识的读者会看到,对于实数 p, q ,不等式也是

成立的). 由于 $\frac{1}{p}+\frac{1}{q}=1$, 因此我们可以选择正整数 m 和 n 满足

$$p=\frac{m+n}{m},q=\frac{m+n}{n}$$

设 $x=a^{\frac{1}{p}},y=b^{\frac{1}{q}}$. 则

$$\frac{x^p}{p}+\frac{y^q}{q}=\frac{a}{\frac{m+n}{m}}+\frac{b}{\frac{m+n}{n}}=\frac{ma+nb}{m+n}$$

由 AM$-$GM 不等式, 有

$$\frac{ma+nb}{m+n}\geqslant(a^m\cdot b^n)^{\frac{1}{m+n}}=a^{\frac{1}{p}}b^{\frac{1}{q}}=xy$$

当且仅当 $a=b$ 即 $x^p=y^q$ 时等号成立. 证毕.

回到 Hölder 不等式的证明, 对

$$x=\frac{a_i}{\left(\sum_{j=1}^n a_j^p\right)^{\frac{1}{p}}},y=\frac{b_i}{\left(\sum_{j=1}^n b_j^q\right)^{\frac{1}{q}}}\quad(i=1,2,\cdots,n)$$

应用 Young 不等式, 得

$$\frac{a_ib_i}{\left(\sum_{j=1}^n a_j^p\right)^{\frac{1}{p}}\left(\sum_{j=1}^n b_j^q\right)^{\frac{1}{q}}}\leqslant\frac{1}{p}\cdot\frac{a_i^p}{\sum_{j=1}^n a_j^p}+\frac{1}{q}\cdot\frac{b_i^q}{\sum_{j=1}^n b_j^q}\quad(i=1,2,\cdots,n)$$

将这些不等式相加, 有

$$\frac{\sum_{i=1}^n a_ib_i}{\left(\sum_{j=1}^n a_j^p\right)^{\frac{1}{p}}\left(\sum_{j=1}^n b_j^q\right)^{\frac{1}{q}}}\leqslant\frac{1}{p}\cdot\frac{\sum_{i=1}^n a_i^p}{\sum_{j=1}^n a_j^p}+\frac{1}{q}\cdot\frac{\sum_{i=1}^n b_i^q}{\sum_{j=1}^n b_j^q}=\frac{1}{p}+\frac{1}{q}=1$$

这等价于

$$\sum_{j=1}^n a_jb_j\leqslant\left(\sum_{j=1}^n a_j^p\right)^{\frac{1}{p}}\left(\sum_{j=1}^n b_j^q\right)^{\frac{1}{q}}$$

容易看出, 当且仅当 $\frac{a_1^p}{b_1^q}=\frac{a_2^p}{b_2^q}=\cdots=\frac{a_n^p}{b_n^q}$ 时等号成立.

Hölder 不等式最常见的形式是三个变量的情况: 设 $a_1,a_2,a_3,b_1,b_2,b_3,c_1,c_2,c_3$ 是正实数, 则

$$(a_1^3+a_2^3+a_3^3)(b_1^3+b_2^3+b_3^3)(c_1^3+c_2^3+c_3^3)\geqslant(a_1b_1c_1+a_2b_2c_2+a_3b_3c_3)^3$$

例 5.1 设 a,b,c,x,y,z 是正实数, 证明

$$\frac{a^3}{x}+\frac{b^3}{y}+\frac{c^3}{z}\geqslant\frac{(a+b+c)^3}{3(x+y+z)}$$

证明 由于不等式的两边都出现了立方项, 这就启发我们使用 Hölder 不等式. 首先, 将不等式右边的表达式 $3(x+y+z)$ 转移到左边, 现在我们使用上述关于三个变量

形式的定理,即使用

$$(a_1,a_2,a_3,b_1,b_2,b_3,c_1,c_2,c_3)=\left(\frac{a}{\sqrt[3]{x}},\frac{b}{\sqrt[3]{y}},\frac{c}{\sqrt[3]{z}},\sqrt[3]{x},\sqrt[3]{y},\sqrt[3]{z},1,1,1\right)$$

得

$$\left(\frac{a^3}{x}+\frac{b^3}{y}+\frac{c^3}{z}\right)(x+y+z)(1+1+1)\geqslant(a+b+c)^3$$

这就是我们所要证明的.

例 5.2 设 a,b,c 是正实数,满足 $a+b+c=1$,证明:对于任意正实数 t,有

$$(at^2+bt+c)(bt^2+ct+a)(ct^2+at+b)\geqslant t^3$$

证明 我们重新安排括号的项,并应用 Hölder 不等式,有

$$(at^2+bt+c)(a+bt^2+ct)(at+b+ct^2)\geqslant(at+bt+ct)^3=t^3$$

重新安排项是 Hölder 不等式应用背后的一个关键思想. 主要的直觉是我们希望每个因式中相应项的次数加起来适宜,也希望这些系数以一种方便的方式相乘. 这些策略与 AM-GM 不等式的许多技巧相重叠,因为 Hölder 不等式中右侧的每个项都是左侧相应项的几何平均值.

例 5.3(Junior Balkan Math Olympiad) 设 a,b,c 是正实数,证明

$$\frac{1}{b(a+b)}+\frac{1}{c(b+c)}+\frac{1}{a(c+a)}\geqslant\frac{27}{2(a+b+c)^2}$$

证明 可以将 $2(a+b+c)$ 改写成 $[(a+b)+(b+c)+(c+a)]$,因此,不等式可以表示成如下形式

$$\left(\sum_{cyc}(a+b)\right)\left(\sum_{cyc}\frac{1}{b(a+b)}\right)\left(\sum_{cyc}b\right)\geqslant27$$

由 Hölder 不等式可知,这显然是成立的.

例 5.4 设 a,b,c 是大于或等于 2 的实数,证明

$$(a^3+b)(b^3+c)(c^3+a)\geqslant125abc$$

证法 1 首先,因为 $a,b,c\geqslant2$,所以

$$a^3\geqslant4a,b^3\geqslant4b,c^3\geqslant4c$$

因此,只需证明

$$(4a+b)(4b+c)(4c+a)\geqslant125abc$$

由 Hölder 不等式可知,这是成立的,因为

$$(4a+b)(4b+c)(4c+a)\geqslant(4\sqrt[3]{abc}+\sqrt[3]{abc})^3=(5\sqrt[3]{abc})^3=125abc$$

证法 2 和证法 1 一样,只需证明不等式

$$(4a+b)(4b+c)(4c+a)\geqslant125abc$$

在此我们不用 Hölder 不等式,使用 AM-GM 不等式,也可以完成证明,有

$$4a + b = a + a + a + a + b \geqslant 5\sqrt[5]{a^4 b}$$

同理可得

$$4b + c \geqslant 5\sqrt[5]{b^4 c}, 4c + a \geqslant 5\sqrt[5]{c^4 a}$$

综合这些不等式,有

$$(4a + b)(4b + c)(4c + a) \geqslant (5\sqrt[5]{a^4 b})(5\sqrt[5]{b^4 c})(5\sqrt[5]{c^4 a}) = 125abc$$

证毕.

例 5.5 证明:对所有的正实数 a, b, c,有

$$\frac{a^2}{b} + \frac{b^2}{c} + \frac{c^2}{a} \geqslant \sqrt{3(a^2 + b^2 + c^2)}$$

证明 直接应用 Titu 引理太弱,因为它需要我们证明 $(a + b + c)^2 \geqslant 3(a^2 + b^2 + c^2)$. 但这是不成立的. 相反的,我们首先两边平方,得

$$\left(\frac{a^2}{b} + \frac{b^2}{c} + \frac{c^2}{a}\right)^2 \geqslant 3(a^2 + b^2 + c^2)$$

现在,由 Hölder 不等式,有

$$\left(\frac{a^2}{b} + \frac{b^2}{c} + \frac{c^2}{a}\right)\left(\frac{a^2}{b} + \frac{b^2}{c} + \frac{c^2}{a}\right)(a^2 b^2 + b^2 c^2 + c^2 a^2) \geqslant (a^2 + b^2 + c^2)^3$$

余下的,只需证明

$$(a^2 + b^2 + c^2)^3 \geqslant 3(a^2 + b^2 + c^2)(a^2 b^2 + b^2 c^2 + c^2 a^2)$$

或

$$(a^2 + b^2 + c^2)^2 \geqslant 3(a^2 b^2 + b^2 c^2 + c^2 a^2)$$

这由例 1.10 可知是成立的.

例 5.6 证明:对所有的正实数 a, b, c, d,有

$$\frac{bcd}{a^2} + \frac{cda}{b^2} + \frac{dab}{c^2} + \frac{abc}{d^2} \geqslant a + b + c + d$$

证法 1 不等式左边立方,并重新安排项的顺序,得

$$\left(\frac{bcd}{a^2} + \frac{cda}{b^2} + \frac{dab}{c^2} + \frac{abc}{d^2}\right)\left(\frac{cda}{b^2} + \frac{dab}{c^2} + \frac{abc}{d^2} + \frac{bcd}{a^2}\right)\left(\frac{dab}{c^2} + \frac{abc}{d^2} + \frac{bcd}{a^2} + \frac{cda}{b^2}\right)$$

则由 Hölder 不等式可知,上述表达式至少是 $(a + b + c + d)^3$,这正是不等式右边的立方,证毕.

证法 2 我们也可以由 AM − GM 不等式,得

$$\frac{bcd}{a^2} + \frac{cda}{b^2} + \frac{dab}{c^2} \geqslant 3\sqrt[3]{\frac{d^3 a^2 b^2 c^2}{a^2 b^2 c^2}} = 3d$$

类似可得其他三个不等式,这些不等式相加,即得所证不等式.

例 5.7 证明:对所有实数 a, b, c,满足 $abc \geqslant 1$,则

$$\frac{1}{\left(\sqrt{a}+b^2+c^2\right)^2}+\frac{1}{\left(a^2+\sqrt{b}+c^2\right)^2}+\frac{1}{\left(a^2+b^2+\sqrt{c}\right)^2}\leqslant\frac{1}{a+b+c}$$

证明   我们想要使用 Hölder 不等式,因为每个项都是平方形式,其内部是三个变量的幂之和.考察第一个量 $\left(\sqrt{a}+b^2+c^2\right)^2$.来寻找一些中间不等式,将这个量放在一边,另一边是 $a+b+c$ 的某个幂,于是,由 Hölder 不等式,有

$$\left(\sqrt{a}+b^2+c^2\right)\left(\sqrt{a}+b^2+c^2\right)\left(a^2+\frac{1}{b}+\frac{1}{c}\right)\geqslant(a+b+c)^3$$

现在我们看到,可以使用这种不等式来处理第一部分

$$\frac{1}{\left(\sqrt{a}+b^2+c^2\right)^2}\leqslant\frac{a^2+\dfrac{1}{b}+\dfrac{1}{c}}{(a+b+c)^3}\leqslant\frac{a^2+ca+ab}{(a+b+c)^3}=\frac{a}{(a+b+c)^2}$$

这最后的不等式使用了条件 $abc\geqslant1$.类似可得

$$\frac{1}{\left(a^2+\sqrt{b}+c^2\right)^2}\leqslant\frac{b}{(a+b+c)^2}$$

$$\frac{1}{\left(a^2+b^2+\sqrt{c}\right)^2}\leqslant\frac{c}{(a+b+c)^2}$$

这三个不等式相加,就得到所要的结果.

例 5.8   设 a,b,c 是正实数,且满足 $\sqrt{a}+\sqrt{b}+\sqrt{c}=3$.证明

$$8(a^2+b^2+c^2)\geqslant3(a+b)(b+c)(c+a)$$

证明   为使不等式达到齐次性,首先应用 Hölder 不等式如下,然后,使用 AM−GM 不等式完成不等式的证明

$$(a^2+b^2+c^2)\left(\sqrt{a}+\sqrt{b}+\sqrt{c}\right)\left(\sqrt{a}+\sqrt{b}+\sqrt{c}\right)\geqslant(a+b+c)^3$$

$$=\left(\frac{a+b}{2}+\frac{b+c}{2}+\frac{c+a}{2}\right)^3\geqslant27\left(\frac{a+b}{2}\right)\left(\frac{b+c}{2}\right)\left(\frac{c+a}{2}\right)$$

现在,利用条件 $\sqrt{a}+\sqrt{b}+\sqrt{c}=3$,并适当调整上述不等式,即得所证不等式.

例 5.9   设 a,b,c 是非负实数,且满足 $a+b+c=1$.证明

$$\sqrt[3]{13a^3+14b^3}+\sqrt[3]{13b^3+14c^3}+\sqrt[3]{13c^3+14a^3}\geqslant3$$

证明   注意到 $13+14=3^3$.考虑到不等式左边的立方根,使用 Hölder 不等式,有

$$(13+14)(13+14)(13a^3+14b^3)\geqslant(13a+14b)^3$$

两边取立方根,得

$$\sqrt[3]{13a^3+14b^3}\geqslant\frac{13a+14b}{9}$$

类似可得关于 b,c 和 c,a 的两个不等式,三个不等式相加,得

$$\sqrt[3]{13a^3+14b^3}+\sqrt[3]{13b^3+14c^3}+\sqrt[3]{13c^3+14a^3}$$

$$\geqslant \frac{13a+14b}{9}+\frac{13b+14c}{9}+\frac{13c+14a}{9}$$
$$=3(a+b+c)=3$$

例 5.10　设 a,b,c 是正实数,证明

$$(a^3+3b^2+5)(b^3+3c^2+5)(c^3+3a^2+5)\geqslant 27(a+b+c)^3$$

证明　由于 27 可以写成 $3 \cdot 3 \cdot 3$,并考虑到左边三个乘积,这就启发我们使用 Hölder 不等式.无论如何,为得到右边的 27,每一个乘积必须有一个因子 3.为达到这一点,在三个乘积中,将 5 写成 $3+1+1$ 的形式,然后,应用 AM−GM 不等式消去两项,得

$$a^3+1^3+1^3\geqslant 3a$$
$$b^3+1^3+1^3\geqslant 3b$$

和

$$c^3+1^3+1^3\geqslant 3c$$

余下的只需证明

$$(3a+3b^2+3)(3b+3c^2+3)(3c+3a^2+3)\geqslant 27(a+b+c)^3$$

这是 Hölder 不等式的直接结果.

1.6　Schur 不等式

定理(Schur 不等式)　设 a,b,c 是非负实数,且 $r>0$,则

$$a^r(a-b)(a-c)+b^r(b-c)(b-a)+c^r(c-a)(c-b)\geqslant 0$$

证明　我们通过使用称为排序的简单而强大的技巧来证明这个定理.简而言之,排序背后的思想是假设变量采取一定的顺序,然后改写不等式,以便于我们可以获得每个单独部分的界限(基于既定的排序),并将它们组合起来以证明陈述的问题.不失一般性,假设 $a\geqslant b\geqslant c\geqslant 0$,首先,将 $a-b$ 从前两项中分离出来,因为我们知道这是正的,同样从剩余的项中分离出 $a-c$ 和 $b-c$,得

$$(a-b)[a^r(a-c)-b^r(b-c)]+c^r(a-c)(b-c)\geqslant 0$$

现在,由于变量进行了排序,每一个项都是非负的(特别的,项 $a^r(a-c)-b^r(b-c)$ 是非负的,是因为 $a^r\geqslant b^r$ 以及 $a-c\geqslant b-c\geqslant 0$,所以,$a^r(a-c)\geqslant b^r(b-c)$).这样,就证明了结论.

注　使用这种有效方法的更多问题和技巧,参阅"构造、平滑和排序"部分.

当 $r=1$ 时,Schur 不等式简化为

$$a^3+b^3+c^3+3abc\geqslant a^2b+ab^2+b^2c+bc^2+c^2a+ca^2$$

下面做几个练习.

例 6.1　设 a,b,c 是正实数,则

$$abc \geqslant (a+b-c)(b+c-a)(c+a-b)$$

证明　如果我们展开右边并进行常规计算,可以看到,这是当 $r=1$ 时的 Schur 不等式.

注　这个不等式也有一个特殊的几何解释,作为练习留给读者:与三角形的外接圆半径 R 和内切圆半径 r 相关的著名的 Euler 不等式,即 $R \geqslant 2r$.

例 6.2　设 a,b,c 是非负实数,证明

$$a^2 + b^2 + c^2 + \frac{9abc}{a+b+c} \geqslant 2(ab+bc+ca)$$

证明　如前所述,展开两边并重新排列项,即得 $r=1$ 时的 Schur 不等式.

例 6.3　证明:对所有实数 $a,b,c \geqslant 0$ 有

$$a^2 + b^2 + c^2 + 2abc + 1 \geqslant 2(ab+bc+ca)$$

证明　由前面的结果与 AM−GM 不等式相结合,有

$$\frac{9abc}{a+b+c} \leqslant 3\sqrt[3]{(abc)^2} \leqslant abc + abc + 1$$

例 6.4　证明:如果非负实数 a,b,c 满足 $a+b+c=1$,则

$$ab + bc + ca \leqslant \frac{9abc+1}{4}$$

证明　这个不等式可由不等式

$$a^2 + b^2 + c^2 + \frac{9abc}{a+b+c} \geqslant 2(ab+bc+ca)$$

以及假设条件 $a+b+c=1$(从而有 $a^2+b^2+c^2=1-2(ab+bc+ca)$)得到.

例 6.5　设 $a,b,c > 0$,证明

$$3(a^3+b^3+c^3+abc) \geqslant 4(a^2b+b^2c+c^2a)$$

证明　当 $r=1$ 时的 Schur 不等式也可以表示为

$$3(a^3+b^3+c^3+abc) \geqslant 2a^3+2b^3+2c^3+a^2b+ab^2+b^2c+bc^2+c^2a+ca^2$$

这个不等式的左边与所证不等式的左边是匹配的,下一步是得到所需的右边. 为此,我们必须多次使用 AM−GM 不等式.首先,两变量的 AM−GM 不等式,产生结果

$$a^3 + ab^2 \geqslant 2a^2b$$
$$b^3 + bc^2 \geqslant 2b^2c$$

和

$$c^3 + ca^2 \geqslant 2c^2a$$

将这三个不等式相加,产生右边的一个新的项 $a^3+b^3+c^3+3a^2b+3b^2c+3c^2a$.由例 2.7 可知(在其中我们证明了 $a^3+b^3+c^3 \geqslant a^2b+b^2c+c^2a$),所证不等式成立.

例 6.6　设 a,b,c 是正实数,满足 $abc=1$,证明

$$3 + \frac{a}{b} + \frac{b}{c} + \frac{c}{a} \geqslant a + b + c + \frac{1}{a} + \frac{1}{b} + \frac{1}{c}$$

证明 我们做代换 $a = \frac{x}{y}, b = \frac{y}{z}, c = \frac{z}{x}$，其中 x, y, z 是正实数（关于更多这方面的技巧参阅"代换"一节），则不等式等价于

$$3 + \frac{yz}{x^2} + \frac{zx}{y^2} + \frac{xy}{z^2} \geqslant \frac{x}{y} + \frac{y}{z} + \frac{z}{x} + \frac{y}{x} + \frac{z}{y} + \frac{x}{z}$$

通过代数运算，我们发现这相当于关于变量 xy, yz, zx 的当 $r = 1$ 时的 Schur 不等式，因此可以得出结论.

例 6.7 设 a, b, c 是非负实数，满足 $a + b + c = 1$，证明

$$5(a^2 + b^2 + c^2) \leqslant 6(a^3 + b^3 + c^3) + 1$$

证明 由于

$$a^2 + b^2 + c^2 = 1 - 2(ab + bc + ca)$$

以及

$$a^3 + b^3 + c^3 = 3abc + 1 - 3(ab + bc + ca)$$

（这最后的 $a^3 + b^3 + c^3 - 3abc$ 的因式分解结果，参阅"因式分解"一节），这样一来，不等式就简化为

$$ab + bc + ca \leqslant \frac{9abc + 1}{4}$$

这正是例 6.4 证明的不等式.

例 6.8 设 a, b, c 是正实数，证明

$$a^3 + b^3 + c^3 + 6abc \geqslant 3\sqrt[3]{abc}(ab + bc + ca)$$

证明 应用 $r = 1$ 的 Schur 不等式，只需证明

$$a^2 b + a^2 c + b^2 c + b^2 a + c^2 a + c^2 b + 3abc \geqslant 3\sqrt[3]{abc}(ab + bc + ca)$$

上述不等式的左边可以分解为 $(a + b + c)(ab + bc + ca)$，所以我们可以约去因子 $ab + bc + ca$，这样不等式化为

$$a + b + c \geqslant 3\sqrt[3]{abc}$$

这正是三变量的 $AM - GM$ 不等式，证毕.

例 6.9 设 $a, b, c \geqslant 0$，满足 $a + b + c = 3$，证明

$$a^3 + b^3 + c^3 + 3abc \geqslant 6$$

证明 设 $a = 3x, b = 3y, c = 3z$，则 $x + y + z = 1$. 于是不等式等价于

$$x^3 + y^3 + z^3 + 3xyz \geqslant \frac{2}{9}$$

由于

$$x^3 + y^3 + z^3 = 3xyz + (x + y + z)[(x + y + z)^2 - 3(xy + yz + zx)]$$

（关于这个恒等式的更多情况，参阅"因式分解"一节），这样不等式可以改写成

$$2xyz + \frac{7}{27} \geqslant xy + yz + zx$$

由例 6.4 可知

$$xy + yz + zx \leqslant \frac{9xyz + 1}{4}$$

所以，只需证明

$$\frac{9xyz + 1}{4} \leqslant 2xyz + \frac{7}{27}$$

直接计算，不等式可以简化为 $xyz \leqslant \frac{1}{27}$. 这可由 AM $-$ GM 不等式得到，证毕.

例 6.10 设 a, b, c 是任意三角形的三边长，证明

$$\frac{b+c}{a} + \frac{c+a}{b} + \frac{a+b}{c} + \frac{(b+c-a)(c+a-b)(a+b-c)}{abc} \geqslant 7$$

证明 我们使用三角形的 Ravi 代换：$a = x+y, b = y+z, c = z+x$，其中 x, y, z 是任意正实数（关于这个技巧的更多细节参阅"代换"一节），则不等式变成

$$\frac{2x+y+z}{y+z} + \frac{x+2y+z}{z+x} + \frac{x+y+2z}{x+y} + \frac{8xyz}{(x+y)(y+z)(z+x)} \geqslant 7$$

即

$$\frac{x}{y+z} + \frac{y}{z+x} + \frac{z}{x+y} + \frac{4xyz}{(x+y)(y+z)(z+x)} \geqslant 2$$

不等式两边同乘以 $(x+y)(y+z)(z+x)$ 并进行化简，得

$$(x^3 + y^3 + z^3) + 3xyz \geqslant xy(x+y) + yz(y+z) + zx(z+x)$$

这恰恰是 $r = 1$ 时的 Schur 不等式.

例 6.11 设 a, b, c 是正实数，证明

$$\frac{b+c}{\sqrt{a^2+bc}} + \frac{c+a}{\sqrt{b^2+ca}} + \frac{a+b}{\sqrt{c^2+ab}} > 4$$

证明 由 Hölder 不等式，有

$$\left(\sum_{\text{cyc}} \frac{b+c}{\sqrt{a^2+bc}} \right)^2 \left[\sum_{\text{cyc}} (b+c)(a^2+bc) \right] \geqslant 8(a+b+c)^3$$

这样，只需证明

$$\sqrt{\frac{(2a+2b+2c)^3}{\sum_{\text{cyc}} (b+c)(a^2+bc)}} > 4$$

整理得

$$(a+b+c)^3 > 2\sum_{\text{cyc}} (b+c)(a^2+bc) = 4\sum_{\text{cyc}} a^2(b+c)$$

这可以重新整理成

$$6abc + a^3 + b^3 + c^3 > \sum_{cyc} a^2(b+c)$$

直接由 Schur 不等式,可得

$$3abc + a^3 + b^3 + c^3 \geqslant \sum_{cyc} a^2(b+c)$$

例 6.12 证明:若 a,b,c 是非负实数,则

$$3(a^2 + b^2 + c^2) \geqslant (a+b+c)(\sqrt{ab} + \sqrt{bc} + \sqrt{ca}) +$$
$$(a-b)^2 + (b-c)^2 + (c-a)^2$$
$$\geqslant (a+b+c)^2$$

证明 首先,证明

$$3(a^2 + b^2 + c^2) \geqslant (a+b+c)(\sqrt{ab} + \sqrt{bc} + \sqrt{ca}) +$$
$$(a-b)^2 + (b-c)^2 + (c-a)^2$$

这等价于证明

$$a^2 + b^2 + c^2 + 2ab + 2bc + 2ca \geqslant (a+b+c)(\sqrt{ab} + \sqrt{bc} + \sqrt{ca})$$

即

$$a+b+c \geqslant \sqrt{ab} + \sqrt{bc} + \sqrt{ca}$$

(将不等式左边写成 $(a+b+c)^2$ 的形式,然后两边同时约去 $a+b+c$),这样证明就完成了,因为

$$(\sqrt{a})^2 + (\sqrt{b})^2 + (\sqrt{c})^2 \geqslant \sqrt{a}\sqrt{b} + \sqrt{b}\sqrt{c} + \sqrt{c}\sqrt{a}$$

接下来,我们证明

$$(a+b+c)(\sqrt{ab} + \sqrt{bc} + \sqrt{ca}) + (a-b)^2 + (b-c)^2 + (c-a)^2 \geqslant (a+b+c)^2$$

为简化计算,设 $x = \sqrt{a}, y = \sqrt{b}, z = \sqrt{c}$. 则所证不等式等价于

$$(x^2 + y^2 + z^2)(xy + yz + zx) + (x^2 - y^2)^2 + (y^2 - z^2)^2 + (z^2 - x^2)^2$$
$$\geqslant (x^2 + y^2 + z^2)^2$$

不等式两边展开,并消去公共项,则不等式等价于

$$x^4 + y^4 + z^4 + (x^2 + y^2 + z^2)(xy + yz + zx) \geqslant 4(x^2 y^2 + y^2 z^2 + z^2 x^2)$$

再次展开,得

$$x^4 + x^3 y + x^3 z - 4x^2 y^2 + x^2 yz - 4x^2 z^2 + xy^3 + xy^2 z + xyz^2 +$$
$$xz^3 + y^4 + y^3 z - 4y^2 z^2 + yz^3 + z^4 \geqslant 0$$

考虑 $r = 2$ 的 Schur 不等式

$$x^4 - x^3 y - x^3 z + x^2 yz - xy^3 + xy^2 z + xyz^2 - xz^3 + y^4 - y^3 z - yz^3 + z^4 \geqslant 0$$

为了得到所证不等式的左边,我们必须在不等式两边同时加上

$$2x^3 y + 2x^3 z - 4x^2 y^2 - 4x^2 z^2 + 2xy^3 + 2xz^3 + 2y^3 z - 4y^2 z^2 + 2yz^3$$

所以只需证明这个表达式是非负的即可. 由 AM−GM 不等式可知这是成立的

$$x^3y + xy^3 \geqslant 2x^2y^2, y^3z + yz^3 \geqslant 2y^2z^2, z^3x + zx^3 \geqslant 2z^2x^2$$

将这三个不等式相加,即得所要证明的不等式,证毕.

注 注意到这个不等式是 $3(a^2+b^2+c^2) \geqslant (a+b+c)^2$ 的较强的版本,我们已经在例 1.10 中证明了这一点,并且是 Cauchy−Schwarz 不等式的直接推论.

现在考虑关于 $r=2$ 的 Schur 不等式的两个练习.

例 6.13 设 a,b,c 是正实数,证明

$$a^3 + b^3 + c^3 - abc \leqslant \frac{2(a^4 + b^4 + c^4)}{a + b + c}$$

证明 由 $r=2$ 的 Schur 不等式,有

$$a^4 + b^4 + c^4 + abc(a+b+c) \geqslant a^3(b+c) + b^3(c+a) + c^3(a+b)$$

上述不等式两边同时加上 $a^4 + b^4 + c^4$,并进行因式分解,之后,两边同除以 $a+b+c$,即得所证不等式.

例 6.14 证明:对于任意正实数 a,b,c,有

$$(a+b+c)(a^3+b^3+c^3-3abc) \leqslant (a^2-b^2)^2 + (b^2-c^2)^2 + (c^2-a^2)^2 + 2(a^2-bc)^2 + 2(b^2-ca)^2 + 2(c^2-ab)^2$$

证明 从前面例子的不等式的两边减去 $2abc$,然后再乘以 $a+b+c$,并将不等式的右边改写成所需形式.

第 2 章 多 项 式

2.1 多项式的基本概念

在本节中,我们从涵盖多项式的底层理论开始,然后继续讨论概念的标准化和唯一性两方面的应用.我们定义一个多项式为有限多个单项式的和,记为

$$P(x) = \sum_{i=0}^{n} a_i x^i = a_n x^n + a_{n-1} x^{n-1} + \cdots + a_1 x + a_0$$

一个单项式定义为一个系数 a_i 与一个变量 x 的幂的乘积.系数可以是实数或复数,在此我们只讨论实系数的情况.下面是多项式的某些基本性质:

(1) 两个多项式相等,当且仅当它们的对应系数相等;

(2) 如果 $a_n \neq 0$,那么我们说 $P(x)$ 的次数是 n,记为 $\deg(P(x)) = n$ 或 $\deg(P) = n$;

(3) $\deg(P(x) + Q(x)) \leqslant \max\{\deg(P(x)), \deg(Q(x))\}$;

(4) $\deg(P(x)Q(x)) = \deg(P(x)) + \deg(Q(x))$.

注 如果 $\deg(P(x)) \neq \deg(Q(x))$,那么性质(3)仍然成立,另外,在本书中,我们约定零多项式($P(x) = 0$)的次数为 $-\infty$,这主要是为了保持上述性质(3).

x^n 项的系数 a_n 称为多项式的首项系数.如果这个首项系数是 1,那么这个多项式称为首一的.另外,一次多项式称为线性,二次多项式称为二次,三次多项式称为三次,四次多项式称为四次,等等.

我们可以通过组合具有相同变量部分的项来添加或减去一个多项式,例如

$$(x^3 + 4x + 2) + (5x^3 - x^2 - x) = 6x^3 - x^2 + 3x + 2$$

我们还可以通过将因子中每对项的所有乘积相加来对它们进行乘法运算(按层次合理地使用分布律).例如

$$(x^3 + 4x + 2)(5x^3 - x^2 - x)$$
$$= x^3(5x^3 - x^2 - x) + 4x(5x^3 - x^2 - x) + 2(5x^3 - x^2 - x)$$
$$= 5x^6 - x^5 - x^4 + 20x^4 - 4x^3 - 4x^2 + 10x^3 - 2x^2 - 2x$$
$$= 5x^6 - x^5 + 19x^4 + 6x^3 - 6x^2 - 2x$$

多项式除法与整数的除法是非常相似的.

定理 1.1(多项式除法) 对于任意两个多项式 $P(x)$ 和 $D(x)$,且 $D(x)$ 非零,则存在两个唯一的多项式 $Q(x)$ 和 $R(x)$,且 $\deg(R) < \deg(D)$,满足关系

$$P(x) = Q(x)D(x) + R(x)$$

证明　设 $n = \deg(P)$，$m = \deg(D)$. 如果 $n < m$，为使 $\deg(R) < \deg(D)$ 成立，我们取 $Q(x) = 0$，从而 $R(x) = P(x)$；否则，$\deg(Q) = n - m$. 然后观察到 $P(x)$ 中 x^n 的系数由 $D(x)$ 中 x^m 的系数和 $Q(x)$ 中 x^{n-m} 的系数的乘积定义，所以 x^{n-m} 的系数就唯一确定了. 类似的，$Q(x)$ 中 x^{n-m-1} 的系数由 $P(x)$ 中 x^{n-1} 的系数和 $D(x)$ 中 x^m 的系数定义，一直到 $Q(x)$ 中 x^0 的系数由 $P(x)$ 中 x^m 的系数和 $D(x)$ 中 x^m 的系数定义. 这样一来，$Q(x)$ 中所有系数都确定了，这确定了唯一的 $Q(x)$. 那么剩余项具有 $m-1$ 或更低的次数归于 $R(x)$，除法的唯一性得证.

注　请注意，所有系数可以是 $\mathbb{Q}$，$\mathbb{R}$ 或 $\mathbb{C}$ 之一，对于熟悉抽象代数的读者，可以将其扩展到任何数域的系数，为了将这个定理扩展到整数系数，我们要求 $D(x)$ 是首一的，将此作为练习留给读者.

就像整数一样，多项式 $P(x)$ 除以 $D(x)$ 时，我们称 $Q(x)$ 和 $R(x)$ 为商和余数. 如果 $R(x) = 0$，那么 $D(x)$ 被称为 $P(x)$ 的除数或因子（记为 $D(x) \mid P(x)$，读作"$D(x)$ 整除 $P(x)$"）；$P(x)$ 称为 $D(x)$ 的倍数. 另外，如果存在某些数 r 使得 $P(r) = 0$，那么称 r 是 $P(x)$ 的一个根、解或者零点.

定理 1.2（根因式定理）　一个数 c 是 $P(x)$ 的一个根，当且仅当 $(x - c) \mid P(x)$.

证明　首先，将 $P(x)$ 写成形式

$$P(x) = Q(x)(x - c) + R(x)$$

如果 c 是 $P(x)$ 的一个根，那么

$$P(c) = Q(c)(c - c) + R(c)$$

即 $R(c) = 0$. 因为 $R(x)$ 必须是常数（因为其次数小于 $\deg(x - c) = 1$），所以多项式 $R(x)$ 必定是零，这就是说，$(x - c) \mid P(x)$. 此外，如果 $(x - c) \mid P(x)$，那么 $R(x) = 0$，所以，$P(c) = Q(c)(c - c) + R(c) = 0$，因此，$c$ 是 $P(x)$ 的一个根，证毕.

这直接关系到多项式最重要的定理之一：代数学基本定理. 它的证明超出了本书的范围，所以我们在这里没有提及它的证明.

定理 1.3（代数学基本定理）　每个具有复数系数的非零单变量 n 次多项式，正好有 n 个根（按重数计数）.

注　因式 $x - a$ 出现在完整因式分解中的次数称为根 a 的重数. 值得注意的是，多项式的 n 个根可能是实数、复数，或者两者兼而有之.

这就为我们提供了一种表示多项式的新方法：将它们完全分解为线性因子. 这可以写成如下形式

$$P(x) = a_n(x - x_1)(x - x_2)\cdots(x - x_n)$$

其中 $x_1, x_2, \cdots, x_n$ 是根. 另外，某些 x_i 可能彼此相等. 例如，$x^3 - 5x^2 + 8x - 4 = (x - 2)^2(x - 1)$，此时，我们说 2 是双重根.

例 1.1　证明：具有整数系数的多项式 $P(x)$ 和两个整数 a,b，则 $a-b$ 是 $P(a)-P(b)$ 的一个因子.

证明　将 $P(a)-P(b)$ 看成是关于 a 的一个多项式，则 b 是其一个根（因为 $P(b)-P(b)$ 是零），所以 $a-b$ 的确是 $P(a)-P(b)$ 的一个因子.

例 1.2　设 a 是 $x^2-3x+1=0$ 的一个根，计算 $55a-a^5$.

解　试图求出 a 并将其代入计算会很麻烦，所以我们选择了一种不同的方法. 注意到 a^5 的幂次较高，因此，尝试将它分解成次数较低的多项式. 可以将给定的表达式写成形式 $a^2=3a-1$，这样，$a^5=3a^4-a^3$. 另外，$a^4=3a^3-a^2$，所以

$$a^5=3(3a^3-a^2)-a^3=8a^3-3a^2$$

之后，使用 $a^3=3a^2-a$，就得到

$$a^5=8(3a^2-a)-3a^2=21a^2-8a$$

于是

$$55a-a^5=55a-21a^2+8a=63a-21a^2$$

最后得出结果是 21.

例 1.3　给定多项式

$$P(x)=(1+x+x^2)^{100}=a_0+a_1x+\cdots+a_{200}x^{200}$$

计算下列和式

$$S_1=a_0+a_1+a_2+\cdots+a_{200}$$
$$S_2=a_0+a_2+a_4+\cdots+a_{200}$$

解　我们可以通过简单的 $x=1$ 立即求出 $P(x)$ 的系数之和，即 $S_1=3^{100}$. 为了求出 S_2，需要找到一些消除其他系数的方法. 注意到，令 $x=-1$，将得到

$$a_0-a_1+a_2-a_3+\cdots+a_{200}=1$$

所以，把这个和式与 S_1 相加，得

$$2a_0+2a_2+2a_4+\cdots+2a_{200}=2S_2=3^{100}+1$$

因此

$$S_2=\frac{3^{100}+1}{2}$$

例 1.4　假设二次多项式 ax^2+bx+c 的两个根是 r 和 s，证明

$$r+s=-\frac{b}{a},rs=\frac{c}{a}$$

证明　因为多项式的首项系数是 a，所以

$$a(x-r)(x-s)=ax^2-a(r+s)x+ars=ax^2+bx+c$$

因为对所有的 x，等式都成立，所以它们的系数对应相等，得

$$-a(r+s)=b,ars=c$$

所以

$$r + s = -\frac{b}{a}, rs = \frac{c}{a}$$

例 1.5 假设三次多项式 $ax^3 + bx^2 + cx + d$ 的三个根是 r, s, t，求 $r + s + t, rs + st + tr$ 和 rst 的值.

解 与例 1.4 的处理方式一样，即

$$a(x - r)(x - s)(x - t) = ax^3 - a(r + s + t)x^2 + a(rs + st + tr)x - arst$$
$$= ax^3 + bx^2 + cx + d$$

所以

$$r + s + t = -\frac{b}{a}, rs + st + tr = \frac{c}{a}, rst = -\frac{d}{a}$$

这样的一组强大关系式称为 Vieta 公式（也被称为 Viète 公式）.

定理 1.4（Vieta 公式） 设 $x_1, x_2, \cdots, x_n$ 是多项式 $P(x) = a_n x^n + a_{n-1} x^{n-1} + \cdots + a_0$ 的根，令

$$s_1 = x_1 + x_2 + \cdots + x_n$$
$$s_2 = x_1 x_2 + x_1 x_3 + \cdots + x_{n-1} x_n$$
$$\vdots$$
$$s_n = x_1 x_2 \cdots x_n$$

换句话说，设 s_i 表示从根中取 i 个根的所有可能乘积之和，则

$$s_1 = -\frac{a_{n-1}}{a_n}, s_2 = \frac{a_{n-2}}{a_n}$$

一般的

$$s_i = (-1)^i \frac{a_{n-i}}{a_n}$$

证明 展开 $a_n(x - x_1)(x - x_2) \cdots (x - x_n)$，得

$$a_n x^n - a_n(x_1 + x_2 + \cdots + x_n)x^{n-1} + \cdots + (-1)^n a_n x_1 x_2 \cdots x_n$$

与前面两个例子的处理方法一样，即得所证明的结果.

注 在这里甚至整本书中都使用符号 s_k 来表示 $x_1, x_2, \cdots, x_n$ 中的第 k 个初等对称多项式.

例 1.6 求多项式 $3x^3 + 15x^2 - 6x + 7$ 的所有根的平方和.

解 由 Vieta 公式，得到 $s_1 = -5, s_2 = -2$. 注意到

$$x_1^2 + x_2^2 + x_3^2 = (x_1 + x_2 + x_3)^2 - 2(x_1 x_2 + x_2 x_3 + x_3 x_1)$$

所以，答案是 $s_1^2 - 2s_2 = 29$.

例 1.7 设 x_1, x_2 是 $x^2 + ax + bc$ 的两个根，而 x_2, x_3 是 $x^2 + bx + ca (ac \neq bc)$ 的两个根，证明：x_1, x_3 是 $x^2 + cx + ab$ 的两个根.

证明　对于给定的二次函数,由 Vieta 公式有

$$x_1 + x_2 = -a, x_2 + x_3 = -b, x_1 x_2 = bc, x_2 x_3 = ca$$

由前两个相减,得

$$x_1 - x_3 = b - a$$

由后两个相减,得

$$x_1 x_2 - x_3 x_2 = bc - ca$$

因为 $a \neq b$,所以两式相除可得 $x_2 = c$. 此外,由 $c \neq 0$,得到 $x_1 = b, x_3 = a$. 前两个方程相加,得

$$b + c + c + a = -a - b$$

这就意味着

$$x_1 + x_3 = a + b = -c$$

另外,$x_1 x_3 = ab$,所以,x_1, x_3 是 $x^2 + cx + ab$ 的两个根.

例 1.8　设 a, b, c 是实数,且满足 $-2 \leqslant a + b + c \leqslant 0$. 证明:如果方程 $x^3 + ax^2 + bx + c = 0$ 有三个实根,那么至少有一个根位于区间 $[0, 2]$.

证明　设三个实根是 x_1, x_2, x_3. 则由 Vieta 公式,有

$$x_1 + x_2 + x_3 = -a, x_1 x_2 + x_2 x_3 + x_3 x_1 = b, x_1 x_2 x_3 = -c$$

由所给的不等式,有

$$-2 \leqslant -(x_1 + x_2 + x_3) + (x_1 x_2 + x_2 x_3 + x_3 x_1) - x_1 x_2 x_3 \leqslant 0$$

$$1 \geqslant x_1 x_2 x_3 - x_1 x_2 - x_2 x_3 - x_3 x_1 + (x_1 + x_2 + x_3) - 1 \geqslant -1$$

$$1 \geqslant (x_1 - 1)(x_2 - 1)(x_3 - 1) \geqslant -1$$

取绝对值,有

$$|(x_1 - 1)(x_2 - 1)(x_3 - 1)| \leqslant 1$$

$$|x_1 - 1| |x_2 - 1| |x_3 - 1| \leqslant 1$$

由于有三个非负项的乘积至多为 1,所以至少有一个项最多只能是 1. 不失一般性,假设是第一项,则 $|x_1 - 1| \leqslant 1$,即 $0 \leqslant x_1 \leqslant 2$. 所以,至少有一个根位于区间 $[0, 2]$.

例 1.9　设 a, b, c 是实数,又设 $E(x) = \dfrac{ax^2 + bx + c}{x^2 + 1}$. 证明:若 x_1 和 x_2 是方程 $bx^2 - (c - a)x - b = 0$ 的两个根,则 $E(x_1) + E(x_2) = a + c$.

证明　由 Vieta 公式,有 $x_1 x_2 = -1$. 我们来证明 $E(x_1) + E(x_2) = a + c$. 实际上

$$E(x_2) = \frac{ax_1^{-2} - bx_1^{-1} + c}{x_1^{-2} + 1} = \frac{cx_1^2 - bx_1 + a}{x_1^2 + 1}$$

所以

$$E(x_1) + E(x_2) = \frac{ax_1^2 + bx_1 + c}{x_1^2 + 1} + \frac{cx_1^2 - bx_1 + a}{x_1^2 + 1}$$

$$= \frac{(a+c)(x_1^2+1)}{x_1^2+1} = a+c$$

还有一些方法可以获得更多关于多项式具有哪些根的信息,有理根定理就是一种方法,它允许我们确定具有整数系数的多项式是否具有有理根.

定理 1.5(有理根定理) 设 $P(x) = a_n x^n + a_{n-1} x^{n-1} + \cdots + a_1 x + a_0$,其中 a_i 是整数. 如果 $P(x)$ 有有理根 $\frac{p}{q}$(最简形式),那么 p 整除 a_0,q 整除 a_n.

证明 这个证明涉及数论的基本运算性质,将在下面进一步讨论. 不熟悉这些概念的读者可以跳过此证明. 假设 $P\left(\frac{p}{q}\right) = 0$,即

$$a_n \frac{p^n}{q^n} + a_{n-1} \frac{p^{n-1}}{q^{n-1}} + \cdots + a_1 \frac{p}{q} + a_0 = 0$$

这可以整理为

$$a_n p^n + a_{n-1} p^{n-1} q + \cdots + a_1 p q^{n-1} + a_0 q^n = 0$$

注意到,除了 $a_0 q^n$ 外,左边的每一项都是 p 的倍数,而右边是 0,所以 $a_0 q^n$ 必定是 p 的倍数. 然而,由于 $\frac{p}{q}$ 是最简分数,因此 p 和 q 没有公因子,从而 q^n 与 p 没有公因子,所以 a_0 必定是 p 的倍数. 类似可证,a_n 必定是 q 的倍数,证毕.

例 1.10 求多项式 $2x^3 - 9x^2 + 7x + 6$ 的所有零点.

解 我们使用有理根定理来验证所有可能的有理根 $\frac{p}{q}$. 由上述定理,$p = \pm 1, \pm 2,$ $\pm 3, \pm 6$ 和 $q = 1, 2$(没有必要考虑验证 $q = -1, -2$,因为我们在 p 中已经考虑了负数的情况). 当 $q = 1$ 时,潜在的根可能是 $1, -1, 2, -2, 3, -3, 6, -6$. 测试这些数,得到的根是 2 和 3;当 $q = 2$ 时,潜在的根可能是 $\frac{1}{2}, -\frac{1}{2}, \frac{3}{2}, -\frac{3}{2}$(因为 $1, -1, 3, -3$ 已经测试过了,在此处,就忽略它们了),测试这些数据,得到 $\frac{1}{2}$ 是根. 我们知道最多只有三个解,而且我们已经找到了三个有理解,所以它们就是所求的所有解.

例 1.11 使用有理根定理证明:$\sqrt{5}$,$1 + \sqrt{2}$,$\sqrt{2} + \sqrt{5}$ 和 $\sqrt{2} + \sqrt[3]{3}$ 都是无理数.

证明 关键的思想是通过生成一个以 x 为根的多项式,然后使用有理根定理来证明这个多项式没有有理根,从而证明 x 是无理数.

对 $x = \sqrt{5}$,我们使用多项式 $x^2 - 5$. 显然 $\pm 1, \pm 5$ 都不是根,所以 $\sqrt{5}$ 的确是无理数.

对 $x = 1 + \sqrt{2}$,注意到 $x - 1 = \sqrt{2}$,所以 $x^2 - 2x + 1 = 2$. 因此,我们使用多项式 $x^2 - 2x - 1$. 再次快速检查得出结论:± 1 不是根,所以 $1 + \sqrt{2}$ 是无理数.

接下来,对 $x = \sqrt{2} + \sqrt{5}$,我们有 $x^2 = 7 + 2\sqrt{10}$,所以 $(x^2 - 7)^2 = 40$. 这样,使用多项

式 $x^4 - 14x^2 + 9$. 测试得知，$\pm 1, \pm 2, \pm 9$ 没有一个是根，所以 $\sqrt{2} + \sqrt{5}$ 是无理数.

最后，我们考虑 $x = \sqrt{2} + \sqrt[3]{3}$，之前的方法是隔离一个平方根，然后对结果方程进行平方以消除所有平方根，但这里有一个立方根. 因此，我们将采用类似的策略：首先分离立方根，将立方根消除，然后重点消除平方根. 关系式 $x - \sqrt{2} = \sqrt[3]{3}$ 两边立方，得

$$x^3 - 3x^2\sqrt{2} + 6x - 2\sqrt{2} = 3$$

这可以改写成

$$x^3 + 6x - 3 = (3x^2 + 2)\sqrt{2}$$

两边平方并化简，得到所需的多项式

$$x^6 - 6x^4 - 6x^3 + 12x^2 - 36x + 1 = 0$$

显然，± 1 不是解，所以 $\sqrt{2} + \sqrt[3]{3}$ 是无理数.

2.2　可　约　性

现在，我们来学习一个称为可约性的概念. 具有整数系数的多项式，称为可约的，如果它可以表示为两个非常数的也是用整数系数表示的多项式的乘积；如果不能用这种方式来表达，就称为不可约的.

使用记号 $K[x]$ 表示系数在集合 K 中取值的多项式的集合. 例如，记号 $\mathbb{Z}[x]$ 表示整系数多项式的集合，也称为整多项式.

需要注意，每一个线性多项式都是不可约的. $K[x]$ 中的二次多项式和三次多项式是不可约的，当且仅当在 $K[x]$ 中它们没有线性因子，即它们在 K 中没有根（注意，没有线性因子是一个很强的条件，例如，在 $K = \mathbb{Z}$ 的情况，没有线性因子就意味着在 $\mathbb{Q}$ 中没有根）. 为了证明四次多项式的不可约性，必须验证它不能用线性因子乘以三次多项式或者两个二次多项式的乘积来表示.

注　涉及整数可约性的许多结果也适用于有理数. 目前，我们讨论整数的情况.

像素数一样，如果一个多项式 $F(x)$ 在 $K[x]$ 中是不可约的，且 $F(x) \mid G(x)H(x)$，其中多项式 $G(x), H(x) \in K[x]$，则 $F(x) \mid G(x)$ 或者 $F(x) \mid H(x)$（或者两者）. 另外，每一个非常数多项式 $F(x) \in K[x]$ 都可以表示为 $K[x]$ 中有限多个不可约多项式的乘积. 这个表达式在不变的乘数中是唯一的，这些事实非常直观，我们把它作为练习留给读者进行严格的证明.

例 2.1　证明：$x^4 + 1$ 在 $\mathbb{Z}[x]$ 上是不可约的.

证明　因为 $x^4 + 1 \geqslant 1 > 0$，所以多项式 $x^4 + 1$ 没有有理（甚至实数）根（由有理根定理可知，没有有理根）. 这样一来，多项式 $x^4 + 1$ 不可能是一个线性多项式和一个三次多项式的乘积. 所以，基于这个事实，它必定是两个二次多项式的乘积，假设 $x^4 + 1 =$

$(ax^2 + bx + c)(dx^2 + ex + f)$，其中 a, b, c, d, e, f 都是整数. 观察首项和常数项，我们发现 $ad = 1, cf = 1$，这样，$a = d = \pm 1, c = f = \pm 1$. 因为我们总可以用 -1 乘以两个因式，所以，可以假设 $a = d = 1, c = f = \pm 1$. 之后，展开有

$$x^4 + 1 = (ax^2 + bx + c)(dx^2 + ex + f)$$
$$= x^4 + (b+e)x^3 + (be \pm 2)x^2 \pm (b+e)x + 1$$

比较 x 和 x^3 的系数，我们得到 $b + e = 0$，即 $e = -b$. 比较 x^2 的系数，得到 $b^2 = \pm 2$，由此可见，对于整数 b 这是不可能的，所以没有这样的分解存在.

例 2.2 设 $r_1, r_2, \cdots, r_n$ 是正整数，又设 $P(x) = (x - r_1)(x - r_2)\cdots(x - r_n) - 1$. 证明：$P(x)$ 在整数上是不可约的.

证明 若不然，即 $P(x)$ 在整数上是可约的，则存在两个非常数整系数多项式 $Q(x)$ 和 $R(x)$，满足 $Q(x)$ 和 $R(x)$ 的次数至多是 $n-1$，使得 $P(x) = Q(x)R(x)$. 这样一来，我们就有，对于 $1 \leq i \leq n, Q(r_i)R(r_i) = -1$，所以，要么 $Q(r_i) = 1, R(r_i) = -1$，要么 $Q(r_i) = -1, R(r_i) = 1$. 无论哪种情况，都有 $Q(r_i) + R(r_i) = 0$. 于是，多项式 $Q(x) + R(x)$ 有 n 个零点，但它最多是 $n-1$ 次，所以，只可能的情况就是 $R(x) = -Q(x)$，在这种情况下，$P(x) = -Q(x)^2$，这是不可能的，因为 $P(x)$ 是首一的，而 $-Q(x)^2$ 必定具有负的首项系数，因此，$P(x)$ 在整数上必是不可约的.

例 2.3 设 $P(x) = a_7 x^7 + a_6 x^6 + \cdots + a_1 x + a_0$ 是整多项式，具有性质：存在不同的整数 $b_1, b_2, \cdots, b_7$，满足 $P(b_1), P(b_2), \cdots, P(b_7) \in \{-1, 1\}$，证明：$P(x)$ 在 $\mathbb{Z}[x]$ 上是不可约的.

证明 若不然，则 $P(x) = F(x)G(x)$，其中 $F(x)$ 和 $G(x)$ 是非常数整多项式. 因为 $\deg(F) + \deg(G) = \deg(P) = 7$，不失一般性，假设 $\deg(F) \leq 3$. 因为 $P(b_i) = \pm 1 (1 \leq i \leq 7)$，由此可见，$F(b_i) = \pm 1$，以及无论如何，$F(b_1), F(b_2), \cdots, F(b_7)$ 只能取两个可能值，所以至少有四个量必定相等. 不失一般性，假设 $F(b_1) = F(b_2) = F(b_3) = F(b_4) = 1$. 那么 $F(x) - 1$ 将至少有四个根，而其次数至多为 3. 所以 $F(x)$ 必定是常数，这导致了矛盾.

例 2.4 设 $a_1, a_2, \cdots, a_n$ 是不同的整数，证明：多项式

$$P(x) = (x - a_1)^2(x - a_2)^2 \cdots (x - a_n)^2 + 1$$

在 $\mathbb{Z}[x]$ 上是不可约的.

证明 假设

$$(x - a_1)^2(x - a_2)^2 \cdots (x - a_n)^2 + 1 = F(x)G(x)$$

其中 F 和 G 是非常数整多项式. 令 $x = a_i, i = 1, 2, \cdots, n$，得 $F(a_i) = G(a_i) = \pm 1$. 注意到，$P(x) \geq 1$，所以它没有实根. 因此，$F(x)$ 和 $G(x)$ 也不能有任何实根. 但是，如果对某些 $1 \leq i, j \leq n, F(a_i) = 1, F(a_j) = -1$，那么 $F(x)$ 必有一个根在 a_i 和 a_j 之间，这是不可能的，所以

$$F(a_1) = F(a_2) = \cdots = F(a_n) = G(a_1) = G(a_2) = \cdots = G(a_n) = \pm 1$$

不失一般性,假设它们全都等于 1,则
$$F(x) = (x - a_1)(x - a_2)\cdots(x - a_n)Q(x) + 1$$
其中 $Q(x)$ 是某个整多项式,类似的
$$G(x) = (x - a_1)(x - a_2)\cdots(x - a_n)R(x) + 1$$
其中 $R(x)$ 是某个整多项式. 注意到,由于 $\deg(F(x)G(x)) = 2n$,则 Q 和 R 必定是常数. 通过观察 $P(x)$ 的首项系数,我们发现,$F(x)$ 和 $G(x)$ 的首项系数的乘积必定是 1,所以 $Q(x) = R(x) = \pm 1$(因为它们必须是整数),因此
$$F(x)G(x) = P(x) = (F(x) \pm 1)(G(x) \pm 1) + 1 \Rightarrow F(x) + G(x) = \mp 2$$
这是不可能的,因为 $F(x) = G(x)$. 所以,这就形成了矛盾.

就像素数一样,不可能找到 $\mathbb{Z}[x]$ 中所有不可约多项式的完整描述,但是我们可以采用一些标准来区分它们的一部分.

定理(Eisenstein 准则)   假设有如下的整系数多项式
$$Q = a_n x^n + a_{n-1} x^{n-1} + \cdots + a_1 x + a_0$$
如果存在一个素数 p 满足下列三个条件:

(1) p 整除每一个 $a_i (i \neq n)$;

(2) p 不能整除 a_n;

(3) p^2 不能整除 a_0.

那么 Q 在整数上是不可约的.

注   毫无疑问,Eisenstein 准则可以扩展到有理数上. 事实上,根据一个称为 Gauss 准则的结果,如果一个非常数整多项式被认为是有理数上的一个多项式,那么它也是不可约的.

Eisenstein 准则在数论章节作为一个题目给出了证明.

例 2.5   求出所有正整数 n,使得多项式 $x^n + 6x^{n-1} + 3$ 是可约的.

解   对于素数 $p = 3$ 使用 Eisenstein 准则可知,这个多项式当 $n > 1$ 时,显然是不可约的. 若 $n = 1$,则多项式变成了 $x + 9$,在这种情况下,Eisenstein 准则不可用(因为 3^2 整除 9). 但线性多项式总是不可约的,因此我们认为没有这样的 n.

应用 Eisenstein 准则的一个有用的技巧是考虑多项式 $P(x + k)$(对于一些常数 k)而不是多项式 $P(x)$,原因是如果一个是不可约的,那么另一个必须是一样的. 为了得到多项式的一组新的系数,可能会满足 Eisenstein 的判据(而原始系数不会),取代 $x + k \to x$ 可能会有帮助.

注   接下来的两个例子假定读者具有关于二项式系数和二项式定理的基本背景知识,如果读者不熟悉这些概念,可以跳过这些示例.

例 2.6   证明:对于素数 p,多项式 $P(x) = x^{p-1} + x^{p-2} + \cdots + 1$ 是不可约的.

证明   首先,注意到 $P(x)$ 不可约等价于 $P(x + 1)$ 不可约. 由二项式定理,有

$$P(x+1) = \frac{(x+1)^p - 1}{(x+1) - 1} = x^{p-1} + \binom{p}{1}x^{p-2} + \binom{p}{2}x^{p-3} + \cdots + \binom{p}{p-2}x + p$$

对于素数 p,这满足 Eisenstein 准则的条件,即 $P(x)$ 是不可约的.

例 2.7　给定正整数 n,证明:多项式 $x^{2^n} + 1$ 在 $\mathbb{Z}[x]$ 上是不可约的.

证明　记 $F(x) = x^{2^n} + 1$. 做线性变换,有

$$F(x+1) = (x+1)^{2^n} + 1 = x^{2^n} + 2 + \sum_{k=1}^{2^n-1}\binom{2^n}{k}x^k$$

这里的关键思路是对每个素数 p 以及所有正整数 $n, k (1 \leqslant k \leqslant p^n - 1)$, $\binom{p^n}{k}$ 能被 p 整除.

所以,对于素数 2,我们应用 Eisenstein 准则,可知 $F(x+1)$ 是不可约的,从而 $F(x)$ 也是不可约的.

2.3　二次方程式和判别式

在本节,我们将详细讨论二次方程式并研究其关键的技巧 —— 判别式. 从形式为 $ax^2 + bx + c$ 的一般二次方程的根 x_1, x_2 开始(a, b, c 为实数且 $a \neq 0$).

定理(二次公式)　二次方程 $ax^2 + bx + c$ 的复根是

$$x_1, x_2 = \frac{-b \pm \sqrt{b^2 - 4ac}}{2a}$$

证明　我们按如下方式进行配方

$$ax^2 + bx + c = 0$$

$$x^2 + \frac{b}{a}x + \frac{c}{a} = 0$$

$$x^2 + \frac{b}{a}x + \left(\frac{b}{2a}\right)^2 = \left(\frac{b}{2a}\right)^2 - \frac{c}{a}$$

$$\left(x + \frac{b}{2a}\right)^2 = \frac{b^2 - 4ac}{4a^2}$$

$$x + \frac{b}{2a} = \pm\frac{\sqrt{b^2 - 4ac}}{2a}$$

$$x = \frac{-b \pm \sqrt{b^2 - 4ac}}{2a}$$

由这个公式,我们立即得到 $x_1 + x_2 = -\frac{b}{a}$ 和 $x_1 x_2 = \frac{c}{a}$,这正是 Vieta 公式. 表达式 $b^2 - 4ac$ 记为 Δ,并称之为判别式.

请注意,当 Δ 是正数时,有两个实根;当 Δ 为零时,有一个实根;当 Δ 为负时,没有实

根. 还有, 当 a,b,c 是整数并且 Δ 是一个完全平方时, 那么它的根就是有理数. 此外, 当且仅当 $a>0$ 且 $\Delta\leqslant 0$ (或者在退化情况 $a=b=0$ 且 $c>0$) 时, 二次方程对于所有 x 是非负的. 这个属性在后面多次使用. 另外, $(x_1-x_2)^2=\dfrac{\Delta}{a^2}$. 判别式是解决问题的一个强有力的工具, 如下几个例子所示.

例 3.1 设 a,b,c 是不同的实数, 证明: 下列方程中至少有两个有实数解

$$(x-a)(x-b)=x-c$$
$$(x-b)(x-c)=x-a$$
$$(x-c)(x-a)=x-b$$

证明 不失一般性, 假设 $a>b,c$. 展开并重新组合第一个方程, 有

$$x^2-(a+b+1)x+(ab+c)=0$$

我们希望它有两个实根, 这意味着这个二次方程的判别式应该是正的, 实际上, 展开判别式 Δ, 有

$$\begin{aligned}\Delta&=(a+b+1)^2-4(ab+c)\\&=a^2+b^2+1+2ab+2a+2b-4ab-4c\\&=a^2+b^2+1-2ab+2a+2b-4c\\&=(a-b-1)^2+4(a-c)>0\end{aligned}$$

类似的, (交换 b 和 c) 我们看到第三个二次方程有实根, 所以可以得出结论.

例 3.2 找出最小正整数 a, 使得存在整数 b,c 满足方程 $ax^2-bx+c=0$ 在区间 $0<x<1$ 中有两个不同的根.

解 记多项式

$$f(x)=ax^2-bx+c=a(x-x_1)(x-x_2)\quad(0<x_1,x_2<1)$$

则有

$$f(0)>0\Rightarrow f(0)\geqslant 1$$
$$f(1)>0\Rightarrow f(1)\geqslant 1$$

因为 $f(0)$ 和 $f(1)$ 都是整数, 所以

$$f(0)f(1)\geqslant 1\Rightarrow ax_1x_2\cdot a(1-x_1)(1-x_2)\geqslant 1$$

注意到, 由 AM $-$ GM 不等式, 有

$$x_1(1-x_1)\leqslant\frac{1}{4},x_2(1-x_2)\leqslant\frac{1}{4}$$

这两个不等式的等号情形不能同时成立, 否则就有 $x_1=x_2=\dfrac{1}{2}$ (因为题中要求的是两个不同的根, 所以 $x_1\neq x_2$). 这样一来

$$a^2\cdot\frac{1}{16}>1\Rightarrow a>4$$

所以,考虑 $a=5$.

注意到,$a=5$ 实际上是有效解,因为此时二次多项式 $5x^2-5x+1$ 有根 $\dfrac{5\pm\sqrt{5}}{10}$,而这个根正好在 0 和 1 之间. 因此,我们得出结论:$a=5$ 是问题条件成立的最小可能的正整数.

例 3.3 设 $a>2$ 是一个实数,求出所有实数 x,使得

$$x^3-2ax^2+(a^2+1)x+2-2a=0$$

解 我们不直接用 a 来求解 x,否则不好处理,因此,用 x 来求解 a,然后将 x 隔离,窍门是将方程视为 a 的二次方程,即

$$xa^2-(2x^2+2)a+(x^3+x+2)=0$$

其判别式为

$$\Delta=(2x^2+2)^2-4x(x^3+x+2)=4x^2-8x+4=(2x-2)^2$$

所以,由求根公式得方程的根为

$$a=\frac{(2x^2+2)\pm(2x-2)}{2x}=\frac{x^2+x}{x} \text{ 或 } \frac{x^2-x+2}{x}$$

因此,我们得到两个二次方程 $x^2+x=xa$ 和 $x^2-x+2=xa$,这就有了四个解. 无论如何,$x=0$ 是一个多余的解,因为它导致 $a=1$,但题设条件是 $a>2$,所以我们放弃这种情况. 因此,最终的答案是

$$x=a-1,\frac{a+1+\sqrt{a^2+2a-7}}{2},\frac{a+1-\sqrt{a^2+2a-7}}{2}$$

注意到 $a^2+2a>7$,所以解都是实根.

例 3.4 设 p 和 q 是整数,使得方程 $x^2+px+q+1=0$ 具有非零整数解,证明:p^2+q^2 是合数.

证明 设 x_1 和 x_2 是二次方程的两个根,则 $p=-x_1-x_2,q=x_1x_2-1$(由 Vieta 公式),所以

$$\begin{aligned}
p^2+q^2&=x_1^2+2x_1x_2+x_2^2+x_1^2x_2^2-2x_1x_2+1\\
&=x_1^2x_2^2+x_1^2+x_2^2+1\\
&=(x_1^2+1)(x_2^2+1)
\end{aligned}$$

这显然是合数.

把一个多变量的方程按单变量的二次方程来对待,这也是个很有帮助的处理方法.

例 3.5 求解整数方程

$$x^2+xy+y^2=\left(\frac{x+y}{3}+1\right)^3$$

解(USAMO 2015) 我们需要某些方法来简化立方项. 受方程的对称性以及 $x+y$ 必须是 3 的倍数(因为 x^2+xy+y^2 是整数)的启发,进行替换 $x+y=3s,xy=p$. 则方程

变成了

$$(3s)^2 - p = (s+1)^3$$

即

$$-p = s^3 - 6s^2 + 3s + 1$$

由于 x, y 是二次方程 $t^2 - 3st + p = 0$ 的两个根,其判别式必定是完全平方,所以,存在整数 k,使得

$$\Delta = (3s)^2 - 4p = 9s^2 + 4(s^3 - 6s^2 + 3s + 1)$$
$$= 4s^3 - 15s^2 + 12s + 4$$
$$= (4s+1)(s-2)^2 = k^2$$

注意到表达式 $(4s+1)(s-2)^2$,所以 $4s+1$ 必定是一个完全平方,由于它是奇数,因此,设 $4s+1 = (2n+1)^2$(其中 n 是整数),所以 $s = n^2 + n$.

到目前为止,我们已经证明,对于某个整数 n, s 必须是 $n^2 + n$ 的形式. 现在,来证明对所有整数 n, $s = n^2 + n$ 是有效的,实际上

$$\Delta = (n^2 + n - 2)^2(4n^2 + 4n + 1) = (2n^3 + 3n^2 - 3n - 2)^2$$

所以

$$x = \frac{3n^2 + 3n + (2n^3 + 3n^2 - 3n - 2)}{2} = n^3 + 3n^2 - 1$$

$$y = \frac{3n^2 + 3n - (2n^3 + 3n^2 - 3n - 2)}{2} = -n^3 + 3n + 1$$

我们可以快速验证这种形式的所有解都满足原始方程. 所以,答案是

$$(x, y) = (n^3 + 3n^2 - 1, -n^2 + 3n + 1) \quad (n \in \mathbb{Z})$$

例 3.6　求表达式 $\sqrt{x^2+1} - \dfrac{x}{2}$ 在实数范围内的最小可能值.

解　设 $k = \sqrt{x^2+1} - \dfrac{x}{2}$. 则 $k + \dfrac{x}{2} = \sqrt{x^2+1}$,两边平方,并整理得

$$\frac{3}{4}x^2 - kx - k^2 + 1 = 0$$

我们可以把它看成是变量 x 的二次方程. 为使其有实数解,则判别式必须是非负的,即

$$\Delta = k^2 + 3k^2 - 3 = 4k^2 - 3 \geqslant 0$$

解得 $k \geqslant \dfrac{\sqrt{3}}{2}$. 为了验证这个值是可以达到的,代入方程得到 $x = \dfrac{1}{\sqrt{3}}$. 所以,答案是最小值为 $\dfrac{\sqrt{3}}{2}$.

例 3.7　找到所有二次函数 $f(x) = ax^2 + bx + c$,使得 a、判别式、零点的乘积和零点

的和是连续的整数.

解 设四个数分别为 a, Δ, P, S,则

$$\Delta = a^2 \left(\frac{b^2}{a^2} - 4 \cdot \frac{c}{a} \right) = a^2 (S^2 - 4P)$$

$$= a^2 [(P+1)^2 - 4P] = a^2 (P-1)^2$$

又 $\Delta = P - 1$,所以,$P = 1$ 或者 $P = \frac{1}{a^2 + 1}$.

第一种情况产生的函数是 $f(x) = -x^2 + 2x - 1$. 第二种情况,由于 $\frac{1}{a^2} = P - 1 \in \mathbb{Z}$,

可见 $a = \pm 1$. 当 $a = -1$ 时产生的二次函数是 $-x^2 + 2x - 1$,当 $a = 1$ 时,无解.

例 3.8 求所有的实数 a 满足对任意 $x, y \in \mathbb{R}$,下列不等式成立

$$2a(x^2 + y^2) + 4axy - y^2 - 2xy - 2x + 1 \geqslant 0$$

解法 1 把不等式改写成

$$2ax^2 + 2x(2ay - y - 1) + 2ay^2 - y^2 + 1 \geqslant 0$$

这个表达式的左边是关于 x 的二次函数,我们必有 $a > 0$ 且判别式是非正的,即

$$\frac{1}{4}\Delta = (2ay - y - 1)^2 - 2a(2ay^2 - y^2 + 1) \leqslant 0$$

化简得

$$(2a - 1)(y + 1)^2 \geqslant 0$$

所以,答案是 $a \geqslant \frac{1}{2}$.

解法 2 把不等式改写成

$$a \geqslant \frac{y^2 + 2xy + 2x - 1}{2(x+y)^2} = \frac{1}{2} - \frac{(x-1)^2}{2(x+y)^2}$$

很显然,当 $a \geqslant \frac{1}{2}$ 时,不等式成立,令 $x = 1$,我们看到,这个条件也是一个必要条件.

例 3.9 求所有实数 m,使得对于任意实数 x, y,下列不等式成立

$$x^2 + my^2 - 4my + 6y - 6x + 2m + 8 \geqslant 0$$

解 固定实数 y,把给定的不等式左边看成是 x 的二次函数,则其判别式必须是非正的,所以

$$\frac{1}{4}\Delta = -my^2 + 2y(2m - 3) - 2m + 1$$

对所有实数 y 必须是非正的. 这样一来,这个关于 y 的新的二次函数的判别式应是非正的,因此可见

$$(2m - 3)^2 - m(2m - 1) \leqslant 0$$

即

$$2m^2 - 11m + 9 = (m-1)(2m-9) \leqslant 0$$

所以 $m \in \left[1, \dfrac{9}{2} \right]$.

到目前为止,我们已经处理了二次方程的代数解释,现在我们要使用坐标平面(一个可视化二次函数以及一般多项式的强大工具)从更多图形的角度来增强我们的直观感觉.

二次函数的图形称为抛物线,抛物线有几个有趣的属性,其中多数不在这里介绍.抛物线也时常出现在诸如数学和物理学等学科,例如,抛射体在空气中的运动可以用倒置的抛物线来模拟.

目前,我们只需要理解抛物线关于穿过它的最低点或最高点的垂直线是对称的(取决于抛物线的开口是向上还是向下). 这个极值点称为抛物线的顶点,由于对称性,顶点的 x 坐标是两个根的坐标的平均值,即 $-\dfrac{b}{2a}$;抛物线开口的方向取决于二次方程中 x^2 项的系数(图 1).如果它是正的,那么随着 x 在正方向和负方向上变得非常大,这个 x^2 项将使 x 和常数项相对变小,并且二次函数的值在正方向上变得非常大.同样,如果 x^2 项的系数是负数,那么随着 x 在两个方向上变大,二次函数的值在负方向上变得非常大.换句话说,如果二次函数 $F(x) = ax^2 + bx + c$,并且 a 是正数,那么二次函数的开口方向向上并具有最小值;如果 a 是负数,那么二次函数开口方向向下并具有最大值.

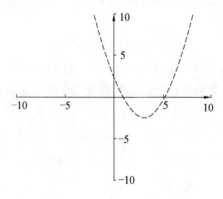

图 1　$y = \dfrac{1}{2}x^2 - 3x + 2$

抛物线与 x 轴的交点出现在二次函数等于零时,换句话说,就是二次方程的实根;交点的个数与二次方程的判别式直接相关.如果抛物线与 x 轴有两个交点,那么二次方程有两个实根,判别式为正.如果抛物线与 x 轴相切只有一个交点,那么二次方只有一个根.所以它必是线性多项式的平方,判别式必定为零.如果抛物线完全不与 x 轴相交,那么二次函数没有实根,判别式是负的.

例 3.10　设 a, b, c 是不同的实数,证明:必存在一个实数 x,满足

$$x^2 + 2(a+b+c)x + 3(ab+bc+ca) < 0$$

证明 易见 x^2 的系数是正的,所以二次函数达到负值,它必须有两个不同的实根. 两根之间的所有 x 值将使二次函数的值为负数. 所以,只需证明判别式为正数即可,如下

$$\Delta = [2(a+b+c)]^2 - 4[3(ab+bc+ca)]$$
$$= 4(a^2+b^2+c^2) - 4(ab+bc+ca)$$
$$= 2[(a-b)^2 + (b-c)^2 + (c-a)^2] > 0$$

这最后一步成立是因为 a,b,c 是不同的实数.

例 3.11 设 $P(x)$ 和 $Q(x)$ 分别是次数为 4 次和 2 次的实系数首一多项式,假设存在一个长度大于 2 的区间 (r,s),满足 $P(x)$ 和 $Q(x)$ 当 $x \in (r,s)$ 时,都是负的,而当 $x < r$ 或 $x > s$ 时,都是正的,证明:存在实数 x_0,使得 $P(x_0) < Q(x_0)$.

证明 多项式在 $x = r$ 和 $x = s$ 时改变符号,说明其图像在这些点穿过 x 轴,也就是说 r 和 s 是 $P(x)$ 和 $Q(x)$ 的根. 因为 $Q(x)$ 是首一的二次函数,所以它必定是 $(x-r)(x-s)$.

现在,假设不存在实数 x_0 满足 $P(x_0) < Q(x_0)$,这就是说,多项式 $P(x) - Q(x)$ 是非负的,由题设条件我们看到,r 和 s 是 $P(x) - Q(x)$ 的根,但由于多项式是非负的,则所有的根必定是二重的(这样,函数的图像不会在 x 轴下方延续,而是向上延续),所以必定有

$$P(x) - Q(x) = (x-r)^2(x-s)^2 = Q^2(x)$$

整理得

$$P(x) = Q(x)(Q(x)+1)$$

由于对于任意给定的 x,$P(x)$ 和 $Q(x)$ 总是有相同的符号,所以,$Q(x) + 1 = x^2 - (r+s)x + rs + 1$ 必定是非负的. 因此,其判别式必定是非正的,即

$$(r+s)^2 - 4(rs+1) \leqslant 0$$
$$(r-s)^2 - 4 \leqslant 0$$

这显然是一个矛盾,因为 $|r-s| > 2$. 这样就证明了结论.

第 3 章　　其他提示和技巧

3.1　齐　次　性

我们称 n 变量表达式 $f(x_1, x_2, \cdots, x_n)$ 是齐次的,如果它的所有项都有相同的次数. 例如,$x + \dfrac{y^2}{z}$,$a^3 + b^3 + c^3 - 3abc$,以及 $a^2 + bc$ 都是齐次的,而 $p + \dfrac{q}{r}$ 就不是齐次的. 我们说不等式 $f \geqslant g$ 是齐次的,如果两个函数 f 和 g 都是齐次的,并且有相同的次数.

两变量和三变量常用的齐次不等式的某些例子,如

$$\frac{a}{b} + \frac{b}{a} \geqslant 2$$

$$x^2 + y^2 + z^2 \geqslant xy + yz + zx$$

$$\frac{a}{\sqrt{b}} + \frac{b}{\sqrt{c}} + \frac{c}{\sqrt{a}} \geqslant \sqrt{a} + \sqrt{b} + \sqrt{c}$$

等等.

在一个齐次不等式中,可以用任意的正数来度量变量 x_i,所得的不等式与原不等式是等价的. 所以,不失一般性,我们可以假设 x_i 满足这样的关系式 $x_1 + x_2 + \cdots + x_n = r (r$ 是选取的一个值). 这个技巧称为齐次化(在某些情况下,固定诸如 x_i 的乘积或平方和等其他某些数量关系,可能会更有用).

例 1.1　设 a, b, c 是正实数,证明

$$\frac{(2a + b + c)^2}{2a^2 + (b + c)^2} + \frac{(2b + c + a)^2}{2b^2 + (c + a)^2} + \frac{(2c + a + b)^2}{2c^2 + (a + b)^2} \leqslant 8$$

证明(USAMO 2003)　由于不等式是齐次的,可以假设 $a + b + c = 3$. 在这种情况下,选取 3 的理由是因为相等的条件是 $a = b = c$,这样一来,就有 $a = b = c = 1$,这对不等式的处理就比较容易. 现在应用构造的条件来处理不等式的左边(这个技巧的更多细节,参阅"构造、平滑和排序"一节). 首先,注意到不等式中的项可以改写成

$$\sum \frac{(a + 3)^2}{2a^2 + (3 - a)^2} = \sum \frac{a^2 + 6a + 9}{3a^2 - 6a + 9} = \sum \left(\frac{1}{3} + \frac{8a + 6}{3a^2 - 6a + 9} \right)$$

接下来,注意到

$$3a^2 - 6a + 9 = 3(a - 1)^2 + 6 \geqslant 6$$

所以

$$\sum\left(\frac{1}{3}+\frac{8a+6}{3a^2-6a+9}\right)\leqslant\sum\left(\frac{1}{3}+\frac{8a+6}{6}\right)=1+\frac{8(a+b+c)+18}{6}=8$$

证毕.

例 1.2 设 a,b,c 是正实数,证明

$$(a+b+c)(ab+bc+ca)(a^3+b^3+c^3)\leqslant(a^2+b^2+c^2)^3$$

证明 由于不等式是齐次的,不失一般性,可以假设 $s=a+b+c=1$. 令

$$q=ab+bc+ca>0,p=abc>0$$

由 SQP 表示法(参阅"三变量对称表达式"一节). 我们有

$$a^2+b^2+c^2=1-2q,a^3+b^3+c^3=1-3q+3p$$

使用 $a^3+b^3+c^3-3abc$ 的因式分解以及 $1=s^2\geqslant3q$,不等式可以改写成

$$q(1-3q+3p)\leqslant(1-2q)^3$$

利用 $q^2\geqslant3ps=3p$,有

$$q(1-3q+3p)=q-3q^2+3qp\leqslant q-3q^2+q^3$$

所以,只需证明

$$(1-2q)^3\geqslant q-3q^2+q^3$$

我们有

$$(1-2q)^3-(q-3q^2+q^3)=(1-q)(3q-1)^2\geqslant0$$

不等式得证. 当且仅当 $a=b=c$ 时,等号成立.

请注意,任何涉及规范化步骤的解决方案也可以通过完全相同的步骤解决,而无需规范化. 通常,该技巧只有在可以帮助简化有意义的代数表达式时才适用. 规范化的反面是齐次化,齐次化涉及使用问题的条件来创造齐次的不等式,而不是从齐次不等式变为关于变量的假设条件.

例 1.3 设 a,b,c 是非负实数,满足 $ab+bc+ca=1$. 证明

$$3(a+b)(b+c)(c+a)+a^3+b^3+c^3\geqslant3(a+b+c)$$

证明 我们希望把不等式齐次化,且其次数为 3,为此,不等式的右边乘以 $ab+bc+ca$. 把不等式两边展开,得

$$6abc+3a^2b+3ab^2+3b^2c+3bc^2+3c^2a+3ca^2+a^3+b^3+c^3$$

$$\geqslant9abc+3a^2b+3ab^2+3b^2c+3bc^2+3c^2a+3ca^2$$

消去公共项之后,不等式变成

$$a^3+b^3+c^3\geqslant3abc$$

这直接使用 AM−GM 不等式即可得到.

例 1.4 设 a,b,c 是非负实数,满足 $a+b+c=1$. 证明

$$a^3+b^3+c^3+6abc\geqslant\frac{1}{4}$$

证明　不等式两边同乘以 4,并齐次化,只需证明

$$4a^3 + 4b^3 + 4c^3 + 24abc \geqslant (a+b+c)^3$$

展开不等式的右边,得

$$4a^3 + 4b^3 + 4c^3 + 24abc \geqslant a^3 + b^3 + c^3 + 3(a^2b + ab^2 + b^2c + bc^2 + c^2a + ca^2) + 6abc$$

消去公共项,两边同除以 3,有

$$a^3 + b^3 + c^3 + 6abc \geqslant a^2b + ab^2 + b^2c + bc^2 + c^2a + ca^2$$

回忆 Schur 不等式表明

$$a^3 + b^3 + c^3 + 3abc \geqslant a^2b + ab^2 + b^2c + bc^2 + c^2a + ca^2$$

所以由给定的条件 $a,b,c \geqslant 0$ 可知,不等式是成立的. 当 $abc=0$ 时,等号成立,即其中一个变量是 0,另外两个变量是 $\frac{1}{2}$.

3.2　代　　换

改变变量是一个非常有用的技巧,通常可以大大简化问题. 一个有用的代换是当 a, b, c 满足 $abc=1$ 时,存在实数 x,y,z,使得 $a=\frac{x}{y}, b=\frac{y}{z}, c=\frac{z}{x}$. 考虑下面的例子.

例 2.1　设 a,b,c 是正实数,满足 $abc=1$. 证明

$$\frac{a}{ab+1} + \frac{b}{bc+1} + \frac{c}{ca+1} \geqslant \frac{3}{2}$$

证明　做代换 $a=\frac{x}{y}, b=\frac{y}{z}, c=\frac{z}{x}$,则不等式变成

$$\frac{\frac{x}{y}}{\frac{x}{z}+1} + \frac{\frac{y}{z}}{\frac{y}{x}+1} + \frac{\frac{z}{x}}{\frac{z}{y}+1} \geqslant \frac{3}{2}$$

整理得

$$\frac{zx}{xy+yz} + \frac{xy}{yz+zx} + \frac{yz}{zx+xy} \geqslant \frac{3}{2}$$

这正是关于变量 xy, yz, zx 的 Nesbitt 不等式,证毕.

其他有用的代换,例如,当 $a+b+c+2=abc$ 时,我们令 $a=\frac{y+z}{x}, b=\frac{z+x}{y}, c=\frac{x+y}{z}$. 这是由于等式 $a+b+c+2=abc$ 可以改写成

$$\frac{1}{1+a} + \frac{1}{1+b} + \frac{1}{1+c} = 1$$

其证明就是一个计算问题,作为练习留给读者. 现在,令

$$x = \frac{1}{1+a}, y = \frac{1}{1+b}, z = \frac{1}{1+c}$$

由于 $x + y + z = 1$ 以及 $a = \frac{1-x}{x}$,所以 $a = \frac{y+z}{x}$. 类似可得 $b = \frac{z+x}{y}, c = \frac{x+y}{z}$. 相反的 (即代换满足的关系),就是一个简单的计算问题,也作为练习留给读者.

例 2.2 设 $a, b, c > 0$,满足 $a + b + c + 2 = abc$. 证明

$$\frac{a}{b+1} + \frac{b}{c+1} + \frac{c}{a+1} \geqslant 2$$

证法 1 做代换 $a = \frac{y+z}{x}, b = \frac{z+x}{y}, c = \frac{x+y}{z}$,所证不等式的左边变成

$$\sum_{\text{cyc}} \frac{\frac{y+z}{x}}{\frac{z+x}{y}+1} = \sum_{\text{cyc}} \frac{y^2 + yz}{xz + x^2 + xy} = \frac{1}{x+y+z} \sum_{\text{cyc}} \frac{y^2 + yz}{x}$$

这样,只需证明

$$\sum_{\text{cyc}} \frac{y^2 + yz}{x} \geqslant 2(x + y + z)$$

这可以通过证明下面两个不等式得到

$$\frac{y^2}{x} + \frac{z^2}{y} + \frac{x^2}{z} \geqslant x + y + z$$

$$\frac{yz}{x} + \frac{zx}{y} + \frac{xy}{z} \geqslant x + y + z$$

第一个不等式由 Titu 引理即可得证. 第二个不等式通过相加下列不等式,并且两边同除以 2 得到

$$\frac{zx}{y} + \frac{xy}{z} \geqslant 2x$$

$$\frac{xy}{z} + \frac{yz}{x} \geqslant 2y$$

$$\frac{yz}{x} + \frac{zx}{y} \geqslant 2z$$

这样我们就证明了不等式.

证法 2 我们可以把不等式中分数的分子改写成平方形式,然后使用 Titu 引理,有

$$\frac{a^2}{ab+a} + \frac{b^2}{bc+b} + \frac{c^2}{ca+c} \geqslant \frac{(a+b+c)^2}{ab+bc+ca+a+b+c}$$

这样一来,只需证明

$$(a+b+c)^2 \geqslant 2(ab+bc+ca+a+b+c)$$

化简为

$$a^2 + b^2 + c^2 \geqslant 2(a+b+c)$$

由于

$$a^2 + b^2 + c^2 \geqslant \frac{(a+b+c)^2}{3}$$

如果能证明 $a+b+c \geqslant 6$,那么整个证明就完成了,但这可以由代换得到(参阅"AM$-$GM 不等式"一节中的例 2.6),证毕.

例 2.3　求出所有的实数三元组 (x, y, z),使得满足 $x + y + z + 2 = xyz$ 和 $xy + yz + zx = 12$.

解(British Math Olympiad)　我们首先做代换 $x = \dfrac{b+c}{a}, y = \dfrac{c+a}{b}, z = \dfrac{a+b}{c}$. 则第二个方程变成

$$xy + yz + zx = \frac{(b+c)(c+a)}{ab} + \frac{(c+a)(a+b)}{bc} + \frac{(a+b)(b+c)}{ca}$$

$$= \frac{ab+bc+ca+c^2}{ab} + \frac{ab+bc+ca+a^2}{bc} + \frac{ab+bc+ca+b^2}{ca}$$

$$= 3 + \frac{a^3+b^3+c^3+a^2b+ab^2+b^2c+bc^2+c^2a+ca^2}{abc} = 12$$

重新安排项的顺序,则方程变成

$$a^3 + b^3 + c^3 + a^2b + ab^2 + b^2c + bc^2 + c^2a + ca^2 = 9abc$$

这正是 9 项 AM$-$GM 不等式等号成立的情况,这样,必有 $a = b = c$,所以只有一组解: $x = y = z = 2$.

代换在处理根式时也有帮助,例如下面的例子:

例 2.4　化简 $\sqrt{42 + \sqrt{42 + \sqrt{42 + \sqrt{\cdots}}}}$.

解　设所要求的量为 x,注意到,我们可以将 x 代入原表达式得到 $x = \sqrt{42 + x}$. 将两边平方并把所有项都移到左边,得

$$x^2 - x - 42 = 0$$

即

$$(x - 7)(x + 6) = 0$$

由于 x 是正数,所以 $x = 7$.

例 2.5　计算 $\sqrt{\sqrt[3]{5\sqrt{2}+7} + \sqrt[3]{5\sqrt{2}-7}}$.

解　做代换以简化计算. 设 $a = \sqrt[3]{5\sqrt{2}+7}, b = \sqrt[3]{5\sqrt{2}-7}$. 注意到

$$(a-b)^3 = a^3 - b^3 - 3ab(a-b) = 14 - 3(a-b)$$

这样一来, $a - b$ 是三次方程 $t^3 + 3t - 14 = 0$ 的一个根. 由于

$$t^3 + 3t - 14 = (t - 2)(t^2 + 2t + 7)$$

所以,我们很容易找到其一个有理根 $t = 2$. 因二次方程 $t^2 + 2t + 7 = 0$ 没有实根,所以,必

有 $a-b=2$. 由 Vieta 公式可知, a 和 $-b$ 是二次方程 $x^2-2x-1=0$ 的两根, 求出两根为 $1\pm\sqrt{2}$. 因为 a 和 b 都是正数, 所以 $a=1+\sqrt{2}$, $b=-1+\sqrt{2}$. 这样, 所求的量为 $\sqrt[3]{a+b}=\sqrt[3]{2\sqrt{2}}=\sqrt{2}$.

注 另外, 注意关系 $(\sqrt{2}+1)^3=5\sqrt{2}+7$ 和 $(\sqrt{2}-1)^3=5\sqrt{2}-7$. 将表达式转换为更易于管理或者更熟悉的形式, 代换也是很有帮助的.

例 2.6 设 a 和 b 是非零实数, 满足 $ab\geqslant\dfrac{1}{a}+\dfrac{1}{b}+3$. 证明

$$ab\geqslant\left(\frac{1}{\sqrt[3]{a}}+\frac{1}{\sqrt[3]{b}}\right)^3$$

证明 所给条件改写成形式

$$ab-\frac{1}{a}-\frac{1}{b}-3\geqslant 0$$

基于 $3=3\cdot ab\cdot\dfrac{1}{a}\cdot\dfrac{1}{b}$ 这个事实, 启发我们做代换 $x=\sqrt[3]{ab}$, $y=-\dfrac{1}{\sqrt[3]{a}}$, $z=-\dfrac{1}{\sqrt[3]{b}}$, 这样一来, 题设条件变成

$$x^3+y^3+z^3-3xyz\geqslant 0$$

回忆表达式 $x^3+y^3+z^3-3xyz$ 的因式分解为

$$(x+y+z)(x^2+y^2+z^2-xy-yz-zx)$$

(关于这个的更多信息, 参阅"因式分解"一节). 因为第二个因式总是正的, 所以必有 $x+y+z\geqslant 0$, 即 $x\geqslant-y-z$. 回到 x,y,z 的定义式, 有

$$\sqrt[3]{ab}\geqslant\frac{1}{\sqrt[3]{a}}+\frac{1}{\sqrt[3]{b}}$$

两边立方即得所证不等式.

Ravi 代换是经常出现在几何不等式中的另一种代换方法. 当处理一个三角形的三边 a,b,c 时, 通常施加约束条件 $a\leqslant b+c$, $b\leqslant c+a$ 和 $c\leqslant a+b$ (其中任何一个等号成立, 当且仅当三角形是退化的). 这个约束通常难以管理, 所以我们采用以下代换

$$x=\frac{b+c-a}{2},y=\frac{c+a-b}{2},z=\frac{a+b-c}{2}$$

在实际的三角形中, x,y,z 可以解释为从顶点到内切圆的切点的距离, 在纯代数意义上, 对 x,y,z 的唯一限制是它们是非负的 (如果三角形是非退化的, 那么为正). 还有, $a=y+z$, $b=z+x$ 和 $c=x+y$.

例 2.7 设 x,y,z 是正实数, 且满足 $xyz=1$, 证明

$$\left(x-1+\frac{1}{y}\right)\left(y-1+\frac{1}{z}\right)\left(z-1+\frac{1}{x}\right)\leqslant 1$$

证明（IMO 2000）　首先,做代换 $x=\dfrac{a}{b}, y=\dfrac{b}{c}, z=\dfrac{c}{a}$,则不等式变成

$$\left(\frac{b}{c}-1+\frac{a}{c}\right)\left(\frac{c}{a}-1+\frac{b}{a}\right)\left(\frac{a}{b}-1+\frac{c}{b}\right)\leqslant 1$$

即

$$abc\geqslant(-a+b+c)(a-b+c)(a+b-c)$$

注意到,不等式的右边不一定是正的,但在这种情况下,这个问题不难解决.如果它是非正的,那么我们就完成了证明,因为不等式的左边显然是大于 0 的.余下的情况是右边是正的,所以有两个因子或者没有一个因子是负的.不失一般性,假设有两个因子是负的,不妨设为 $a+b-c$ 和 $b+c-a$.这就是说,$c>a+b,a>b+c$,这是不可能的,因为两个不等式相加有 $c+a>a+c+2b\Rightarrow b<0$,但 b 是正的,矛盾.所以,只可能是所有三个因子都是正数,即 $a<b+c,b<c+a,c<a+b$.应用 Ravi 代换 $a=p+q, b=q+r, c=r+p$,得

$$(p+q)(q+r)(r+p)\geqslant 8pqr$$

这在第 1 章例 1.12 中已经证明过.因此对所有可能的情况我们证明了不等式.

注　也可以通过展开不等式

$$abc\geqslant(-a+b+c)(a-b+c)(a+b-c)$$

利用 Schur 不等式来证明,见第 1 章例 6.1.

例 2.8　设 a,b,c 是某三角形的三边长,证明

$$\frac{a}{b+c}+\frac{b}{c+a}+\frac{c}{a+b}<2$$

证明　利用 Ravi 代换 $a=y+z, b=z+x, c=x+y$,不等式变成

$$\frac{y+z}{2x+y+z}+\frac{z+x}{2y+z+x}+\frac{x+y}{2z+x+y}<2$$

这显然成立,因为

$$\frac{y+z}{2x+y+z}+\frac{z+x}{2y+z+x}+\frac{x+y}{2z+x+y}<\frac{y+z}{x+y+z}+\frac{z+x}{x+y+z}+\frac{x+y}{x+y+z}=2$$

例 2.9　设 a,b,c 是某三角形的三边长,证明

$$\sqrt{a+b-c}+\sqrt{b+c-a}+\sqrt{c+a-b}\leqslant\sqrt{a}+\sqrt{b}+\sqrt{c}$$

证明（Asian Pacific Math Olympiad）　和例 2.8 一样,使用 Ravi 代换 $a=y+z, b=z+x, c=x+y$,得到等价的不等式

$$\sqrt{x+y}+\sqrt{y+z}+\sqrt{z+x}\geqslant\sqrt{2x}+\sqrt{2y}+\sqrt{2z}$$

我们使用构造的方法完成证明(关于这个问题的更多情况,参阅"构造、平滑和排序"一节).注意到

$$2\sqrt{x+y}\geqslant\sqrt{2x}+\sqrt{2y}$$

因为,两边平方后,得

$$4x + 4y \geqslant 2x + 2y + 4\sqrt{xy}$$

整理得

$$x + y \geqslant 2\sqrt{xy}$$

(这正是 AM－GM 不等式).与另外两个关于 y, z 和 z, x 的类似不等式相加,就得到我们所要证明的不等式.

三角函数代换是另一个强大的工具,利用正弦和余弦代换变量通常是很有帮助的,但正弦和余弦的取值范围是从 －1 到 1 的实数,因此,代换必须要适合于变量的取值范围,如下例所示.

注 在对三角函数代换的简要讨论中,我们假设读者有着比较扎实的三角函数基础知识,其中包括涉及它们的定义和各种各样的恒等式,对于不熟悉这些知识的读者可以跳过这些内容.

例 2.10 实数 x 和 y 满足 $x^2 + y^2 = 2\,015$.求表达式 $x^2 + 2xy - y^2$ 的最大可能值.

解 由于 $x^2 + y^2 = 2\,015$.所以,x 和 y 的取值介于 $-\sqrt{2\,015}$ 和 $\sqrt{2\,015}$ 之间.这就启发我们做代换 $x = \sqrt{2\,015}\cos\theta, y = \sqrt{2\,015}\sin\theta$.这样,所要处理的表达式变成

$$2\,015(\cos^2\theta + 2\sin\theta\cos\theta - \sin^2\theta) = 2\,015(\sin 2\theta + \cos 2\theta)$$

我们来求这个表达式的最大值,应用 Cauchy－Schwarz 不等式,有

$$\sin 2\theta + \cos 2\theta \leqslant \sqrt{2(\sin^2 2\theta + \cos^2 2\theta)} = \sqrt{2}$$

(注意到,当 $2\theta = 45°$ 时,达到这个值),所以,所求的最大值是 $2\,015\sqrt{2}$.

例 2.11 设 $a, b, c > 0$,满足 $a + b + c = 1$.证明

$$\frac{a}{\sqrt{a+bc}+\sqrt{bc}} + \frac{b}{\sqrt{b+ca}+\sqrt{ca}} + \frac{c}{\sqrt{c+ab}+\sqrt{ab}} \geqslant 1$$

证法 1 因为 $a, b, c > 0$,且 $a + b + c = 1$,所以 a, b, c 中的每一个的取值介于 0 和 1 之间.注意到,只需证明

$$\sqrt{a+bc} + \sqrt{bc} \leqslant 1$$

从而

$$\frac{a}{\sqrt{a+bc}+\sqrt{bc}} \geqslant a$$

那么我们可以推断出左边至少是 $a + b + c = 1$.为证明 $\sqrt{a+bc} + \sqrt{bc} \leqslant 1$,我们做代换 $b = \cos^2 u, c = \cos^2 v$.之所以可以这样做是因为 $0 < b, c < 1$.这样,所要证明的不等式变成

$$\sqrt{a+bc} + \sqrt{bc} \leqslant 1$$

$$\sqrt{1-b-c+bc} + \sqrt{bc} \leqslant 1$$

$$\sqrt{(1-b)(1-c)} + \sqrt{bc} \leqslant 1$$

$$\sqrt{\sin^2 u \sin^2 v} + \sqrt{\cos^2 u \cos^2 v} \leqslant 1$$

$$\sin u \sin v + \cos u \cos v \leqslant 1$$

现在我们看到,这个不等式的左边可以通过余弦减法公式简化为 $\cos(u-v)$,显然 $\cos(u-v) \leqslant 1$,因为 1 是余弦函数可以达到的最大可能值.这样,就证明了原不等式.

证法 2 　我们用另外的方法来证明 $\sqrt{a+bc} + \sqrt{bc} \leqslant 1$.关键是观察到

$$a+bc = a(a+b+c)+bc = a^2+ab+ac+bc = (a+b)(a+c)$$

于是,由 Cauchy－Schwarz 不等式,就可以完成证明

$$\sqrt{a+bc} + \sqrt{bc} = \sqrt{(a+b)(a+c)} + \sqrt{cb}$$

$$\leqslant \sqrt{[(a+b)+c][(a+c)+b]} = 1$$

例 2.12 　给定实数 x 和 y 满足条件

$$xy(x^2-y^2) = x^2+y^2 \quad (x \neq 0)$$

求表达式 x^2+y^2 的最小可能值.

解法 1 　做代换 $x = r\cos\theta, y = r\sin\theta$.所要求最小值的表达式变成

$$r^2\cos^2\theta + r^2\sin^2\theta = r^2$$

题设条件变成了

$$r^2\cos\theta\sin\theta(r^2\cos^2\theta - r^2\sin^2\theta) = r^2$$

$$\cos\theta\sin\theta(\cos^2\theta - \sin^2\theta) = \frac{2}{r^2}$$

进一步简化,得

$$\sin 2\theta\cos 2\theta = \frac{2}{r^2} \Leftrightarrow \sin 4\theta = \frac{4}{r^2} \Leftrightarrow r^2 = \frac{4}{\sin 4\theta}$$

为求 r^2 的最小值,只需要求 $\sin 4\theta$ 的最大值即可,这发生在当 $\sin 4\theta = 1$ 时.因此,$r^2 = x^2+y^2$ 的最小可能值是 4,当 $x = 2\cos\dfrac{\pi}{8}, y = 2\sin\dfrac{\pi}{8}$ 时,达到最小值.

解法 2 　我们做代换 $a = 2xy, b = x^2-y^2$.则

$$2(x^2+y^2) = ab \leqslant \frac{a^2+b^2}{2} = \frac{(x^2+y^2)^2}{2}$$

因此可见,$x^2+y^2 \geqslant 4$.当 $a = b = 2\sqrt{2}$,即 $(x,y) = \left(\sqrt{2+\sqrt{2}}, \sqrt{2-\sqrt{2}}\right)$ 时,达到最小值 4.

本系列丛书中,来自 AwesomeMath 年度计划的 109 个代数问题,有一个章节专门讨论三角代换问题.我们强烈希望好奇的读者能更多地了解这个非常有用的方法,因为在这里我们只是简略地介绍了这个方法.

3.3 因式分解

因式分解是将原表达式分解为若干个组成部分的乘积. 因式分解法在数学领域非常有用, 因为它允许分解复杂的表达式并处理更小、更易于管理的部分. 通常, 这些小因子揭示了关于表达式或问题的关键信息. 我们首先陈述一些简单的因式分解, 其证明主要都是计算性的, 作为练习留给读者.

$$a^2 - b^2 = (a - b)(a + b)$$
$$a^3 - b^3 = (a - b)(a^2 + ab + b^2)$$
$$a^3 + b^3 = (a + b)(a^2 - ab + b^2)$$
$$a^4 + 4b^4 = (a^2 - 2ab + 2b^2)(a^2 + 2ab + 2b^2)$$
$$a^n - b^n = (a - b)(a^{n-1} + a^{n-2}b + a^{n-3}b^2 + \cdots + b^{n-1})$$
$$a^{2n+1} + b^{2n+1} = (a + b)(a^{2n} - a^{2n-1}b + a^{2n-2}b^2 - \cdots + b^{2n})$$
$$a^3 + b^3 + c^3 - 3abc = (a + b + c)(a^2 + b^2 + c^2 - ab - bc - ca)$$

因式分解也可以帮助证明不等式, 就像下面这个问题一样.

例 3.1 证明: 如果 a, b, c 是某三角形的三边长, 满足 $a + b + c = 2$, 那么
$$1 - a - b - c + ab + bc + ca - abc > 0$$

证明 将不等式左边的表达式分解成 $(1 - a)(1 - b)(1 - c)$, 并将 1 用三角形的半周长替换, 得到
$$\left(\frac{a+b+c}{2} - a\right)\left(\frac{a+b+c}{2} - b\right)\left(\frac{a+b+c}{2} - c\right)$$
$$= \left(\frac{-a+b+c}{2}\right)\left(\frac{a-b+c}{2}\right)\left(\frac{a+b-c}{2}\right)$$

但这确实是正的, 因为每个独立的因式都是三角形不等式, 所以是正的.

例 3.2 证明: 对所有正实数 a, b 有
$$a^3 + b^3 \geqslant a^2 b + ab^2$$

证明 不等式右边的项都移到左边, 不等式等价于 $a^3 + b^3 - a^2 b - ab^2 \geqslant 0$. 可以将一些项组合在一起, 并单独考虑这些项, 然后使用分配律以完成证明:
$$a^3 + b^3 - a^2 b - ab^2 = (a + b)(a^2 - ab + b^2) - (a + b)ab$$
$$= (a + b)(a^2 - 2ab + b^2)$$
$$= (a + b)(a - b)^2$$

这最后的表达式显然是非负的, 不等式得证.

例 3.3 设 $a, b, c \geqslant 0$. 证明
$$a^4 + b^4 + c^4 + a + b + c \geqslant a^3 + b^3 + c^3 + a^2 + b^2 + c^2$$

证明　因为不等式中的每一项都是单个变量,所以,我们将其进行分组,所有含变量 a 的归于一组,所有含变量 b 的归于一组,所有含变量 c 的归于一组,因此不等式变成

$$(a^4 - a^3 - a^2 + a) + (b^4 - b^3 - b^2 + b) + (c^4 - c^3 - c^2 + c) \geqslant 0$$

现在,我们来分解不等式左边的项

$$a^4 - a^3 - a^2 + a = a(a-1)(a^2-1) = a\,(a-1)^2\,(a+1)$$

这个项必定是非负的,因为它是三个非负量 a,$a+1$,$(a-1)^2$ 的乘积. 因此,三个这样的项的和也必然是非负的,不等式得证.

例 3.4　设实数 a 和 b 是大于或等于 1 的实数,证明

$$\sqrt{a^2-1} + \sqrt{b^2-1} \leqslant ab$$

证法 1　为了减少平方根的数量并简化不等式,我们将不等式两边平方,得

$$a^2 - 1 + 2\sqrt{(a^2-1)(b^2-1)} + b^2 - 1 \leqslant a^2 b^2$$

把所有项都移到右边,并进行因式分解,有

$$(a^2-1)(b^2-1) - 2\sqrt{(a^2-1)(b^2-1)} + 1 \geqslant 0$$

设 $(a^2-1)(b^2-1) = x^2$,则上述不等式变成

$$x^2 - 2x + 1 \geqslant 0$$

即

$$(x-1)^2 \geqslant 0$$

这显然成立.

证法 2　由 Cauchy – Schwarz 不等式,有

$$\sqrt{a^2-1} \cdot \sqrt{1} + \sqrt{1} \cdot \sqrt{b^2-1} \leqslant \sqrt{[(a^2-1)+1][1+(b^2-1)]} = \sqrt{a^2 b^2} = ab$$

例 3.5　设 a,b,c 是非零实数,满足 $\sqrt[3]{ab}\,(b-c) + \sqrt[3]{bc}\,(c-a) + \sqrt[3]{ca}\,(a-b) = 0$. 证明

$$\frac{a^3}{b} + \frac{b^3}{c} + \frac{c^3}{a} = 4(a^2 + b^2 + c^2)$$

当且仅当

$$(ab + bc + ca)\sqrt[3]{abc} + (a-b)(b-c)(c-a) = 0$$

证明　设 $x = \sqrt[3]{ab}\,(b-c)$,$y = \sqrt[3]{bc}\,(c-a)$,$z = \sqrt[3]{ca}\,(a-b)$. 则

$$x^3 + y^3 + z^3 - 3xyz = (x+y+z)(x^2+y^2+z^2-xy-yz-zx) = 0$$

切换到变量 a,b,c,这等价于

$$ab\,(b-c)^3 + bc\,(c-a)^3 + ca\,(a-b)^3 = 3(a-b)(b-c)(c-a)\sqrt[3]{a^2 b^2 c^2}$$

这可以改写成

$$\frac{(b-c)^3}{c} + \frac{(c-a)^3}{a} + \frac{(a-b)^3}{b} = \frac{3(a-b)(b-c)(c-a)}{\sqrt[3]{abc}}$$

某些代数计算之后,有

$$\sqrt[3]{abc}\left(\frac{b^3}{c}-3b^2+3bc-c^2+\frac{c^3}{a}-3c^2+3ca-a^2+\frac{a^3}{b}-3a^2+3ab-b^2\right)$$

$$=3(a-b)(b-c)(c-a)$$

所以

$$\sqrt[3]{abc}\left[\frac{a^3}{b}+\frac{b^3}{c}+\frac{c^3}{a}-4(a^2+b^2+c^2)\right]$$

$$=3\left[(ab+bc+ca)\sqrt[3]{abc}+(a-b)(b-c)(c-a)\right]$$

这就证明了结论.

例 3.6 证明:对任意实数 $x\geqslant 1$,有

$$\frac{3}{2}\leqslant\frac{x^3+x+1}{x^2+1}\leqslant\frac{x^2+5}{4}$$

证明 为了证明不等式链中的第一个不等式,我们交叉相乘,并将所有项都移到右边,得

$$2x^3-3x^2+2x-1\geqslant 0$$

观察知道 $x=1$ 是多项式的根,除以 $x-1$ 得到分解 $(x-1)(2x^2-x+1)$,这的确是正的,因为 $x-1\geqslant 0$(题设条件),所以

$$2x^2-x+1=(x-1)^2+x^2+x$$

也必定是正的.应用相同的技巧来简化第二个不等式为

$$x^4-4x^3+6x^2-4x+1=(x-1)^4\geqslant 0$$

这显然成立.

例 3.7 设 a,b,c,d 是互不相同的实数,证明:下列方程有公共解

$$ax^2+(b+d)x+c=0$$
$$bx^2+(c+d)x+a=0$$
$$cx^2+(a+d)x+b=0$$

当且仅当 $a+b+c+d=0$.

证明 我们开始向前证明,即如果 $a+b+c+d=0$,那么三个方程有公共解.注意到,当 $x=1$ 时,三个方程都变成了 $a+b+c+d=0$,所以 1 是它们的公共解.现在往后证明,注意到,只需证明,如果 x 是三个方程的公共解,那么 $x=1$.若不然,前两个方程相减,得

$$(a-b)x^2+(b-c)x+c-a=0$$

这个方程的一个解是 $x=1$,由于我们假定 $x\neq 1$,由 Vieta 公式,有

$$x=x\cdot 1=\frac{c-a}{a-b}$$

类似的,后两个方程相减,得

$$x = \frac{a-b}{b-c}$$

于是，我们推出

$$\frac{c-a}{a-b} = \frac{a-b}{b-c}$$

这等价于

$$a^2 + b^2 + c^2 = ab + bc + ca$$

然后，整理得

$$(a-b)^2 + (b-c)^2 + (c-a)^2 = 0$$

这与 a,b,c 是两两不同的假设相矛盾，因此我们完成了证明.

例 3.8　设 a,b,c 是正实数，满足 $\dfrac{1}{a} + \dfrac{1}{b} + \dfrac{1}{c} = 1$. 证明

$$\frac{a^2}{a+bc} + \frac{b^2}{b+ca} + \frac{c^2}{c+ab} \geqslant \frac{a+b+c}{4}$$

证法 1　首先，给定的条件等价于

$$ab + bc + ca = abc$$

之后，可以把不等式左边的项改写成优美的形式

$$\frac{a^2}{a+bc} = \frac{a^3}{a^2+abc} = \frac{a^3}{a^2+ab+bc+ca} = \frac{a^3}{(a+b)(c+a)}$$

我们期望能够证明

$$\frac{a^3}{(a+b)(c+a)} + \frac{b^3}{(b+c)(a+b)} + \frac{c^3}{(c+a)(b+c)} \geqslant \frac{a+b+c}{4}$$

由 Hölder 不等式，有

$$\left(\sum_{\text{cyc}} \frac{a^3}{(a+b)(c+a)} \right) \left(\sum_{\text{cyc}} (a+b) \right) \left(\sum_{\text{cyc}} (c+a) \right) \geqslant (a+b+c)^3$$

之后，两边同除以 $4(a+b+c)^2$，得到我们所要证明的不等式.

证法 2　同样注意到条件相当于

$$abc = ab + bc + ca$$

之后，注意到

$$\frac{a^2}{a+bc} = \frac{a^2}{a+abc-ab-ca} = \frac{a}{bc-b-c+1} = \frac{a(a-1)}{(a-1)(b-1)(c-1)}$$

$$= \frac{a^2-a}{abc-ab-bc-ca+a+b+c-1} = \frac{a^2-a}{a+b+c-1}$$

因此，所证不等式等价于

$$\frac{a^2-a+b^2-b+c^2-c}{a+b+c-1} \geqslant \frac{a+b+c}{4}$$

交叉相乘并把 $4(a+b+c)$ 移到右边，得

$$4(a^2 + b^2 + c^2) \geqslant (a+b+c)^2 + 3(a+b+c)$$

由不等式 $a^2 + b^2 + c^2 \geqslant \dfrac{(a+b+c)^2}{3}$, 只需证明

$$\frac{4}{3}(a+b+c)^2 \geqslant (a+b+c)^2 + 3(a+b+c)$$

两边同除以 $a+b+c$, 则不等式简化为

$$a + b + c \geqslant 9$$

这由 Cauchy－Schwarz 不等式即可得到

$$a + b + c = (a+b+c)\left(\frac{1}{a} + \frac{1}{b} + \frac{1}{c}\right) \geqslant 9$$

这样, 我们就证明了不等式.

例 3.9 解方程

$$\sqrt[3]{x^3 + 3x^2 - 4} - \sqrt[3]{x^3 - 3x + 2} = 1$$

解 设 $a = \sqrt[3]{x^3 + 3x^2 - 4}$, $b = \sqrt[3]{x^3 - 3x + 2}$. 注意到, 它们可以写成

$$a = \sqrt[3]{(x-1)(x+2)^2}, b = \sqrt[3]{(x-1)^2(x+2)}$$

另外

$$(a-b)^3 = a^3 - b^3 - 3ab(a-b)$$

我们得到 $a - b = 1$, 所以方程就等价于

$$1 = a^3 - b^3 - 3ab$$

但

$$a^3 - b^3 = x^3 + 3x^2 - 4 - x^3 + 3x - 2 = 3x^2 + 3x - 6$$

以及

$$3ab = 3\sqrt[3]{(x-1)^3(x+2)^3} = 3(x-1)(x+2) = 3x^2 + 3x - 6$$

所以, 方程可以改写成

$$1 = a^3 - b^3 - 3ab = 3x^2 + 3x - 6 - 3x^2 - 3x + 6 = 0$$

这是不成立的, 因此原始方程没有解.

例 3.10 设 a, b, c 是正实数, 满足 $(a+b)(b+c)(c+a) = a+b+c+5$. 证明

$$a + b + c \geqslant 3$$

证明 我们做代换 $a+b = x$, $b+c = y$, $c+a = z$. 给定条件两边同乘以 2, 得到

$$2xyz = x + y + z + 10$$

记 $s = x + y + z$, 证明 $s \geqslant 6$. 由 AM－GM 不等式, 有

$$\frac{s}{3} \geqslant \sqrt[3]{xyz}$$

从而

$$\frac{2s^3}{27} \geqslant 2xyz$$

所以

$$\frac{2s^3}{27} \geqslant s + 10$$

交叉相乘,并把所有项移到不等式的左边,得

$$2s^3 - 27s - 270 \geqslant 0$$

注意到 $s=6$ 是不等式左边多项式的根,由多项式的除法,我们得到因式分解

$$(s-6)(2s^2 + 12s + 45) \geqslant 0$$

因为 $2s^2 + 12s + 45$ 总是正的,所以 $s \geqslant 6$.

例 3.11　设 x, y, z 是小于或等于 1 的实数,证明

$$(1-x^2)(1-y^2)(1-z^2)(1-x^2y^2)(1-y^2z^2)(1-z^2x^2) \leqslant (1-xyz)^6$$

证明　首先,我们来证明不等式

$$(1-a^2)(1-b^2) \leqslant (1-ab)^2$$

展开该不等式两边,得

$$1 - a^2 - b^2 + a^2b^2 \leqslant 1 - 2ab + a^2b^2$$

把所有项移到一边,得

$$a^2 - 2ab + b^2 = (a-b)^2 \geqslant 0$$

这显然是成立,因此不等式得证. 对于 $(a,b)=(x,yz),(y,zx),(z,xy)$ 应用这个不等式并相乘,即得所证不等式.

3.4　三变量对称表达式

三变量对称表达式是指切换任何两个变量都不会改变表达式的值. 例如,$x+y+z$, $x^2+y^2+z^2$, $\frac{1}{xy}+\frac{1}{yz}+\frac{1}{zx}$, xyz,等等,都是对称表达式. 这些表达式在整个代数系统中经常出现,因此读者应该熟悉它们.

SQP 方法是一种强大的代换技巧,它可以很好地简化三变量对称表达式. 这个代换的定义如下

$$\begin{cases} s = x+y+z \\ q = xy+yz+zx \\ p = xyz \end{cases}$$

我们可以立即得到对所有实数 x,y,z 都有效的两个基本不等式

$$s^2 \geqslant 3q, \quad q^2 \geqslant 3ps$$

在把问题转换为 SQP 符号后,这两个不等式通常非常有用. 然而,有些情况还是行不

通的. 在这种情况下, 就需要应用诸如 Schur 不等式等更强的不等式. 此外, 我们也用记号

$$r = x^2 y + xy^2 + y^2 z + yz^2 + z^2 x + zx^2$$

特别是在 Schur 不等式中(由于 $r = sq - 3p$, 可以把 Schur 不等式用 SQP 记号表示为 $s^3 + 9p \geqslant 4sq$).

我们通过一系列练习来开始本节, 让读者习惯这种表示法, 然后继续处理更棘手的问题.

例 4.1 证明:两个基本的 SQP 不等式

$$s^2 \geqslant 3q, q^2 \geqslant 3ps$$

证明 首先证明 $s^2 \geqslant 3q$. 插入代换表达式并展开, 有

$$x^2 + y^2 + z^2 + 2xy + 2yz + 2zx \geqslant 3xy + 3yz + 3zx$$

整理, 得

$$x^2 + y^2 + z^2 \geqslant xy + yz + zx$$

这是一个众所周知的不等式.

至于 $q^2 \geqslant 3ps$, 除了用 xy, yz, zx 代替 x, y, z 之外, 本质上是一样的, 因此, 不等式得证.

例 4.2 证明:$s^3 + 9p \geqslant 4sq$.

证明 回顾 Schur 不等式, 即

$$x^3 + y^3 + z^3 + 3xyz \geqslant x^2 y + xy^2 + y^2 z + yz^2 + z^2 x + zx^2$$

首先, 考虑表达式 $x^3 + y^3 + z^3$ 的 SQP 表示. 展开 s^3, 得

$$x^3 + y^3 + z^3 + 3(x^2 y + xy^2 + y^2 z + yz^2 + z^2 x + zx^2) + 6xyz$$

注意到

$$x^2 y + xy^2 + y^2 z + yz^2 + z^2 x + zx^2 = (x + y + z)(xy + yz + zx) - 3xyz$$
$$= sq - 3p$$

所以

$$s^3 = x^3 + y^3 + z^3 + 3(sq - 3p) + 6p$$

因此可得

$$x^3 + y^3 + z^3 = s^3 - 3sq + 3p$$

所以, 可以把 Schur 不等式表示为

$$s^3 - 3sq + 3p + 3p \geqslant sq - 3p$$

即

$$s^3 + 9p \geqslant 4sq$$

得证.

注 也可以从 $x^3 + y^3 + z^3 - 3xyz$ 的因式分解中, 非常快地得到

$$x^3 + y^3 + z^3 = s^3 - 3sq + 3p$$

我们将这些细节留给读者作为简单的练习.

例 4.3　证明：$sq \geqslant 9p$.

证法 1　由 AM $-$ GM 不等式，有

$$s \geqslant 3\sqrt[3]{p}, q \geqslant 3\sqrt[3]{p^2}$$

这两个不等式相乘即得所证不等式.

证法 2　两个基本 SQP 不等式相乘，有 $s^2q^2 \geqslant 9sqp$，即 $sq \geqslant 9p$，不等式得证.

例 4.4　证明：对所有实数 $x, y, z > 0$，有

$$9(x+y)(y+z)(z+x) \geqslant 8(xy+yz+zx)(x+y+z)$$

证明　我们观察到

$$
\begin{aligned}
&(x+y)(y+z)(z+x) \\
&= (s-x)(s-y)(s-z) \\
&= s^3 - (x+y+z)s^2 + (xy+yz+zx)s - xyz \\
&= sq - p
\end{aligned}
$$

所以，所证的不等式简化为

$$9sq - 9p \geqslant 8sq$$

这又简化为 $sq \geqslant 9p$，不等式得证.

注　这是一个很强的不等式链

$$9(x+y)(y+z)(z+x) \geqslant 8(xy+yz+zx)(x+y+z) \geqslant 72xyz$$

例 4.5　证明

$$(x+y)^2(y+z)^2(z+x)^2 \geqslant \frac{64}{27}xyz(x+y+z)^3$$

证明　这是前一个问题产生的平方形式的不等式

$$81(x+y)^2(y+z)^2(z+x)^2 \geqslant 64(xy+yz+zx)^2(x+y+z) = 64q^2s^2$$

注意到 $64q^2s^2 \geqslant 192ps^3$，因为 $q^2 \geqslant 3ps$，所以

$$81(x+y)^2(y+z)^2(z+x)^2 \geqslant 192xyz(x+y+z)^3$$

不等式两边同除以 81，即得所证不等式.

例 4.6　用 s, q, p 表示 $x^2+y^2+z^2$ 和 $x^4+y^4+z^4$.

解　因为 s^2 是 $x^2+y^2+z^2+2xy+2yz+2zx$，所以

$$x^2+y^2+z^2 = s^2 - 2q$$

为求出 $x^4+y^4+z^4$ 的 SQP 表达式，我们可以展开 s^4，然而，这个方式太麻烦了，相反的，考虑 $x^2+y^2+z^2 = s^2 - 2q$ 的平方倒是一个不错的想法

$$
\begin{aligned}
(s^2-2q)^2 &= s^4 - 4s^2q + 4q^2 \\
&= x^4+y^4+z^4 + 2x^2y^2 + 2y^2z^2 + 2z^2x^2
\end{aligned}
$$

余下的，只要求出 $x^2y^2+y^2z^2+z^2x^2$ 的 SQP 表达式即可. 为此，考虑 q^2，即

$$q^2 = x^2y^2 + y^2z^2 + z^2x^2 + 2x^2yz + 2xy^2z + 2xyz^2$$
$$= x^2y^2 + y^2z^2 + z^2x^2 + 2sp$$

所以,我们得出

$$x^4 + y^4 + z^4 = s^4 - 4s^2q + 4q^2 - 2(q^2 - 2sp)$$
$$= s^4 - 4s^2q + 2q^2 + 4sp$$

注 一般形式 $x^n + y^n + z^n$ 的 SQP 表达式留给读者去研究.

例 4.7 给定 $x + y + z = 1$,证明

$$7(xy + yz + zx) \leqslant 2 + 9xyz \quad (x, y, z > 0)$$

证明 我们使用 SQP 符号来简化不等式. 为此,把不等式齐次化,得

$$7(xy + yz + zx)(x + y + z) \leqslant 2(x + y + z)^3 + 9xyz$$

现在,展开不等式(使用 r 符号来简化)

$$7r + 21p \leqslant 2x^3 + 2y^3 + 2z^3 + 6r + 12p + 9p$$

这简化为

$$r \leqslant 2x^3 + 2y^3 + 2z^3$$

为证明这个不等式,考虑不等式

$$x^2y + xy^2 \leqslant x^3 + y^3$$

这个在"因式分解"一节中证明过,通过把所有项都移到右边并进行因式分解得到

$$0 \leqslant (x + y)(x - y)^2$$

类似可得

$$y^2z + yz^2 \leqslant y^3 + z^3, z^2x + zx^2 \leqslant z^3 + x^3$$

这些不等式相加,即得所证不等式.

注 注意到,不等式 $7sq \leqslant 2s^3 + 9p$,也可以直接由 Schur 不等式 $s^3 + 9p \geqslant 4sq$ 和 SQP 基本不等式 $s^3 \geqslant 3sq$ 相加得到.

例 4.8 设 a, b, c 是正实数,满足 $a + b + c = 3$. 证明

$$\frac{1}{a} + \frac{1}{b} + \frac{1}{c} + \frac{3}{2}abc \geqslant \frac{9}{2}$$

证法 1 不等式两边同乘以 $2abc$ 并去分母

$$2(ab + bc + ca) + 3a^2b^2c^2 \geqslant 9abc$$

调用 SQP 代换之后,所证不等式变成

$$2q + 3p^2 \geqslant 9p$$

由 SQP 第二基本不等式,有 $q \geqslant 3\sqrt{p}$(因为 $s = 3$). 令 $x = \sqrt{p}$. 则不等式变成

$$6x + 3x^4 \geqslant 9x^3$$

即

$$x^3 - 3x + 2 \geqslant 0$$

因式分解,得

$$(x-1)^2(x+2) \geqslant 0$$

这显然是成立的,因为 $x \geqslant 0$.

证法 2　不等式两边同乘以 $2abc$ 之后,可以使用 AM$-$GM 不等式来处理

$$2(ab+bc+ca)+3abc = q+q+3p^2 \geqslant 3\sqrt[3]{3q^2 p^2} \geqslant 3\sqrt[3]{27p^3} = 9p$$

因为 $q^2 \geqslant 3sp = 9p$.

3.5　构造、平滑和排序

构造、平滑和排序是三种强大的不等式处理技巧,可以为若干问题提供快速和优雅的解决方案.

隔离构造(常常简单地称为构造)是一种专注于不等式特定部分而不是整体来解决问题的方法,考虑下面的例子.

例 5.1　设 a,b,c 是正实数,满足 $a+b+c=1$. 证明

$$\frac{1}{1-a}+\frac{1}{1-b}+\frac{1}{1-c} \geqslant \frac{2}{1+a}+\frac{2}{1+b}+\frac{2}{1+c}$$

证明　做代换 $x=b+c, y=c+a, z=a+b$,则不等式变成

$$\frac{1}{x}+\frac{1}{y}+\frac{1}{z} \geqslant \frac{2}{y+z}+\frac{2}{z+x}+\frac{2}{x+y}$$

我们可以通过证明以下每个结果来证明这个不等式

$$\frac{1}{x}+\frac{1}{y} \geqslant \frac{4}{x+y}, \frac{1}{y}+\frac{1}{z} \geqslant \frac{4}{y+z}, \frac{1}{z}+\frac{1}{x} \geqslant \frac{4}{z+x}$$

这些不等式简化为

$$(x-y)^2 \geqslant 0, (y-z)^2 \geqslant 0, (z-x)^2 \geqslant 0$$

不等式得证.

例 5.2　设 a,b,c 是正实数,证明

$$\frac{a}{2a+\sqrt{7b^2+2bc+7c^2}} + \frac{b}{2b+\sqrt{7c^2+2ca+7a^2}} + \frac{c}{2c+\sqrt{7a^2+2ab+7b^2}} \leqslant \frac{1}{2}$$

证明　分母的平方根非常复杂,这就启发我们对其进行简化.注意到

$$7b^2+2bc+7c^2 \geqslant 4b^2+8bc+4c^2$$

这是成立的,因为它可以简化为 $3(b-c)^2 \geqslant 0$.因此

$$\frac{a}{2a+\sqrt{7b^2+2bc+7c^2}} \leqslant \frac{a}{2a+2b+2c}$$

对其他两个分式可以进行同样的操作,所以,余下的只需证明

$$\frac{a}{2a+2b+2c}+\frac{b}{2a+2b+2c}+\frac{c}{2a+2b+2c}\leqslant\frac{1}{2}$$

然而,这是显然成立的,不等式得证.

注 至于如何想到表达式 $4b^2+8bc+4c^2$,这里面有许多直觉的因素. 首先,原不等式的相等条件是 $a=b=c$,如果令 $a=b=c=1$,那么 $7b^2+2bc+7c^2=16$. 因为我们想要有一个关于 b 和 c 对称的完全平方,自然会考虑 $(2b+2c)^2$(因为在其中令 $b=c=1$ 时,也会产生值 16). 其次,$2b+2c$ 与分母中的 $2a$ 完美补充形成一个对称式. 有时候,如果不等式是齐次的,但每个项只包含两个变量,那么我们可以将每个项与这两个变量的更易控制的组合进行比较.

例 5.3 设 $a,b,c>0$,证明

$$\frac{a^2}{\sqrt{4a^2+ab+4b^2}}+\frac{b^2}{\sqrt{4b^2+bc+4c^2}}+\frac{c^2}{\sqrt{4c^2+ca+4a^2}}\geqslant\frac{a+b+c}{3}$$

证明 尝试使用与以前的问题相同的策略在这里不起作用. 相反的,我们来证明

$$\frac{a^2}{\sqrt{4a^2+ab+4b^2}}\geqslant xa+yb$$

对某些独立于 a,b 的常数 x,y 成立. 若令 $a=b=1$,则在相等的情况下,我们得到 $x+y=\frac{1}{3}$,因此,$y=\frac{1}{3}-x$. 这样一来,我们应该证明

$$\frac{a^2}{\sqrt{4a^2+ab+4b^2}}\geqslant xa+\left(\frac{1}{3}-x\right)b$$

两边同除以 b^2,得

$$\frac{\left(\frac{a}{b}\right)^2}{\sqrt{4\left(\frac{a}{b}\right)^2+\frac{a}{b}+4}}\geqslant x\left(\frac{a}{b}-1\right)+\frac{1}{3}$$

令 $\frac{a}{b}=t+1$. 则上述不等式变成

$$\frac{(t+1)^2}{\sqrt{4t^2+9t+9}}\geqslant xt+\frac{1}{3} \tag{$*$}$$

交叉相乘,并两边平方,得

$$9t^4+36t^3+54t^2+36t+9\geqslant 36x^2t^4+(81x^2+24x)t^3+$$
$$(81x^2+54x+4)t^2+(54x+9)t+9$$

即

$$(9-36x^2)t^4+(36-24x-81x^2)t^3+(50-54x-81x^2)t^2+(27-54x)t\geqslant 0$$

注意到不等式左边是 t 的倍数,如果它不是 t^2 的倍数,那么它的图像将在 $t=0$ 时改变

符号. 但我们希望它对所有 $t > -1$ 都是正的（因为 $t = \dfrac{a}{b} - 1$，a, b 是正数）. 因此，它应该是

t^2 的倍数，所以需要 $27 - 54x = 0$，从而 $x = \dfrac{1}{2}$. 现在还要证明这实际上是可以实现的. 令

$x = \dfrac{1}{2}$，得到 $\dfrac{15}{4} t^3 + \dfrac{11}{4} t^2 \geqslant 0$. 无论如何，当 $t \geqslant -\dfrac{11}{15}$ 时，这是成立的. 事实证明，这种方法是

可行的. 回想一下，平方不等式（$*$）里面隐含地要求 $xt + \dfrac{1}{3} = \dfrac{1}{2} t + \dfrac{1}{3}$ 是正数. 我们看到，

如果 $t \leqslant -\dfrac{2}{3}$，式（$*$）显然是成立的，因为不等式左边是非负的，而右边是非正的. 因此，

我们只需要处理 $t \geqslant -\dfrac{2}{3}$ 的情况. 另外，$-\dfrac{2}{3} > -\dfrac{11}{15}$，所以，$\dfrac{15}{4} t^3 + \dfrac{11}{4} t^2 \geqslant 0$ 成立. 因此，我

们推出

$$\frac{a^2}{\sqrt{4a^2 + ab + 4b^2}} \geqslant \frac{1}{2} a - \frac{1}{6} b$$

（注意，当且仅当 $t = 0$ 或者 $a = b$ 时，等号成立）.

对其他两个分式使用同样的构造方法，余下的只需证明

$$\frac{1}{2} a - \frac{1}{6} b + \frac{1}{2} b - \frac{1}{6} c + \frac{1}{2} c - \frac{1}{6} a \geqslant \frac{a + b + c}{3}$$

很显然，这两个数量确实是相等的.

例 5.4　设 a, b, c 是某三角形的三边长，证明

$$\frac{a}{b + c} + \frac{b}{c + a} + \frac{c}{a + b} < 2$$

证明　在"代换"一节我们使用 Ravi 代换证明过这个不等式，在此，我们使用构造法
证明，注意到，只需证明

$$\frac{a}{b + c} \leqslant \frac{2a}{a + b + c}$$

交叉相乘，展开不等式，得

$$a^2 + ab + ac \leqslant 2ab + 2ac$$

即

$$a^2 \leqslant ab + ac$$

不等式两边同除以 a，得到 $a \leqslant b + c$，这显然是成立的，因为，a, b, c 是某三角形的三边长.

例 5.5　设 a, b, c 是正实数，满足 $abc = 1$. 证明

$$\frac{2}{(a + 1)^2 + b^2 + 1} + \frac{2}{(b + 1)^2 + c^2 + 1} + \frac{2}{(c + 1)^2 + a^2 + 1} \leqslant 1$$

证明　做代换 $a = \dfrac{x}{y}$，$b = \dfrac{y}{z}$，$c = \dfrac{z}{x}$. 使用构造法，首先第一个分式变成

$$\frac{2}{\left(\frac{x}{y}+1\right)^2+\left(\frac{y}{z}\right)^2+1}=\frac{2}{\frac{x^2}{y^2}+\frac{y^2}{z^2}+2\frac{x}{y}+2}$$

$$\leqslant \frac{2}{2\frac{x}{z}+2\frac{x}{y}+2}$$

$$=\frac{yz}{xy+yz+zx}$$

因此,原不等式的左边满足

$$\text{LHS}\leqslant \frac{yz}{xy+yz+zx}+\frac{zx}{xy+yz+zx}+\frac{xy}{xy+yz+zx}=1$$

不等式得证.

例 5.6 设 a,b,c 是正实数,证明

$$\frac{ab}{a^2+2b^2}+\frac{bc}{b^2+2c^2}+\frac{ca}{c^2+2a^2}\leqslant 1$$

证明 这个不等式中的分母不能分解,所以我们尝试用一个不等式把它们转换成更易于处理的形式. 从 $a^2-2ab+b^2\geqslant 0$ 开始,重新安排项的次序,得

$$a^2+2b^2\geqslant b^2+2ab$$

所以

$$\frac{ab}{a^2+2b^2}\leqslant \frac{ab}{b^2+2ab}=\frac{a}{b+2a}$$

这样,余下来的只需要证明

$$\frac{a}{b+2a}+\frac{b}{c+2b}+\frac{c}{a+2c}\leqslant 1$$

这个不等式可以使用 Titu 引理得证.不等式两边同乘以 -1,以改变不等式的方向. 不等式的两边同加上 3,得

$$1+\frac{-2a}{b+2a}+1+\frac{-2b}{c+2b}+1+\frac{-2c}{a+2c}\geqslant 1$$

即

$$\frac{b}{b+2a}+\frac{c}{c+2b}+\frac{a}{a+2c}\geqslant 1$$

然后,可以改写每个分式,使分子是一个完全平方,并应用引理,得

$$\frac{b^2}{b^2+2ab}+\frac{c^2}{c^2+2bc}+\frac{a^2}{a^2+2ca}\geqslant \frac{(a+b+c)^2}{a^2+b^2+c^2+2ab+2bc+2ca}=1$$

不等式得证.

例 5.7 设 a,b,c 是正实数,证明

$$\frac{a^2}{a^2+(b+c)^2}+\frac{b^2}{b^2+(c+a)^2}+\frac{c^2}{c^2+(a+b)^2}\geqslant \frac{3}{5}$$

证明　注意到

$$(b+c)^2 \leqslant 2(b^2+c^2)$$

所以

$$\frac{a^2}{a^2+(b+c)^2} \geqslant \frac{a^2}{a^2+2b^2+2c^2}$$

这个不等式两边同加上 1,左边得到 $\dfrac{2a^2+2b^2+2c^2}{a^2+2b^2+2c^2}$. 对于其他两个分式进行同样的操作,

因此,只需证明

$$(2a^2+2b^2+2c^2)\left(\frac{1}{a^2+2b^2+2c^2}+\frac{1}{2a^2+b^2+2c^2}+\frac{1}{2a^2+2b^2+c^2}\right) \geqslant \frac{18}{5}$$

注意到,由 Titu 引理,有

$$\frac{1}{a^2+2b^2+2c^2}+\frac{1}{2a^2+b^2+2c^2}+\frac{1}{2a^2+2b^2+c^2} \geqslant \frac{9}{5(a^2+b^2+c^2)}$$

两边同乘以因子 $a^2+b^2+c^2$,即得所证不等式.

例 5.8　对于正实数 a,b,c,证明

$$\frac{ab}{ab+b^2+c^2}+\frac{bc}{bc+c^2+a^2}+\frac{ca}{ca+a^2+b^2} \leqslant 1$$

证明　我们来证明

$$\frac{ab}{ab+b^2+c^2} \leqslant \frac{a^2+2ab}{(a+b+c)^2}$$

整理,即得

$$\frac{(a+b+c)^2}{ab+b^2+c^2} \leqslant \frac{a}{b}+2$$

反向应用 Titu 引理,得

$$\frac{(a+b+c)^2}{ab+b^2+c^2} \leqslant \frac{a^2}{ab}+\frac{b^2}{b^2}+\frac{c^2}{c^2}=\frac{a}{b}+2$$

同理可得另外两个类似的不等式.

这样,把这三个不等式相加,得

$$\frac{ab}{ab+b^2+c^2}+\frac{bc}{bc+c^2+a^2}+\frac{ca}{ca+a^2+b^2}$$

$$\leqslant \frac{a^2+2ab}{(a+b+c)^2}+\frac{b^2+2bc}{(a+b+c)^2}+\frac{c^2+2ca}{(a+b+c)^2}=1$$

不等式得证.

例 5.9　设 a,b,c,d 是正实数,证明

$$\frac{1}{(a+b)^2}+\frac{1}{(b+c)^2}+\frac{1}{(c+d)^2}+\frac{1}{(d+a)^2} \geqslant \frac{16}{(a+b+c+d)^2}$$

证明　把原不等式分成两个小不等式

$$\frac{1}{(a+b)^2} + \frac{1}{(c+d)^2} \geqslant \frac{8}{(a+b+c+d)^2}$$

$$\frac{1}{(b+c)^2} + \frac{1}{(d+a)^2} \geqslant \frac{8}{(a+b+c+d)^2}$$

我们只证明第一个不等式,第二个证明类似,两个不等式相加,即得原不等式.为简化第一个不等式,令

$$x = a+b, y = c+d$$

则所证不等式变成

$$\frac{1}{x^2} + \frac{1}{y^2} \geqslant \frac{8}{(x+y)^2}$$

这可以改写成

$$(x^2+y^2)(x+y)^2 \geqslant 8x^2y^2$$

由 AM − GM 不等式,有

$$x^2+y^2 \geqslant 2xy, x+y \geqslant 2\sqrt{xy}$$

综合这两个不等式,即得所证的不等式,证明完成.

例 5.10 设 a,b,c 是正实数,满足 $a+b+c=3$,证明

$$\frac{(a+\sqrt{b})^2}{\sqrt{a^2-ab+b^2}} + \frac{(b+\sqrt{c})^2}{\sqrt{b^2-bc+c^2}} + \frac{(c+\sqrt{a})^2}{\sqrt{c^2-ca+a^2}} \leqslant 12$$

证明 要漂亮地证明这个不等式,分母中的根式需要重新改造. 我们要对 $\sqrt{a^2-ab+b^2} \geqslant Q$ 中的量 Q 应用构造法.注意到,作为二次多项式的平方根,Q 必须是线性的,而且必须关于 a,b 对称. 所以,我们来寻找 $a+b$ 的倍数. 如果令 $a=b$(因为它是对称的,所以最有可能的是相等的情况),得到这个系数必须是 $\frac{1}{2}$. 两边平方,有

$$a^2-ab+b^2 \geqslant \frac{1}{4}(a+b)^2$$

这等价于

$$(a-b)^2 \geqslant 0$$

因此,只需要证明

$$\frac{2(a+\sqrt{b})^2}{a+b} + \frac{2(b+\sqrt{c})^2}{b+c} + \frac{2(c+\sqrt{a})^2}{c+a} \leqslant 12$$

应用 Titu 引理,直接完成证明

$$\frac{2(a+\sqrt{b})^2}{a+b} + \frac{2(b+\sqrt{c})^2}{b+c} + \frac{2(c+\sqrt{a})^2}{c+a}$$

$$\leqslant 2\left(\frac{a^2}{a} + \frac{(\sqrt{b})^2}{b}\right) + 2\left(\frac{b^2}{b} + \frac{(\sqrt{c})^2}{c}\right) + 2\left(\frac{c^2}{c} + \frac{(\sqrt{a})^2}{a}\right)$$

$$=2(a+1)+2(b+1)+2(c+1)$$
$$=2(a+b+c)+6=12$$

继构造法之后,我们通过几个漂亮的例子来介绍一下平滑方法.

例 5.11　证明 $AM-GM$ 不等式:设 $a_1,a_2,\cdots,a_n$ 是正实数,则

$$\frac{a_1+a_2+\cdots+a_n}{n}\geqslant\sqrt[n]{a_1a_2\cdots a_n}$$

当且仅当 $a_1=a_2=\cdots=a_n$ 时,等号成立.

证明　设 a 表示算术平均(不等式的左边). 显然,如果所有的 a_i 都相等,那么等号成立.反之,存在 $i,j(i<j)$,满足 $a_i<a<a_j$. 现在,我们用 a 和 a_i+a_j-a 分别替换 a_i 和 a_j,这样一来,不等式的左边保持不变,我们断定不等式的右边是增加的,即

$$a(a_i+a_j-a)>a_ia_j$$

这可以改写成

$$(a-a_i)(a_j-a)>0$$

这显然是成立的,因为每一个因式都是正的. 注意到,每次我们重复此种替换时,a_i 中的一个变为 a.另外,这个替换只能在选择的 a_i 都不等于 a 时,才能使用.通过有限多次地应用这个替换,可以在保留左边不变的情况下平滑到右边,直到所有 a_i 都等于 a 的情况.

当所有变量都相等时,即不等式等号成立的情况下,才能使用平滑法. 然后,我们使变量彼此更接近,并显示不等式的两边也通过这样做而变得更接近,请注意使用有限步骤的重要性,以避免无限的替换链的不确定性.

例 5.12　求出 d 的最大可能值,其中 (a,b,c,d) 满足以下方程组

$$\begin{cases} a+b+c+d=6 \\ a^2+b^2+c^2+d^2=12 \end{cases}$$

解　放宽第二个限制为 $a^2+b^2+c^2+d^2\leqslant12$. 我们希望在满足系统的所有 (a,b,c,d) 中找到 d 的最大可能值.

注意到,如果在系统中插入值 (k,k,k,d),其中 $k=\dfrac{a+b+c}{3}$,则

$$3k+d=a+b+c+d=6$$

以及

$$3k^2+d^2=3\left(\frac{a+b+c}{3}\right)^2+d^2\leqslant a^2+b^2+c^2+d^2\leqslant12$$

这是平滑法开始使用的地方,我们寻找 d 的最大值,使得 (k,d) 满足

$$\begin{cases} 3k+d=6 \\ 3k^2+d^2\leqslant12 \end{cases}$$

我们有

$$\left(\frac{6-d}{3}\right)^2 = k^2 \leqslant \frac{12-d^2}{3}$$

所以

$$d^2 - 12d + 36 \leqslant 36 - 3d^2 \Leftrightarrow 4d^2 - 12d = 4d(d-3) \leqslant 0 \Leftrightarrow 0 \leqslant d \leqslant 3$$

现在,我们看到 d 的最大可能值是 3.事实上,当 $a=b=c=1$ 时,这是可以达到的.

例 5.13 设 $r_1, r_2, \cdots, r_n$ 是大于或等于 1 的实数,证明

$$\frac{1}{r_1+1} + \frac{1}{r_2+1} + \cdots + \frac{1}{r_n+1} \geqslant \frac{n}{\sqrt[n]{r_1 r_2 \cdots r_n} + 1}$$

证明 首先要注意的是,相等情况发生在所有 r_i 都相等的情况下.反之,必存在 $1 \leqslant i, j \leqslant n, i \neq j$,满足 $r_i < r < r_j$(其中 $r = \sqrt[n]{r_1 r_2 \cdots r_n}$).然后,注意到当 $r_i r_j > 1$ 固定不变时

$$\frac{1}{r_i+1} + \frac{1}{r_j+1} = \frac{r_i + r_j + 2}{r_i r_j + r_i + r_j + 1}$$

将随着 $r_i + r_j$ 的减小而减少.所以,如果我们用 $r, \dfrac{r_i r_j}{r}$ 分别来替换 r_i, r_j,那么他们的和是减少的,因为

$$r + \frac{r_i r_j}{r} = \frac{r_i r_j + r^2}{r} < r_i + r_j \Leftrightarrow r^2 - r r_i - r r_j + r_i r_j < 0 \Leftrightarrow (r-r_i)(r-r_j) < 0$$

这显然是成立的,因为 $r_i < r < r_j$.因此,我们可以通过有限多步平滑到右边,直到所有 r_i 都相等的情况,证明完成.

平滑的概念经常与称为 Jensen 不等式的结果联系在一起,然而,Jensen 不等式已超出了本书的范围,所以,在此我们只提及其标题.

最后,排序是重整不等式的一种技巧,假设变量有一定的顺序,使我们能够获得每个单独部分的界限,并将它们结合起来以证明命题.一个典型的例子是 Schur 不等式的证明.

定理(Schur 不等式) 设 a, b, c 是非负实数且 $r > 0$,则

$$a^r(a-b)(a-c) + b^r(b-c)(b-a) + c^r(c-a)(c-b) \geqslant 0$$

证明 不失一般性,假设 $a \geqslant b \geqslant c \geqslant 0$.首先从前两项提取公因子 $(a-b)$,把不等式改写成形式

$$(a-b)[a^r(a-c) - b^r(b-c)] + c^r(c-a)(c-b) \geqslant 0$$

现在,由于我们已经对变量进行了排序,注意到每一项都是非负的(特别的,$a^r(a-c) - b^r(b-c)$ 是非负的,是因为 $a^r \geqslant b^r, a-c \geqslant b-c$,所以 $a^r(a-c) \geqslant b^r(b-c)$).这样,就证明了不等式.

例 5.14 给定正实数 a, b, c,满足 $a^2 + b^2 + c^2 + abc = 4$,证明

$$0 \leqslant ab + bc + ca - abc \leqslant 2$$

证明（USAMO 2001）　首先，来证明下界．注意到，a,b,c 不可能都大于 1．不失一般性，假设 $a \leqslant 1$．则

$$ab + bc + ca - abc = ab + ca + bc(1-a) \geqslant 0$$

a,b,c 中至少有两个变量，或者同时至少为 1，或者同时小于 1．不失一般性，假设这两个变量是 b,c，则 $(b-1)(c-1) \geqslant 0$．我们也可以把给定的方程看成是 a 的二次方程来求解，得

$$a = \frac{\sqrt{(4-b^2)(4-c^2)} - bc}{2}$$

由于 a 是正数（所以，在二次公式前面的 $\pm$ 号，必须取 $+$）．则

$$ab + bc + ca - abc = -a(b-1)(c-1) + a + bc$$

$$\leqslant a + bc = \frac{\sqrt{(4-b^2)(4-c^2)} + bc}{2}$$

由 Cauchy－Schwarz 不等式就可以完成我们的证明

$$\frac{\sqrt{(4-b^2)(4-c^2)} + bc}{2} \leqslant \frac{\sqrt{(4-b^2+b^2)(4-c^2+c^2)}}{2} = 2$$

例 5.15　设 x,y,z 是正实数，证明

$$\left(\frac{x^2}{x^2+yz}\right)^{\frac{3}{2}} + \left(\frac{y^2}{y^2+zx}\right)^{\frac{3}{2}} + \left(\frac{z^2}{z^2+xy}\right)^{\frac{3}{2}} \leqslant 2$$

证明　首先注意到，三个分式 $\dfrac{x^2}{x^2+yz}, \dfrac{y^2}{y^2+zx}, \dfrac{z^2}{z^2+xy}$ 中，每一个都小于 1，所以

$$\left(\frac{x^2}{x^2+yz}\right)^{\frac{3}{2}} + \left(\frac{y^2}{y^2+zx}\right)^{\frac{3}{2}} + \left(\frac{z^2}{z^2+xy}\right)^{\frac{3}{2}} \leqslant \frac{x^2}{x^2+yz} + \frac{y^2}{y^2+zx} + \frac{z^2}{z^2+xy}$$

不失一般性，假设 $x \leqslant y \leqslant z$．则有

$$\frac{x^2}{x^2+yz} \leqslant \frac{x^2}{x^2+y^2}, \quad \frac{y^2}{y^2+zx} \leqslant \frac{y^2}{x^2+y^2}, \quad \frac{z^2}{z^2+xy} \leqslant 1$$

这三个不等式相加，即得所证不等式．

例 5.16　设 a,b,c 是大于或等于 1 的正实数，证明

$$a^a + b^b + c^c \geqslant a^b + b^c + c^a$$

证明（Kazakhstan National Olympiad）　首先证明 $a^a + b^b \geqslant a^b + b^a$．不失一般性，假设 $a \geqslant b$，则不等式可以改写成

$$a^a - a^b \geqslant b^a - b^b$$

即

$$a^b(a^{a-b} - 1) \geqslant b^b(b^{a-b} - 1)$$

这是成立的，因为 $a^b \geqslant b^b, a^{a-b} \geqslant b^{a-b}$．

现在，回到原来的问题，不失一般性，假设 c 是最小的一个，则有

$$a^a + b^b + c^c \geqslant a^b + b^a + c^c$$

我们来证明 $b^a + c^c \geqslant b^c + c^a$，整理得

$$b^a - b^c \geqslant c^a - c^c$$

即

$$b^c(b^{a-c} - 1) \geqslant c^c(c^{a-c} - 1)$$

基于同样的理由，可得 $b^c \geqslant c^c$，$b^{a-c} \geqslant c^{a-c}$，这是成立的.

第4章 问 题 1

4.1 问 题

1. 设 $n \geqslant 1$ 是正整数，$x_1, x_2, \cdots, x_n$ 是正实数，证明：二次均值－算术平均值－几何平均－调和平均值不等式（QM－AM－GM－HM）

$$\sqrt{\frac{x_1^2 + x_2^2 + \cdots + x_n^2}{n}} \geqslant \frac{x_1 + x_2 + \cdots + x_n}{n} \geqslant \sqrt[n]{x_1 x_2 \cdots x_n} \geqslant \frac{n}{\frac{1}{x_1} + \frac{1}{x_2} + \cdots + \frac{1}{x_n}}$$

提示 55,5.

2. 求最小的实数 k，使得对所有正实数 x, y, z，下列不等式成立

$$\prod_{\text{cyc}} (2xy + yz + zx) \leqslant k(x + y + z)^6$$

提示 8,26.

3. 设 a, b, c, d 是正实数，证明

$$\frac{a}{a + 2b + c} + \frac{b}{b + 2c + d} + \frac{c}{c + 2d + a} + \frac{d}{d + 2a + b} \geqslant 1$$

提示 10.

4. 证明 Titu 扩展引理，设 $n, r \geqslant 1$ 是正整数，$x_1, x_2, \cdots, x_n$ 和 $y_1, y_2, \cdots, y_n$ 是正实数，则

$$\frac{x_1^{r+1}}{y_1^r} + \frac{x_2^{r+1}}{y_2^r} + \cdots + \frac{x_n^{r+1}}{y_n^r} \geqslant \frac{(x_1 + x_2 + \cdots + x_n)^{r+1}}{(y_1 + y_2 + \cdots + y_n)^r}$$

提示 12.

5. 设 $P(x)$ 是一个多项式，满足当被 $x - 3$ 除时，余数是 2，被 $x - 5$ 除时，余数是 4. 求它被 $(x - 3)(x - 5)$ 除时的余数.

提示 14,64.

6. 设 a, b, c 是实数，满足同时成立的关系式

$$\begin{cases} a^2 + 2 = 4b + c \\ b^2 + 3 = 3c - a \\ c^2 + 4 = 5a - 2b \end{cases}$$

求 $2a + 3b + 4c$ 的值.

7. 设 a,b,c 是正实数, 证明

$$8\left(1+\frac{a}{b}\right)\left(1+\frac{b}{c}\right)\left(1+\frac{c}{a}\right)-7(a+b+c)\left(\frac{1}{a}+\frac{1}{b}+\frac{1}{c}\right)=1$$

当且仅当 $a=b=c$.

提示 35.

8. 设 a,b,c 是正实数, 证明

$$\max\left(a+\frac{1}{b},b+\frac{1}{c},c+\frac{1}{a}\right)\geqslant 2$$

提示 17.

9. 设 x,y,z 是正实数, 证明

$$\frac{x^3}{yz}+\frac{y^3}{zx}+\frac{z^3}{xy}\geqslant x+y+z$$

提示 31.

10. 设 a,b,c 是正实数, 证明

$$\left(\frac{a}{b}+\frac{b}{c}+\frac{c}{a}\right)^2\geqslant(a+b+c)\left(\frac{1}{a}+\frac{1}{b}+\frac{1}{c}\right)$$

提示 21.

11. 求方程 $x^8+y^8-2xy=6(xy-1)$ 的所有正实数解.

提示 36.

12. 设 a,b,c 是正实数, 证明

$$\left(\frac{a}{a+2b}\right)^2+\left(\frac{b}{b+2c}\right)^2+\left(\frac{c}{c+2a}\right)^2\geqslant\frac{1}{3}$$

提示 68,41.

13. 设正实数 a,b,c,d 满足 $a+b+c-d=a^2+b^2+c^2-d^2=1$. 证明

$$\frac{d}{a^2+d}+\frac{d}{b^2+d}+\frac{d}{c^2+d}\leqslant\frac{9}{4}$$

提示 24,1.

14. 求方程组 $x^3-3y=y^3-3z=z^3-3x=-2$ 的正实数解.

提示 45.

15. 设 a,b,c 是正实数, 证明

$$\frac{a^4+2a}{b^2}+\frac{b^4+2b}{c^2}+\frac{c^4+2c}{a^2}\geqslant 9$$

提示 65.

16. 证明:如果 $x-y$ 能整除对称多项式 $P(x,y)$,那么 $(x-y)^2$ 能整除它.

提示 39.

17. 设 a,b,c 是正实数,满足 $abc=1$. 证明

$$\frac{1}{a^3(b+c)}+\frac{1}{b^3(c+a)}+\frac{1}{c^3(a+b)}\geqslant\frac{3}{2}$$

提示 60.

18. 设 $a_1,a_2,a_3,\cdots$ 是算术序列，$g_1,g_2,g_3,\cdots$ 是几何序列，满足序列 $a_1+g_1,a_2+g_2,$ $a_3+g_3,\cdots$ 的前四项是 $0,0,1,0$，按这个顺序，求 $a_{10}+g_{10}$ 的值.

19. 设 a,b,c 是正实数，证明
$$(a^5-a^2+3)(b^5-b^2+3)(c^5-c^2+3)\geqslant(a+b+c)^3$$

提示 59,3.

20. 假设多项式 $(2x^2-5x+3)(3x-4)(2x+7)$ 展开之后，表示为 $Ax^4+Bx^3+Cx^2+Dx+E$，其中 A,B,C,D,E 是常数，求 $65A+19B+5C+D$ 的值.

提示 20.

21. 设 a,b,c 是正实数，证明
$$\frac{1}{ab+bc+ca}\geqslant3\left(\frac{2}{a+b+c}-1\right)$$

提示 15.

22. 设 a,b,c 是正实数，证明
$$\frac{a^2-b^2}{2a^2+1}+\frac{b^2-c^2}{2b^2+1}+\frac{c^2-a^2}{2c^2+1}\leqslant0$$

23. 设 a,b 是正实数，满足 $a+b=1$，证明
$$\frac{a^2}{a+1}+\frac{b^2}{b+1}\geqslant\frac{1}{3}$$

24. 求方程组 $(xy-1)^2+\left(\frac{x}{y}\right)^2=(yz-1)^2+\left(\frac{y}{z}\right)^2=(zx-1)^2+\left(\frac{z}{x}\right)^2=1$ 的非零实数解.

提示 47,32.

25. 设 a,b,c 是方程 $x^3-9x^2+11x-1=0$ 的根，又设 $s=\sqrt{a}+\sqrt{b}+\sqrt{c}$. 求 s^4-18s^2-8s 的值.

26. 设 a,b,c,d,e 是实数，满足 $\sin a+\sin b+\sin c+\sin d+\sin e\geqslant3$. 求证
$$\cos a+\cos b+\cos c+\cos d+\cos e\leqslant4$$

27. 设 a,b,c 是大于或等于 1 的实数，证明
$$\frac{a^3}{b^2-b+\frac{1}{3}}+\frac{b^3}{c^2-c+\frac{1}{3}}+\frac{c^3}{a^2-a+\frac{1}{3}}\geqslant9$$

28. 设 a,b,c 是非负实数，证明
$$abc+\sqrt{(a^2+1)(b^2+1)(c^2+1)}=a+b+c$$

当且仅当 $ab + bc + ca = 1$.

提示 44.

29. 设 $P(x)$ 具有非负系数的首一多项式,其常数项是 1,且有 n 个实数根,其中 $n = \deg P$. 求证 $P(2) \geqslant 3^n$.

提示 27.

30. 求出所有的实数对,使得它们的平方和等于 7,它们的立方和等于 10.

31. 设 a, b 是实数,满足 $3 \leqslant a^2 + ab + b^2 \leqslant 6$. 证明

$$2 \leqslant a^4 + b^4 \leqslant 72$$

提示 67.

32. 设 $a, b, c > 0$. 证明

$$\frac{1}{a(b+c)} + \frac{1}{b(c+a)} + \frac{1}{c(a+b)} \leqslant \frac{a+b+c}{2abc}$$

提示 33.

33. 设 $0 = a_0 < a_1 < \cdots < a_n < a_{n+1} = 1$,满足 $a_1 + a_2 + \cdots + a_n = 1$. 证明

$$\frac{a_1}{a_2 - a_0} + \frac{a_2}{a_3 - a_1} + \cdots + \frac{a_n}{a_{n+1} - a_{n-1}} \geqslant \frac{1}{a_n}$$

提示 51.

34. 证明:多项式 $(1 + x + \cdots + x^n)^2 - x^n$(其中 $n > 1$ 是正整数)是两个多项式的乘积.

35. 设 x, y 是方程组

$$\begin{cases} (x-1)^2 (y+1)^2 - x^2 - y^2 + 2x - 2y = 2\ 017 \\ 2x^2 - 4x + 4 = 2y^4 + 8y^3 + 24y^2 + 32y + 16 \end{cases}$$

的解,求 $x + y$ 的所有可能值的和.

36. 求出所有多项式 $P(x)$ 满足函数方程 $(x+1)P(x) = (x-10)P(x+1)$.

提示 13.

37. 设 a, b, c 是正实数,证明

$$\frac{a^4}{(a+b)(a^2+b^2)} + \frac{b^4}{(b+c)(b^2+c^2)} + \frac{c^4}{(c+a)(c^2+a^2)} \geqslant \frac{a+b+c}{4}$$

提示 66.

38. 求下列方程组的所有实数解

$$\begin{cases} a^2 = b + 2 \\ b^2 = c + 2 \\ c^2 = a + 2 \end{cases}$$

提示 46.

39. 求出最大可能的实数值 M,使得对满足 $x+y+z=1$ 的所有实数 x,y,z,下列不等式成立

$$\sqrt{9x^2+16y^2}+\sqrt{9y^2+16z^2}+\sqrt{9z^2+16x^2} \geqslant M$$

40. 设 a,b,c 是正实数,证明

$$\frac{ab(2a+b)}{(a+b)^2}+\frac{bc(2b+c)}{(b+c)^2}+\frac{ca(2c+a)}{(c+a)^2} \leqslant \frac{3}{4}(a+b+c)$$

41. 求方程 $\sqrt[4]{97-x}+\sqrt[4]{x}=5$ 的所有实数解.

提示 57.

42. 求方程 $x(x+1)(x+2)(x+3)=24$ 的所有实数解.

43. 给定 $a,b,c>0$,证明 $a^a b^b c^c \geqslant (abc)^{\frac{a+b+c}{3}}$.

44. 设 a,b,c 是正实数,满足 $ab+bc+ca=1$,证明

$$a\sqrt{b^2+8c^2}+b\sqrt{c^2+8a^2}+c\sqrt{a^2+8b^2} \geqslant 3$$

45. 设 r_1,r_2,r_3,r_4 是多项式 $P(x)=9x^4-3x^3-101x^2+195x-100$ 的根,计算

$$(r_1+r_2+r_3)(r_1+r_2+r_4)(r_1+r_3+r_4)(r_2+r_3+r_4)$$

46. 设 a,b,c 是正实数,满足 $a+b+c=1$. 求下列表达式的最小可能值

$$2\left(\frac{a}{1-a}+\frac{b}{1-b}+\frac{c}{1-c}\right)+9(ab+bc+ca)$$

47. 求表达式 $x^2+y^2+z^2$ 的最小可能值,其中 x,y,z 是正实数,满足 $x^3+y^3+z^3-3xyz=1$.

48. 设 a,b,c 是正实数,证明

$$\frac{2}{a^2+ab}+\frac{2}{b^2+bc}+\frac{2}{c^2+ca} \geqslant \frac{9}{ab+bc+ca}$$

49. 设 a,b,c 是整数,且 a,c 非零,满足方程 $ax^2+bx+c=0$ 有有理根,证明

$$b^2 \leqslant (ac+1)^2$$

50. 设 a,b,c 是正实数,又设 $x=a+\frac{1}{b},y=b+\frac{1}{c},z=c+\frac{1}{a}$. 证明

$$xy+yz+zx \geqslant 2(x+y+z)$$

提示 23.

51. 设 x,y,z 是非零实数,满足 $x+y+z-xyz=2$. 求表达式 $2x^2+y^2+z^2$ 的最小可能值.

52. 设 $n \geqslant 2$ 是正整数,$a_1,a_2,\cdots,a_n$ 是正实数,满足

$$(a_1+a_2+\cdots+a_n)\left(\frac{1}{a_1}+\frac{1}{a_2}+\cdots+\frac{1}{a_n}\right) \leqslant \left(n+\frac{1}{2}\right)^2$$

证明

$$\max(a_1,a_2,\cdots,a_n) \leqslant 4 \cdot \min(a_1,a_2,\cdots,a_n)$$

提示 9,18,38.

53.设正实数 x,y,z 满足 $xyz \geqslant 1$,证明

$$\frac{x^5-x^2}{x^5+y^2+z^2}+\frac{y^5-y^2}{y^5+z^2+x^2}+\frac{z^5-z^2}{z^5+x^2+y^2} \geqslant 0$$

提示 53,25.

54.求下列方程组

$$\begin{cases} x+y+z=2 \\ \dfrac{1}{x}+\dfrac{1}{y}+\dfrac{1}{z}=\dfrac{1}{2} \end{cases}$$

的所有实数解 (x,y,z).

提示 42.

55.设 a,b,c 是正实数,证明

$$\frac{ab}{3a+4b+2c}+\frac{bc}{3b+4c+2a}+\frac{ca}{3c+4a+2b} \leqslant \frac{a+b+c}{9}$$

提示 16,56,50,2.

4.2 解 答

1.设 $n \geqslant 1$ 是正整数,$x_1,x_2,\cdots,x_n$ 是正实数,证明:二次均值－算术平均值－几何平均值－调和平均值不等式(QM－AM－GM－HM)

$$\sqrt{\frac{x_1^2+x_2^2+\cdots+x_n^2}{n}} \geqslant \frac{x_1+x_2+\cdots+x_n}{n} \geqslant \sqrt[n]{x_1 x_2 \cdots x_n} \geqslant \frac{n}{\dfrac{1}{x_1}+\dfrac{1}{x_2}+\cdots+\dfrac{1}{x_n}}$$

证明 我们将不等式分为三个单独的组成部分,并分别进行证明.

首先,我们通过调整平方根内的表达式来证明 QM－AM 不等式,由 Titu 引理,有

$$\sqrt{\frac{x_1^2}{n}+\frac{x_2^2}{n}+\cdots+\frac{x_n^2}{n}} \geqslant \sqrt{\frac{(x_1+x_2+\cdots+x_n)^2}{n \cdot n}} = \frac{x_1+x_2+\cdots+x_n}{n}$$

我们已经证明了 AM－GM 不等式.对于 GM－HM 不等式,首先翻转双方,然后,注意到其结果就是对 $\dfrac{1}{x_1},\dfrac{1}{x_2},\cdots,\dfrac{1}{x_n}$ 应用 AM－GM 不等式.

2.求最小的实数 k,使得对所有正实数 x,y,z,下列不等式成立

$$\prod_{cyc}(2xy+yz+zx) \leqslant k(x+y+z)^6$$

解 我们推出 $k=\dfrac{64}{729}$.利用已知的不等式

$$3(xy+yz+zx) \leqslant (x+y+z)^2$$

由 AM－GM 不等式,有

$$\prod_{\text{cyc}}(2xy+yz+zx)\leqslant\left[\dfrac{\sum\limits_{\text{cyc}}(2xy+yz+zx)}{3}\right]^3=\left(\dfrac{4\sum\limits_{\text{cyc}}xy}{3}\right)^3$$

$$\leqslant\left[\dfrac{4\,(x+y+z)^2}{9}\right]^3=\dfrac{64}{729}\,(x+y+z)^6$$

这就证明了 $k\leqslant\dfrac{64}{729}$. 注意到,当 $x=y=z=1$ 时,这个值实际上是可达到的界限.

3. 设 a,b,c,d 是正实数,证明

$$\dfrac{a}{a+2b+c}+\dfrac{b}{b+2c+d}+\dfrac{c}{c+2d+a}+\dfrac{d}{d+2a+b}\geqslant1$$

证明　考虑到由于分数的和以及不等式的方向,我们希望能使用 Titu 引理. 为此,分式的分子和分母分别用 a,b,c 和 d 相乘,使分子形成完全平方的形式

$$\sum_{\text{cyc}}\dfrac{a^2}{a^2+2ab+ac}\geqslant\dfrac{(a+b+c+d)^2}{a^2+b^2+c^2+d^2+2ab+2bc+2cd+2da+2ac+2bd}$$

$$=\dfrac{(a+b+c+d)^2}{(a+b+c+d)^2}=1$$

4. 证明 Titu 扩展引理,设 $n,r\geqslant1$ 是正整数,$x_1,x_2,\cdots,x_n$ 和 $y_1,y_2,\cdots,y_n$ 是正实数,则

$$\dfrac{x_1^{r+1}}{y_1^r}+\dfrac{x_2^{r+1}}{y_2^r}+\cdots+\dfrac{x_n^{r+1}}{y_n^r}\geqslant\dfrac{(x_1+x_2+\cdots+x_n)^{r+1}}{(y_1+y_2+\cdots+y_n)^r}$$

证明　我们使用 Hölder 不等式来证明

$$(y_1+y_2+\cdots+y_n)^r\left(\dfrac{x_1^{r+1}}{y_1^r}+\dfrac{x_2^{r+1}}{y_2^r}+\cdots+\dfrac{x_n^{r+1}}{y_n^r}\right)\geqslant(x_1+x_2+\cdots+x_n)^{r+1}$$

两边同除以 $(y_1+y_2+\cdots+y_n)^r$,即得所证不等式.

5. 设 $P(x)$ 是一个多项式,满足当被 $x-3$ 除时,余数是 2,被 $x-5$ 除时,余数是 4. 求它被 $(x-3)(x-5)$ 除时的余数.

解　设 $P(x)=Q(x)(x-3)(x-5)+ax+b$,其中 a,b 是待定的实数. 由题设有 $P(3)=2,P(5)=4$(因为 $P(x)=Q_1(x)(x-3)+2,P(x)=Q_2(x)(x-5)+4$).

这样,得到方程组

$$\begin{cases}3a+b=2\\5a+b=4\end{cases}$$

解这个方程组,得 $(a,b)=(1,-1)$,所以,答案是 $x-1$.

6. 设 a,b,c 是实数,满足同时成立的关系式

$$\begin{cases}a^2+2=4b+c\\b^2+3=3c-a\\c^2+4=5a-2b\end{cases}$$

求 $2a + 3b + 4c$ 的值.

解 把所给的三个方程相加并配方,得

$$(a-2)^2 + (b-1)^2 + (c-2)^2 = 0$$

所以 $a=2, b=1, c=2$. 因此

$$2a + 3b + 4c = 15$$

7. 设 a, b, c 是正实数,证明

$$8\left(1 + \frac{a}{b}\right)\left(1 + \frac{b}{c}\right)\left(1 + \frac{c}{a}\right) - 7(a+b+c)\left(\frac{1}{a} + \frac{1}{b} + \frac{1}{c}\right) = 1$$

当且仅当 $a = b = c$.

证明 展开条件的左边,并设

$$\frac{a}{b} + \frac{a}{c} + \frac{b}{a} + \frac{b}{c} + \frac{c}{a} + \frac{c}{b} = S$$

则有

$$16 + 8S - 21 - 7S = 1$$

解得 $S = 6$. 我们来证明,$S = 6$ 当且仅当 $a = b = c$. 显然,当 $a = b = c$,易见 $S = 6$. 反之,如果 $S = 6$,那么由 AM − GM 不等式,可得 $S \geqslant 6$. 但是等号成立,就意味着 S 的所有单独分数必须相等(这是 AM − GM 不等式等号成立的情况).

因为它们的和是 6,所以每一项必定是 1,从而 $a = b = c$.

8. 设 a, b, c 是正实数,证明

$$\max\left(a + \frac{1}{b}, b + \frac{1}{c}, c + \frac{1}{a}\right) \geqslant 2$$

证明 对三个项 $a + \dfrac{1}{b}, b + \dfrac{1}{c}, c + \dfrac{1}{a}$ 的和,使用 AM − GM 不等式,有

$$\left(a + \frac{1}{b}\right) + \left(b + \frac{1}{c}\right) + \left(c + \frac{1}{a}\right) = a + b + c + \frac{1}{a} + \frac{1}{b} + \frac{1}{c} \geqslant 6$$

因为三项之和至少是 6,因此,三个项不可能都小于 2,所以,其中最大的一个必定至少是 2.

注 基于相同的方法,也可以利用三个项的乘积来代替三个项的和,同样可以达到目的. 这个作为练习留给读者.

9. 设 x, y, z 是正实数,证明

$$\frac{x^3}{yz} + \frac{y^3}{zx} + \frac{z^3}{xy} \geqslant x + y + z$$

证明(Canadian Math Olympiad) 应用 Hölder 不等式,有

$$(y + z + x)(z + x + y)\left(\frac{x^3}{yz} + \frac{y^3}{zx} + \frac{z^3}{xy}\right) \geqslant (x + y + z)^3$$

整理,即得所证不等式.

注　这个问题实际上等价于在"基础知识"部分证明的结果,即 $x^4 + y^4 + z^4 \geqslant xyz(x+y+z)$.

10. 设 a,b,c 是正实数,证明

$$\left(\frac{a}{b} + \frac{b}{c} + \frac{c}{a}\right)^2 \geqslant (a+b+c)\left(\frac{1}{a} + \frac{1}{b} + \frac{1}{c}\right)$$

证法 1　展开不等式的两边,如下

$$\frac{a^2}{b^2} + \frac{b^2}{c^2} + \frac{c^2}{a^2} + 2\left(\frac{a}{c} + \frac{b}{a} + \frac{c}{b}\right) \geqslant 3 + \frac{a}{b} + \frac{b}{c} + \frac{c}{a} + \frac{a}{c} + \frac{b}{a} + \frac{c}{b}$$

消去公共项,得

$$\frac{a^2}{b^2} + \frac{b^2}{c^2} + \frac{c^2}{a^2} + \frac{a}{c} + \frac{b}{a} + \frac{c}{b} \geqslant 3 + \frac{a}{b} + \frac{b}{c} + \frac{c}{a}$$

注意到,这只需要证明 $\dfrac{a^2}{b^2} + \dfrac{b}{a} \geqslant 1 + \dfrac{a}{b}$ 即可,因为可以生成另外两个关于变量 b,c 和 c,a 的类似的不等式,三个不等式相加,即得所证不等式. 不等式两边同乘以 ab^2,得

$$a^3 + b^3 \geqslant ab^2 + a^2 b$$

由排序不等式可知,这是成立的.

证法 2　对变换 $x = \dfrac{a}{b}, y = \dfrac{b}{c}, z = \dfrac{c}{a}$,使用 SQP 记号法,我们有代换

$$s = x + y + z = \frac{a}{b} + \frac{b}{c} + \frac{c}{a}$$

$$q = xy + yz + zx = \frac{a}{c} + \frac{b}{a} + \frac{c}{b}$$

则所证不等式等价于 $s^2 \geqslant 3 + q + s$(通过展开不等式的右边得到),即 $s^2 - s - 3 \geqslant q$. 因为 $s^2 \geqslant 3q$,所以,只需证明 $s^2 - s - 3 \geqslant \dfrac{s^2}{3}$,即 $2s^2 - 3s - 9 \geqslant 0$. 这可改写成 $(2s + 3)(s - 3) \geqslant 0$. 很显然,$2s + 3$ 是正的,因为 a,b,c 都是正数,所以,只需证明 $s - 3 \geqslant 0$. 由 AM－GM 不等式可知,这是成立的.

11. 求方程 $x^8 + y^8 - 2xy = 6(xy - 1)$ 的所有正实数解.

解　方程整理,得

$$x^8 + y^8 + 6 = 8xy$$

8 次与右边的系数 8 相结合,并且要求解必须是正实数,这就启发我们应用 AM－GM 不等式,如下

$$x^8 + y^8 + 1 + 1 + 1 + 1 + 1 + 1 \geqslant 8\sqrt[8]{(xy)^8} = 8xy$$

因此可见,给定的方程实际上是上述不等式的相等情况,所以,$x^8 = y^8 = 1$,这就是说,方程的解是

$$x = 1, y = 1$$

12. 设 a,b,c 是正实数,证明

$$\left(\frac{a}{a+2b}\right)^2 + \left(\frac{b}{b+2c}\right)^2 + \left(\frac{c}{c+2a}\right)^2 \geqslant \frac{1}{3}.$$

证明 乍一看,貌似 Titu 引理的一个极好的样本,然而,我们发现,直接使用 Titu 引理是不行的,它导致不等式

$$a^2 + b^2 + c^2 \leqslant ab + bc + ca$$

但这是不成立的.

相反的,我们使用已知不等式

$$3(x^2 + y^2 + z^2) \geqslant (x + y + z)^2$$

这是之前已经讨论过的,它是 Cauchy — Schwarz 不等式的一个特例. 因此

$$\left(\frac{a}{a+2b}\right)^2 + \left(\frac{b}{b+2c}\right)^2 + \left(\frac{c}{c+2a}\right)^2 \geqslant \frac{1}{3}\left(\frac{a}{a+2b} + \frac{b}{b+2c} + \frac{c}{c+2a}\right)^2$$

所以,只需证明

$$\frac{a}{a+2b} + \frac{b}{b+2c} + \frac{c}{c+2a} \geqslant 1$$

这是成立的,因为我们可以稍微改写一下这些分式,然后使用 Titu 引理

$$\frac{a^2}{a^2+2ab} + \frac{b^2}{b^2+2bc} + \frac{c^2}{c^2+2ca} \geqslant \frac{(a+b+c)^2}{a^2+b^2+c^2+2ab+2bc+2ca} = 1$$

13. 设正实数 a,b,c,d 满足 $a+b+c-d = a^2+b^2+c^2-d^2 = 1$. 证明

$$\frac{d}{a^2+d} + \frac{d}{b^2+d} + \frac{d}{c^2+d} \leqslant \frac{9}{4}$$

证明 首先,注意到

$$2(ab+bc+ca) = (a+b+c)^2 - (a^2+b^2+c^2) = (d+1)^2 - (d^2+1) = 2d$$

所以

$$d = ab + bc + ca$$

所证不等式几乎为 Titu 引理的使用做好了准备,但唯一的问题是不等式的方向. 这个问题很简单,因为分子中的 d 也在分母中出现,所以我们将不等式的两边同乘以 -1,然后将 1 加到每个分式(并将 3 加到右边),得

$$\frac{a^2}{a^2+d} + \frac{b^2}{b^2+d} + \frac{c^2}{c^2+d} \geqslant \frac{3}{4}$$

应用 Titu 引理,并把 $d = ab + bc + ca$ 代入其中,得

$$\frac{a^2}{a^2+d} + \frac{b^2}{b^2+d} + \frac{c^2}{c^2+d} \geqslant \frac{(a+b+c)^2}{a^2+b^2+c^2+3(ab+bc+ca)} \geqslant \frac{3}{4}$$

这最后一个不等式可以简化为

$$a^2 + b^2 + c^2 \geqslant ab + bc + ca$$

14. 求方程组 $x^3 - 3y = y^3 - 3z = z^3 - 3x = -2$ 的正实数解.

解法 1　将所有方程相加得

$$x^3 - 3y + y^3 - 3z + z^3 - 3x = -6$$

这可以改写成

$$(x^3 - 3x + 2) + (y^3 - 3y + 2) + (z^3 - 3z + 2) = 0$$

对左边的每一项进行因式分解,得

$$(x-1)^2(x+2) + (y-1)^2(y+2) + (z-1)^2(z+2) = 0$$

注意到,x,y,z 都是正数,从而 $x+2,y+2,z+2$ 也都是正数.这个等式成立的唯一方式就是

$$(x-1)^2 = (y-1)^2 = (z-1)^2 = 0$$

即 $(x,y,z) = (1,1,1)$.

解法 2　注意到,由 AM−GM 不等式,有

$$3y = x^3 + 2 = x^3 + 1 + 1 \geqslant 3x$$

所以 $y \geqslant x$.类似可证,$z \geqslant y, x \geqslant z$,从而 $x = y = z$.所以

$$x^3 - 3x + 2 = (x-1)^2(x+2) = 0$$

由于 x 是正数,因此 $x = y = z = 1$ 就是方程的解.

15.设 a,b,c 是正实数,证明

$$\frac{a^4 + 2a}{b^2} + \frac{b^4 + 2b}{c^2} + \frac{c^4 + 2c}{a^2} \geqslant 9$$

证明　我们希望不等式能齐次化,为此,应用 AM−GM 不等式,有

$$a^4 + 2a = a^4 + a + a \geqslant 3a^2$$

不等式两边同除以 3,则所证不等式变成

$$\frac{a^2}{b^2} + \frac{b^2}{c^2} + \frac{c^2}{a^2} \geqslant 3$$

这由 AM−GM 不等式可知是成立的.

16.证明:如果 $x-y$ 能整除对称多项式 $P(x,y)$,那么 $(x-y)^2$ 能整除它.

证明　设 $Q(x,y)$ 是多项式,满足 $(x-y)Q(x,y) = P(x,y)$,则

$$(x-y)Q(x,y) = P(x,y) = P(y,x) = (y-x)Q(y,x)$$

所以

$$Q(x,y) = -Q(y,x)$$

因此,$Q(x,x) = 0$.我们将 $Q(x,y)$ 看作变量 x 的一个多项式,其系数是 y 的多项式.

由于 $Q(y,y) = 0$,因此该多项式在 $x = y$ 时,等于零,因此,根据根因子定理,$x-y$ 是 $Q(x,y)$ 的一个因子.由此可见 $(x-y)^2$ 就是 $P(x,y)$ 的一个因子,证毕.

17.设 a,b,c 是正实数,满足 $abc = 1$.证明

$$\frac{1}{a^3(b+c)} + \frac{1}{b^3(c+a)} + \frac{1}{c^3(a+b)} \geqslant \frac{3}{2}$$

证明（IMO 1995） 设 $x = \dfrac{1}{a}, y = \dfrac{1}{b}, z = \dfrac{1}{c}$. 则不等式的左边的 LHS 是

$$\sum_{\text{cyc}} \frac{1}{\dfrac{1}{x^3}\left(\dfrac{1}{y} + \dfrac{1}{z}\right)} = \sum_{\text{cyc}} \frac{x^2}{y+z}$$

（由于 $xyz = 1$）使用 Titu 引理，有

$$\sum_{\text{cyc}} \frac{x^2}{y+z} \geqslant \frac{(x+y+z)^2}{2(x+y+z)} = \frac{x+y+z}{2}$$

因此，不等式等价于 $x + y + z \geqslant 3$，这由 AM $-$ GM 不等式即得

$$x + y + z \geqslant 3\sqrt[3]{xyz} = 3$$

18. 设 $a_1, a_2, a_3, \cdots$ 是算术序列，$g_1, g_2, g_3, \cdots$ 是几何序列，满足序列 $a_1 + g_1, a_2 + g_2$，$a_3 + g_3, \cdots$ 的前四项是 $0, 0, 1, 0$，按这个顺序，求 $a_{10} + g_{10}$ 的值.

解（HMMT） 设几何序列的前四项为 a, ar, ar^2, ar^3，则算术序列的前四项是 $-a$，$-ar, -ar^2 + 1, -ar^3$. 然而，如果前两项是 $-a$ 和 $-ar$，那么其公差必是 $a(1 - r)$，所以接下来的两项应该是 $a(1 - 2r)$ 和 $a(2 - 3r)$. 注意到，a 不能是零，否则将导致 $a_3 + g_3 = 0 + 0 = 0$，但它是 1. 所以，将 a_4 的两个表达式设置为相等并除以 a，我们得到 $-r^3 = 2 - 3r$，即 $r^3 - 3r + 2 = 0$. 这可以分解为 $(r - 1)^2(r + 2) = 0$，所以，$r = 1$ 或 $r = -2$. 然而，从算术序列来看，$r = 1$ 显然是不可能的，所以必有 $r = -2$. 最后，我们考虑 a_3，它给出了

$$a(1 - 2r) = -ar^2 + 1$$

将 $r = -2$ 代入，得到 $a = \dfrac{1}{9}$. 所以

$$a_n = (3n - 4)a, \quad g_n = (-2)^{n-1}a$$

令 $n = 10$，得到

$$a_{10} + g_{10} = (26 - 512)a = -486a = -54$$

19. 设 a, b, c 是正实数，证明

$$(a^5 - a^2 + 3)(b^5 - b^2 + 3)(c^5 - c^2 + 3) \geqslant (a + b + c)^3$$

证明（USAMO 2004） 注意到，由 Hölder 不等式，有

$$(a^3 + 1 + 1)(1 + b^3 + 1)(1 + 1 + c^3) \geqslant (a + b + c)^3$$

我们看到，LHS 与原不等式是不一样的，为解决这个问题，我们来证明

$$a^5 - a^2 + 3 \geqslant a^3 + 2$$

这可以简化为

$$a^5 - a^3 - a^2 + 1 \geqslant 0$$

多项式因式分解为

$$(a - 1)^2(a + 1)(a^2 + a + 1)$$

这显然是非负的.

20.假设多项式$(2x^2-5x+3)(3x-4)(2x+7)$展开之后,表示为$Ax^4+Bx^3+Cx^2+Dx+E$,其中A,B,C,D,E是常数,求$65A+19B+5C+D$的值.

解   我们可以展开多项式,记为$P(x)$,以找到A,B,C,D,E的实际值,但这需要一段时间,并且很容易出现计算错误,相反的,我们仔细看看数字$65,19,5,1$,某些验证表明,这些值确实是$3^4-2^4,3^3-2^3,3^2-2^2,3-2$,所以

$$65A+19B+5C+D=P(3)-P(2)=6\cdot5\cdot13-1\cdot2\cdot11=368$$

21.设a,b,c是正实数,证明

$$\frac{1}{ab+bc+ca}\geqslant3\left(\frac{2}{a+b+c}-1\right)$$

证明   我们将使用 SQP 方法来证明这个问题.不等式等价于

$$\frac{1}{q}\geqslant3\left(\frac{2}{s}-1\right)$$

由 SQP 第一个基本不等式,得$\frac{1}{q}\geqslant\frac{3}{s^2}$.所以,只需证明

$$\frac{3}{s^2}\geqslant3\left(\frac{2}{s}-1\right)$$

化简为

$$s^2-2s+1\geqslant0$$

这显然成立.

22.设a,b,c是正实数,证明

$$\frac{a^2-b^2}{2a^2+1}+\frac{b^2-c^2}{2b^2+1}+\frac{c^2-a^2}{2c^2+1}\leqslant0$$

证法 1   注意到,所证不等式可以改写成

$$\frac{(2a^2+1)-(2b^2+1)}{2a^2+1}+\frac{(2b^2+1)-(2c^2+1)}{2b^2+1}+\frac{(2c^2+1)-(2a^2+1)}{2c^2+1}\leqslant0$$

设$x=2a^2+1,y=2b^2+1,z=2c^2+1$,则上述不等式变成

$$\frac{x-y}{x}+\frac{y-z}{y}+\frac{z-x}{z}\leqslant0$$

整理得

$$\frac{y}{x}+\frac{z}{y}+\frac{x}{z}\geqslant3$$

由 AM−GM 不等式可知,这是成立的.

证法 2   注意到序列(a^2,b^2,c^2)和$(2a^2+1,2b^2+1,2c^2+1)$具有相同的排列顺序,由排序不等式,有

$$\frac{a^2}{2a^2+1}+\frac{b^2}{2b^2+1}+\frac{c^2}{2c^2+1}\leqslant\frac{b^2}{2a^2+1}+\frac{c^2}{2b^2+1}+\frac{a^2}{2c^2+1}$$

将分母相同的分式结合在一起,就给出了所证的不等式.

23.设 a,b 是正实数,满足 $a+b=1$,证明

$$\frac{a^2}{a+1}+\frac{b^2}{b+1}\geqslant\frac{1}{3}$$

证法 1(Hungary)　应用题设条件将不等式齐次化.余下的只需证明

$$\frac{a^2}{a+(a+b)}+\frac{b^2}{b+(a+b)}\geqslant\frac{1}{3}(a+b)$$

去分母,得

$$3a^2(a+2b)+3b^2(2a+b)\geqslant(a+2b)(2a+b)(a+b)$$

即

$$3a^3+3b^3+6a^2b+6ab^2\geqslant2a^3+2b^3+7a^2b+7ab^2$$

化简得

$$a^3+b^3\geqslant a^2b+ab^2$$

这实际上是成立的,因为

$$a^3-a^2b-ab^2+b^3=(a+b)(a-b)^2\geqslant0$$

证法 2　既然左边的两个项都只涉及一个变量,这就启发我们来尝试构造的技巧.首先注意到,所证不等式等号成立的条件是 $a=b=\frac{1}{2}$.考虑第一个分式 $\frac{a^2}{a+1}$.我们证明它至少是 $pa+q$(其中 p,q 是待定常数),交叉相乘,得

$$a^2\geqslant(a+1)(pa+q)=pa^2+(p+q)a+q\Leftrightarrow(1-p)a^2-(p+q)a-q\geqslant0$$

我们希望当 $a=\frac{1}{2}$ 时,等号成立,所以理想情况下,这个二次方程应该等价于

$$(2a-1)^2=4a^2-4a+1$$

所以,我们设

$$\begin{cases}1-p=4(-q)\\p+q=4(-q)\end{cases}$$

解得

$$\begin{cases}p=\dfrac{5}{9}\\q=-\dfrac{1}{9}\end{cases}$$

因此,我们有

$$\frac{a^2}{a+1}+\frac{b^2}{b+1}\geqslant\frac{5}{9}a-\frac{1}{9}+\frac{5}{9}b-\frac{1}{9}=\frac{5}{9}-\frac{2}{9}=\frac{1}{3}$$

24.求方程组 $(xy-1)^2+\left(\dfrac{x}{y}\right)^2=(yz-1)^2+\left(\dfrac{y}{z}\right)^2=(zx-1)^2+\left(\dfrac{z}{x}\right)^2=1$ 的非

零实数解.

解法 1　从原始方程中,我们不能推断出关于 x,y,z 的很多信息.受整个问题中存在的平方项的启发,我们将尝试构建平方和为 0 的表达式.展开并调整项因子之后,将方程式改写为

$$\begin{cases} x^2\left(y^2-2+\dfrac{1}{y^2}\right)+2x^2-2xy=0 \\[2mm] y^2\left(z^2-2+\dfrac{1}{z^2}\right)+2y^2-2yz=0 \\[2mm] z^2\left(x^2-2+\dfrac{1}{x^2}\right)+2z^2-2zx=0 \end{cases}$$

将这些方程相加,有

$$\sum_{\text{cyc}} x^2\left(y-\frac{1}{y}\right)^2+\sum_{\text{cyc}}(x-y)^2=0$$

因此可见

$$x-\frac{1}{x}=y-\frac{1}{y}=z-\frac{1}{z}=x-y=y-z=z-x=0$$

所以,得到的解是 $(x,y,z)=(1,1,1),(-1,-1,-1)$.

解法 2　关系式 $(xy-1)^2+\left(\dfrac{x}{y}\right)^2=1$ 展开之后等价于

$$2xy=x^2y^2+\frac{x^2}{y^2}=x^2\left(y^2+\frac{1}{y^2}\right)\geqslant 2x^2$$

类似可得,$2yz\geqslant 2y^2,2zx\geqslant 2z^2$.这些不等式相加,并除以 2,得

$$xy+yz+zx\geqslant x^2+y^2+z^2$$

因此必有 $x=y=z$.代回原方程得到

$$(x^2-1)^2=0$$

所以 $x=y=z=\pm 1$.

25.设 a,b,c 是方程 $x^3-9x^2+11x-1=0$ 的根,又设 $s=\sqrt{a}+\sqrt{b}+\sqrt{c}$.求 s^4-18s^2-8s 的值.

解(HMMT)　注意到,当 $x\leqslant 0$ 时,方程左边是负值,所以方程的根必定是正数.另外,由 Vieta 公式,有

$$a+b+c=9,ab+bc+ca=11,abc=1$$

我们尝试计算 s^2,即

$$s^2=(\sqrt{a}+\sqrt{b}+\sqrt{c})^2=a+b+c+2(\sqrt{ab}+\sqrt{bc}+\sqrt{ca})$$
$$=9+2(\sqrt{ab}+\sqrt{bc}+\sqrt{ca})$$

现在,我们再来对 $s^2-9=2(\sqrt{ab}+\sqrt{bc}+\sqrt{ca})$ 两边平方,得

$$(s^2 - 9)^2 = s^4 - 18s + 81 = 4(ab + bc + ca) + 8\sqrt{abc}(\sqrt{a} + \sqrt{b} + \sqrt{c}) = 44 + 8s$$

所以

$$s^4 - 18s^2 - 8s = 44 - 81 = -37$$

26. 设 a, b, c, d, e 是实数, 满足 $\sin a + \sin b + \sin c + \sin d + \sin e \geqslant 3$. 求证

$$\cos a + \cos b + \cos c + \cos d + \cos e \leqslant 4$$

证明 由 Cauchy－Schwarz 不等式, 有

$$(3\sin x + 4\cos x)^2 \leqslant (3^2 + 4^2)(\sin^2 x + \cos^2 x) = 25$$

所以, 对所有实数 x, 有

$$4\cos x \leqslant 5 - 3\sin x$$

因此可见

$$4(\cos a + \cos b + \cos c + \cos d + \cos e)$$
$$\leqslant 25 - 3(\sin a + \sin b + \sin c + \sin d + \sin e)$$
$$\leqslant 25 - 9 = 16$$

不等式得证.

27. 设 a, b, c 是大于或等于 1 的实数, 证明

$$\frac{a^3}{b^2 - b + \frac{1}{3}} + \frac{b^3}{c^2 - c + \frac{1}{3}} + \frac{c^3}{a^2 - a + \frac{1}{3}} \geqslant 9$$

证明 为了简化分式的分母, 我们考虑方程

$$3b^2 - 3b + 1 = b^3 - (b-1)^3 \Rightarrow 3b^2 - 3b + 1 \leqslant b^3$$

类似可得另外两个不等式.

利用这些不等式, 余下的只需证明

$$\frac{3a^3}{b^3} + \frac{3b^3}{c^3} + \frac{3c^3}{a^3} \geqslant 3^2$$

由 AM－GM 不等式可知, 这是成立的.

28. 设 a, b, c 是非负实数, 证明

$$abc + \sqrt{(a^2 + 1)(b^2 + 1)(c^2 + 1)} = a + b + c$$

当且仅当 $ab + bc + ca = 1$.

证明 首先关注的是条件中的平方根, 我们唯一能够简化它的方法是以某种方式使用第二个条件或找到另一种方便的表达式. 为了做到这一点, 必须展开表达式, 我们看到 $a^2 + 1$ 可以改写为 $a^2 + ab + bc + ca$, 这可以分解为 $(a+b)(a+c)$, 现在我们看到清除平方根的明确方法

$$(a^2 + 1)(b^2 + 1)(c^2 + 1) = (a^2 + ab + bc + ca)(b^2 + ab + bc + ca)(c^2 + ab + bc + ca)$$
$$= (a+b)(a+c)(b+c)(b+a)(c+a)(c+b)$$

$$= (a+b)^2 (b+c)^2 (c+a)^2$$

这样一来, 有

$$abc + \sqrt{(a^2+1)(b^2+1)(c^2+1)} = abc + (a+b)(b+c)(c+a)$$
$$= (a+b+c)(ab+bc+ca) = a+b+c$$

现在考虑另一个方向, 如果

$$abc + \sqrt{(a^2+1)(b^2+1)(c^2+1)} = a+b+c$$

则

$$(a^2+1)(b^2+1)(c^2+1) = (a+b+c-abc)^2$$

展开并合并同类项, 则方程变成

$$a^2b^2 + b^2c^2 + c^2a^2 + 2a^2bc + 2ab^2c + 2abc^2 - 2ab - 2bc - 2ca + 1 = 0$$

即

$$(ab+bc+ca-1)^2 = 0$$

由题设条件可知, 这是成立的.

注　我们也可以两次应用恒等式

$$(a^2+b^2)(p^2+q^2) = (ap+bq)^2 + (aq-bp)^2$$

得

$$(a^2+1)(b^2+1)(c^2+1) = (abc-a-b-c)^2 + (ab+bc+ca-1)^2$$

在给定的条件下, 这是成立的.

29. 设 $P(x)$ 具有非负系数的首一多项式, 其常数项是 1, 且有 n 个实数根, 其中 $n = \deg P$. 求证 $P(2) \geqslant 3^n$.

证法 1　注意到, 对于 $x \geqslant 0$, $P(x)$ 至少为 1, 因为所有系数都是非负的, 且常数项为 1. 所以, 所有的根都必定是负的, 因此, 我们可以把 $P(x)$ 写成如下形式

$$P(x) = (x+r_1)(x+r_2)\cdots(x+r_n)$$

其中 $r_1, r_2, \cdots, r_n$ 是正实数. 所以

$$P(2) = (2+r_1)(2+r_2)\cdots(2+r_n)$$

由 Vieta 公式可知, $r_1 r_2 \cdots r_n = 1$, 使用 AM−GM 不等式, 有

$$2 + r_i = 1 + 1 + r_i \geqslant 3\sqrt[3]{r_i}$$

这样一来, 有

$$P(2) \geqslant (3\sqrt[3]{r_1})(3\sqrt[3]{r_2})\cdots(3\sqrt[3]{r_n}) = 3^n \sqrt[3]{r_1 r_2 \cdots r_n} = 3^n$$

证法 2　我们以同样的方式开始, 然后用 Hölder 不等式证明 $P(2) \geqslant 3^n$, 即

$$P(2) = (1+1+r_1)(1+1+r_2)\cdots(1+1+r_n) \geqslant \left(\sqrt[n]{1} + \sqrt[n]{1} + \sqrt[n]{r_1 r_2 \cdots r_n}\right)^n = 3^n$$

30. 求出所有的实数对, 使得它们的平方和等于 7, 它们的立方和等于 10.

解　设 $s = x+y$, $p = xy$, 其中 x, y 是两个实数, 则

$$x^2 + y^2 = s^2 - 2p, x^3 + y^3 = s^3 - 3sp$$

我们得到如下方程组

$$\begin{cases} s^2 - 2p = 7 \\ s^3 - 3sp = 10 \end{cases}$$

消去 p,得

$$s^3 - 21s + 20 = 0$$

注意到 $s = 1$ 是一个根. 用 $s - 1$ 除以方程左边,得二次方程 $s^2 + s - 20 = 0$,它有根 $4, -5$.

这样,得到三个解 $s = 1, 4, -5$. 则相应的 $p = \dfrac{s^2 - 7}{2} = -3, \dfrac{9}{2}, 9$. 为了从 s, p 求出 x,

y,我们只需找到二次方程 $x^2 - sx + p = 0$ 的两个根,即 $\dfrac{s \pm \sqrt{s^2 - 4p}}{2}$,得

$$x^2 - x - 3 \Rightarrow (x, y) = \left(\frac{1 + \sqrt{13}}{2}, \frac{1 - \sqrt{13}}{2} \right), \left(\frac{1 - \sqrt{13}}{2}, \frac{1 + \sqrt{13}}{2} \right)$$

$$x^2 - 4x + \frac{9}{2} \Rightarrow 对于 (x, y) 没有实数根$$

$$x^2 + 5x + 9 \Rightarrow 对于 (x, y) 没有实数根$$

所以,所求的解为 $\left(\dfrac{1 + \sqrt{13}}{2}, \dfrac{1 - \sqrt{13}}{2} \right), \left(\dfrac{1 - \sqrt{13}}{2}, \dfrac{1 + \sqrt{13}}{2} \right)$.

31. 设 a, b 是实数,满足 $3 \leqslant a^2 + ab + b^2 \leqslant 6$. 证明
$$2 \leqslant a^4 + b^4 \leqslant 72$$

证明 我们把问题分成两部分,第一部分是,如果 $a^2 + ab + b^2 \leqslant 6$,则 $a^4 + b^4 \leqslant 72$,
即

$$a^2 + ab + b^2 \leqslant 6$$
$$a^2 + b^2 \leqslant 6 - ab$$
$$a^4 + 2a^2 b^2 + b^4 \leqslant 36 - 12ab + a^2 b^2$$
$$a^4 + b^4 \leqslant 36 - 12ab - a^2 b^2$$
$$a^4 + b^4 \leqslant 72 - (ab + 6)^2 \leqslant 72$$

第二部分是,如果 $a^2 + ab + b^2 \geqslant 3$,则 $a^4 + b^4 \geqslant 2$. 我们将通过证明
$$2 (a^2 + ab + b^2)^2 \leqslant 9(a^4 + b^4)$$

来实现,即

$$2 (a^2 + ab + b^2)^2 \leqslant 2 \left(a^2 + \frac{a^2 + b^2}{2} + b^2 \right)^2 \leqslant \frac{9}{2} (a^2 + b^2)^2 \leqslant 9(a^4 + b^4)$$

这最后一步是由 Cauchy $-$ Schwarz 不等式得到的.

32. 设 $a, b, c > 0$. 证明
$$\frac{1}{a(b+c)} + \frac{1}{b(c+a)} + \frac{1}{c(a+b)} \leqslant \frac{a+b+c}{2abc}$$

证明　注意到,不等式的右边是 $\frac{1}{2}\left(\frac{1}{ab}+\frac{1}{bc}+\frac{1}{ca}\right)$.这就启发我们做代换 $x=bc$,$y=ca$,$z=ab$.则不等式变成

$$\frac{1}{x+y}+\frac{1}{y+z}+\frac{1}{z+x}\leqslant\frac{1}{2}\left(\frac{1}{x}+\frac{1}{y}+\frac{1}{z}\right)$$

所以,只需证明

$$\frac{1}{x}+\frac{1}{y}\geqslant\frac{4}{x+y}$$

由 Titu 引理,这是显然成立的.

33.设 $0=a_0<a_1<\cdots<a_n<a_{n+1}=1$,满足 $a_1+a_2+\cdots+a_n=1$.证明

$$\frac{a_1}{a_2-a_0}+\frac{a_2}{a_3-a_1}+\cdots+\frac{a_n}{a_{n+1}-a_{n-1}}\geqslant\frac{1}{a_n}$$

证明　为了使用 Titu 引理,我们把不等式左边的每一个分式的分子,改写成平方形式,即

$$\frac{a_1^2}{a_2a_1-a_0a_1}+\frac{a_2^2}{a_3a_2-a_1a_2}+\cdots+\frac{a_n^2}{a_{n+1}a_n-a_{n-1}a_n}$$

$$\geqslant\frac{(a_1+a_2+\cdots+a_n)^2}{a_2a_1-a_0a_1+a_3a_2-a_1a_2+\cdots+a_{n+1}a_n-a_{n-1}a_n}$$

注意到

$$\mathrm{RHS}=\frac{(a_1+a_2+\cdots+a_n)^2}{a_{n+1}a_n}=\frac{1}{a_n}$$

证明完成.

34.证明:多项式 $(1+x+\cdots+x^n)^2-x^n$(其中 $n>1$ 是正整数)是两个多项式的乘积.

证明　因为 $(x-1)(1+x+\cdots+x^n)=x^{n+1}-1$,所以

$$(1+x+\cdots+x^n)^2-x^n=\left(\frac{x^{n+1}-1}{x-1}\right)^2-x^n$$

$$=\frac{x^{2n+2}-2x^{n+1}+1}{x^2-2x+1}-x^n$$

$$=\frac{x^{2n+2}-x^{n+2}-x^n+1}{x^2-2x+1}$$

$$=\frac{(x^{n+2}-1)(x^n-1)}{(x-1)^2}$$

$$=(1+x+\cdots+x^{n-1})(1+x+\cdots+x^{n+1})$$

证毕.

35.设 x,y 是方程组

$$\begin{cases} (x-1)^2(y+1)^2 - x^2 - y^2 + 2x - 2y = 2\ 017 \\ 2x^2 - 4x + 4 = 2y^4 + 8y^3 + 24y^2 + 32y + 16 \end{cases}$$

的解,求 $x+y$ 的所有可能值的和.

解 这些方程的形式启发我们尝试因式分解. 第一个方程可以写成

$$(x-1)^2(y+1)^2 - x^2 + 2x - 1 - y^2 - 2y - 1 + 1 = 2\ 016$$

即

$$(x-1)^2(y+1)^2 - (x-1)^2 - (y+1)^2 + 1$$
$$= [(x-1)^2 - 1][(y+1)^2 - 1] = 2\ 016$$

我们可以进一步使用平方差公式进行因式分解,得

$$x(x-2)y(y+2) = 2\ 016$$

查看第二个方程,很快就会看到它可以写成

$$x^2 + (x-2)^2 = y^4 + (y+2)^4$$

观察到,如果 (x,y) 是一组解,那么 $(2-x,y)$ 也是一组解. 这是因为

$$(2-x)[(2-x)-2] = (2-x)(-x) = x(x-2)$$

以及

$$(2-x)^2 + [(2-x)-2]^2 = x^2 + (x-2)^2$$

类似的,如果 (x,y) 是一组解,那么 $(x,-y-2)$ 也是一组解. 综合起来,我们看到,如果 (x,y) 是一个解,那么 $(2-x,y)$,$(2-x,-y-2)$ 和 $(x,-y-2)$ 也必是解. 所有四个都必须产生不同的 $x+y$ 值,如果不然,将产生矛盾. 因此,可以将所有可能的解 (x,y) 分成四个解族. 此外,每个族中 $x+y$ 的可能值之和为

$$x+y+(2-x)+y+(2-x)+(-y-2)+x+(-y-2) = 0$$

因此,$x+y$ 的所有可能值的总和也只能是零.

36. 求出所有多项式 $P(x)$ 满足函数方程 $(x+1)P(x) = (x-10)P(x+1)$.

解 由方程立即可以看出 $P(x)$ 能够被 $(x-10)$ 整除,也能看出 $P(x+1)$ 能够被 $(x+1)$ 整除,即 $P(x)$ 能够被 x 整除,这样,我们可以设 $P(x) = x(x-10)P_1(x)$,其中 $P_1(x)$ 是某个多项式. 将其代入到原方程中,得

$$(x+1)x(x-10)P_1(x) = (x-10)(x+1)(x-9)P_1(x+1)$$

化简得

$$xP_1(x) = (x-9)P_1(x+1)$$

基于同样的理由,多项式 $P_1(x)$ 能够被 $(x-9)$ 整除,因此,设 $P_1(x) = (x-1)(x-9)P_2(x)$. 如此继续下去,得

$$P(x) = x(x-1)(x-2)\cdots(x-10)Q(x)$$

其中 $Q(x)$ 是满足 $Q(x) = Q(x+1)$ 的多项式. 可见 $Q(x)$ 是一个常数,函数方程的解是所有形式为 $P(x) = ax(x-1)(x-2)\cdots(x-10)$ 的多项式,其中 a 是常数.

37. 设 a,b,c 是正实数,证明

$$\frac{a^4}{(a+b)(a^2+b^2)}+\frac{b^4}{(b+c)(b^2+c^2)}+\frac{c^4}{(c+a)(c^2+a^2)}\geqslant\frac{a+b+c}{4}$$

证明　在这个证法中,我们使用了一种类似于齐次化的技巧.不等式已经是齐次的,但它不是完全对称的,只是循环对称的,注意到它的对称性

$$\sum_{cyc}\frac{a^4}{(a+b)(a^2+b^2)}=\sum_{cyc}\frac{b^4}{(a+b)(a^2+b^2)}$$

(这是因为 $\displaystyle\sum_{cyc}\frac{a^4-b^4}{(a+b)(a^2+b^2)}=\sum_{cyc}(a-b)=0$).

这样,所证不等式等价于

$$\sum_{cyc}\frac{b^4}{(a+b)(a^2+b^2)}\geqslant\frac{a+b+c}{4}$$

所以,只需证明

$$\frac{1}{2}\sum_{cyc}\frac{a^4+b^4}{(a+b)(a^2+b^2)}\geqslant\frac{a+b+c}{4}$$

然而,由于

$$2(a^4+b^4)\geqslant(a^2+b^2)^2,2(a^2+b^2)^2\geqslant(a+b)^2$$

所以

$$a^4+b^4\geqslant\frac{1}{4}(a^2+b^2)(a+b)^2$$

因此

$$\frac{1}{2}\sum_{cyc}\frac{a^4+b^4}{(a+b)(a^2+b^2)}\geqslant\frac{1}{2}\sum_{cyc}\frac{1}{4}(a+b)=\frac{a+b+c}{4}$$

不等式得证.

38. 求下列方程组的所有实数解

$$\begin{cases}a^2=b+2\\b^2=c+2\\c^2=a+2\end{cases}$$

解　首先我们证明 a,b,c 的取值范围为从 -2 到 2 的区间.为此,若不然,设 $a<-2$,则 $c^2=a+2<0$,矛盾.如果 $a>2$,那么

$$a^2-a-2=(a-2)(a+1)>0$$

所以

$$b+2=a^2>a+2$$

这就是说,$b>a$.同理可得,$c>b,a>c$,所以,$a>c>b>a$,矛盾.

做代换 $(a,b,c)=(2\cos x,2\cos y,2\cos z)$,则方程组变成

$$\begin{cases} 4\cos^2 x = 2\cos y + 2 \\ 4\cos^2 y = 2\cos z + 2 \\ 4\cos^2 z = 2\cos x + 2 \end{cases}$$

每一个方程两边约去 2,之后使用倍角公式,即 $2\cos^2 x - 1 = \cos 2x$,则方程组转化为

$$\begin{cases} \cos 2x = \cos y \\ \cos 2y = \cos z \\ \cos 2z = \cos x \end{cases}$$

因此,我们有 $\cos x = \cos 8x$,从而 $7x$ 或 $9x$ 必有一个是 2 的倍数.因此,方程组的解由下式给出

$$(a,b,c) = \left(2\cos\frac{2m\pi}{7}, 2\cos\frac{4m\pi}{7}, 2\cos\frac{8m\pi}{7}\right)$$

以及

$$(a,b,c) = \left(2\cos\frac{2m\pi}{9}, 2\cos\frac{4m\pi}{9}, 2\cos\frac{8m\pi}{9}\right)$$

据此和余弦函数的基本性质,我们看到有 8 个解:(a,b,c) 可以是 $(-1,-1,-1)$,$(2,2,2)$,以及下面两个解的轮换

$$\left(2\cos\frac{\pi}{7}, 2\cos\frac{2\pi}{7}, 2\cos\frac{4\pi}{7}\right), \left(2\cos\frac{\pi}{9}, 2\cos\frac{2\pi}{9}, 2\cos\frac{4\pi}{9}\right)$$

39.求出最大可能的实数值 M,使得对满足 $x+y+z=1$ 的所有实数 x,y,z,下列不等式成立

$$\sqrt{9x^2+16y^2} + \sqrt{9y^2+16z^2} + \sqrt{9z^2+16x^2} \geqslant M$$

解 因为不等式是对称的,所以,我们推测答案是当 $x=y=z=\dfrac{1}{3}$ 时,并且把它代入不等式得到 $M=5$.下面,我们来证明

$$\sqrt{9x^2+16y^2} + \sqrt{9y^2+16z^2} + \sqrt{9z^2+16x^2} \geqslant 5$$

注意到,$9+16=25=5^2$,所以,使用 Cauchy — Schwarz 不等式,有

$$(9+16)(9x^2+16y^2) \geqslant (9x+16y)^2 \Leftrightarrow \sqrt{9x^2+16y^2} \geqslant \frac{9x+16y}{5}$$

因此

$$\sqrt{9x^2+16y^2} + \sqrt{9y^2+16z^2} + \sqrt{9z^2+16x^2}$$
$$\geqslant \frac{9x+16y}{5} + \frac{9y+16z}{5} + \frac{9z+16x}{5} = 5$$

所以,答案是 $M=5$.

40.设 a,b,c 是正实数,证明

$$\frac{ab(2a+b)}{(a+b)^2} + \frac{bc(2b+c)}{(b+c)^2} + \frac{ca(2c+a)}{(c+a)^2} \leqslant \frac{3}{4}(a+b+c)$$

证法 1　我们来考察第一个分式, 注意到
$$b(2a+b)=2ab+b^2=a^2+2ab+b^2-a^2=(a+b)^2-a^2$$
所以, 第一个分式可以写成
$$\frac{a\ (a+b)^2-a^3}{(a+b)^2}=a-\frac{a^3}{(a+b)^2}$$
对其他部分进行类似的简化, 将所证的不等式转化为
$$a+b+c-\frac{a^3}{(a+b)^2}-\frac{b^3}{(b+c)^2}-\frac{c^3}{(c+a)^2}\leqslant\frac{3}{4}(a+b+c)$$
这可以改写成
$$\frac{a^3}{(a+b)^2}+\frac{b^3}{(b+c)^2}+\frac{c^3}{(c+a)^2}\geqslant\frac{a+b+c}{4}$$

请注意, 由 Titu 扩展引理可知, 这是成立的, 不等式得证.

证法 2　注意到, 由于 $(a+b)^2\geqslant 4ab$, 所以, 有
$$\frac{ab(2a+b)}{(a+b)^2}\leqslant\frac{1}{4}(2a+b)$$
把这与另外两个关于 b,c 和 c,a 的类似不等式相加, 即得所证不等式.

41. 求方程 $\sqrt[4]{97-x}+\sqrt[4]{x}=5$ 的所有实数解.

解　设 $y=\sqrt[4]{97-x}$, $z=\sqrt[4]{x}$. 则
$$\begin{cases}y+z=5\\y^4+z^4=97\end{cases}$$
又设 $s=y+z$, $p=yz$ (类似于 SQP 代换, 但只有两个变量), 则有 $s=5$, 以及
$$y^4+z^4=(y^2+z^2)^2-2\ (yz)^2=[(y+z)^2-2yz]^2-2p^2$$
$$=(s^2-2p)^2-2p^2=s^4-4s^2p+2p^2$$

这个关于 p 的二次方程的解有两个: 6 和 44. 由 $(s,p)=(5,6)$ 得到 $(y,z)=(2,3)$ 或 $(3,2)$, 在这种情况下, $x=81$ 或 16; 由 $(s,p)=(5,44)$ 产生 (y,z) 的复数解, 此时方程没有实数解. 最后, 得到方程的实数解只有 $x=81$ 或 16.

42. 求方程 $x(x+1)(x+2)(x+3)=24$ 的所有实数解.

解　方程可以改写成
$$(x^2+3x)(x^2+3x+2)=24$$
做代换 $y=x^2+3x$, 得到方程
$$y^2+2y=24$$
解得 $y=4$ 和 $y=-6$. 下面解关于 x 的两个方程
$$x^2+3x=4\Rightarrow x=1,-4$$
$$x^2+3x=-6\Rightarrow 没有实数解$$

所以,原方程的解是 $x = 1, -4$.

43. 给定 $a, b, c > 0$,证明 $a^a b^b c^c \geqslant (abc)^{\frac{a+b+c}{3}}$.

证法 1(USAMO 1974)　使用排序法.不失一般性,假设 $a \geqslant b \geqslant c, k = \dfrac{a+b+c}{3}$. 我们考虑两种情况:$a \geqslant b \geqslant k \geqslant c$ 或 $a \geqslant k \geqslant b \geqslant c$.

在第一种情况中,不等式可以写成如下形式

$$a^{a-k} = a^{k-b} a^{k-c} \geqslant b^{k-b} c^{k-c}$$

由假设条件,这显然成立.在第二种情况中,不等式可以写成如下形式

$$a^{a-k} b^{b-k} \geqslant c^{k-c} = c^{a-k} c^{b-k}$$

由假设条件,这显然成立.

证法 2　不等式两边取对数,我们来证明

$$a\log a + b\log b + c\log c \geqslant \frac{1}{3}(a+b+c)(\log a + \log b + \log c)$$

由于序列 (a, b, c) 和 $(\log a, \log b, \log c)$ 有相同的排列次序,所以由 Chebyshev 不等式可知,上述不等式是成立的.

44. 设 a, b, c 是正实数,满足 $ab + bc + ca = 1$,证明

$$a\sqrt{b^2 + 8c^2} + b\sqrt{c^2 + 8a^2} + c\sqrt{a^2 + 8b^2} \geqslant 3$$

证明　由 Titu 引理,有

$$b^2 + 8c^2 = \frac{b^2}{1} + \frac{c^2}{1} + \frac{c^2}{1} + \cdots + \frac{c^2}{1} \geqslant \frac{(b + 8c)^2}{9}$$

这样一来,只需证明

$$a\left(\frac{b + 8c}{3}\right) + b\left(\frac{c + 8a}{3}\right) + c\left(\frac{a + 8b}{3}\right) \geqslant 3$$

上述不等式的左边刚好等于 $3(ab + bc + ca)$,从而,不等式得证.

45. 设 r_1, r_2, r_3, r_4 是多项式 $P(x) = 9x^4 - 3x^3 - 101x^2 + 195x - 100$ 的根,计算

$$(r_1 + r_2 + r_3)(r_1 + r_2 + r_4)(r_1 + r_3 + r_4)(r_2 + r_3 + r_4)$$

解　一个明显可能的方法是简化方程求出四个根,并代入表达式计算,但这很麻烦,甚至我们连这个四次方程是否具有有理根都不知道.稍微好一点的方法是展开要计算的表达式,因为它是对称的,所以可以使用 Vieta 公式来计算结果,但这也很麻烦,很容易导致计算错误,所以需要我们寻找另外的方法.由 Vieta 公式,我们知道四个根的和为 $\dfrac{1}{3}$.所以,所求的表达式可以写成

$$\left(\frac{1}{3} - r_4\right)\left(\frac{1}{3} - r_3\right)\left(\frac{1}{3} - r_2\right)\left(\frac{1}{3} - r_1\right)$$

这可以简化为

$$\frac{1}{9}P\left(\frac{1}{3}\right)=-\frac{416}{81}$$

46. 设 a,b,c 是正实数,满足 $a+b+c=1$.求下列表达式的最小可能值

$$2\left(\frac{a}{1-a}+\frac{b}{1-b}+\frac{c}{1-c}\right)+9(ab+bc+ca)$$

解　表达式中的分式齐次化之后,变成如下形式

$$2\left(\frac{a}{b+c}+\frac{b}{c+a}+\frac{c}{a+b}\right)+9(ab+bc+ca)$$

再一次变形,使分式的分子变为一完全平方,即

$$2\left(\frac{a^2}{ab+ac}+\frac{b^2}{bc+ba}+\frac{c^2}{ca+cb}\right)+9(ab+bc+ca)$$

我们在括号中的表达式上使用 Titu 引理并得到一个下界

$$2\left(\frac{(a+b+c)^2}{2(ab+bc+ca)}\right)+9(ab+bc+ca)$$

整理得

$$\frac{1}{ab+bc+ca}+9(ab+bc+ca)$$

由 AM－GM 不等式可知,这个表达式大于或等于 6.现在我们有了最小值,还必须证明它是可以达到的,易见,当 $a=b=c=\frac{1}{3}$ 时,达到最小值,所以,答案是 6.

47. 求表达式 $x^2+y^2+z^2$ 的最小可能值,其中 x,y,z 是正实数,满足 $x^3+y^3+z^3-3xyz=1$.

解　在这个问题中,我们使用 SQP 记号.则

$$x^3+y^3+z^3-3xyz=s(s^2-3q)$$

这样,所给的等式可以表示为

$$s^2-3q=\frac{1}{s}$$

即

$$3q=s^2-\frac{1}{s}$$

下面来求 $x^2+y^2+z^2=s^2-2q$ 的最小值.

考虑到

$$3(s^2-2q)=3s^2-6q=3s^2-2s^2+\frac{2}{s}=s^2+\frac{1}{s}+\frac{1}{s}\geqslant 3$$

这最后一步使用了 AM－GM 不等式.所以 $x^2+y^2+z^2$ 的最小值是 1.注意到,有无限多种情况($s=1,q=0$)达到最小值,其中之一是 $(x,y,z)=(1,0,0)$.

48. 设 a,b,c 是正实数,证明

$$\frac{2}{a^2+ab}+\frac{2}{b^2+bc}+\frac{2}{c^2+ca}\geqslant\frac{9}{ab+bc+ca}$$

证明　对不等式的左边使用 $AM-GM$ 不等式,有

$$\frac{2}{a^2+ab}+\frac{2}{b^2+bc}+\frac{2}{c^2+ca}\geqslant 6\sqrt[3]{\frac{1}{(a^2+ab)(b^2+bc)(c^2+ca)}}$$

$$=6\sqrt[3]{\frac{1}{a(a+b)b(b+c)c(c+a)}}$$

$$=6\sqrt[3]{\frac{1}{a(b+c)}\cdot\frac{1}{b(c+a)}\cdot\frac{1}{c(a+b)}}$$

$$\geqslant 6\cdot\frac{3}{a(b+c)+b(c+a)+c(a+b)}$$

$$=\frac{9}{ab+bc+ca}$$

这最后的不等式使用了 $GM-HM$ 不等式,证毕.

49.设 a,b,c 是整数,且 a,c 非零,满足方程 $ax^2+bx+c=0$ 有有理根,证明

$$b^2\leqslant(ac+1)^2$$

证明　首先要注意的是,为使二次方程有有理解,判别式 $\Delta=b^2-4ac$ 必须是有理数的平方.但是 a,b,c 都是整数,所以 Δ 必须是整数,因此,可以得出结论,Δ 必须是完全平方,有两种情况:$ac>0$ 或者 $ac<0$.

情况 1:$ac>0$,在这种情况下,显然有 $\Delta<b^2$.因此 Δ 不可能等于 $(|b|-1)^2$,因为展开两边并消去公共项 b^2 将得到 $-4ac=-2|b|+1$.左边是偶数,而右边是奇数,这显然是不可能的.所以,$\Delta\leqslant(|b|-2)^2$.两边展开,整理即得

$$b^2\leqslant(ac+1)^2$$

情况 2:$ac<0$,在这种情况下,有 $\Delta>b^2$.基于同样的理由,我们得到 $\Delta\geqslant(|b|+2)^2$,两边展开,整理即得

$$b^2\leqslant(ac+1)^2$$

这两种情况都得到了验证,这就完成了不等式的证明.

50.设 a,b,c 是正实数,又设 $x=a+\dfrac{1}{b},y=b+\dfrac{1}{c},z=c+\dfrac{1}{a}$.证明

$$xy+yz+zx\geqslant 2(x+y+z)$$

证明　以 2 为分界点,把区间 $(0,\infty)$ 分为两个子区间 $(0,2)$ 和 $[2,\infty)$,注意到 x,y,z 中至少有两个落在同一区间里.不失一般性,假设是 x 和 y,还要注意,不管 x 和 y 在哪一个区间,都有 $(x-2)(y-2)\geqslant 0$.由此,我们推出 $xy+4\geqslant 2x+2y$.所以,只需证明 $yz+zx-2z\geqslant 4$,由题设条件,有

$$z(y+x-2)=\left(c+\frac{1}{a}\right)\left(a+\frac{1}{c}+b+\frac{1}{b}-2\right)$$

由 AM－GM 不等式,有 $b+\dfrac{1}{b}-2 \geqslant 0$,所以,只需证明 $\left(c+\dfrac{1}{a}\right)\left(a+\dfrac{1}{c}\right) \geqslant 4$.

在此利用 AM－GM 不等式,则上述不等式的左边至少是 $2\sqrt{\dfrac{a}{c}} \cdot 2\sqrt{\dfrac{c}{a}}=4$.不等式得证.

51.设 x,y,z 是非零实数,满足 $x+y+z-xyz=2$.求表达式 $2x^2+y^2+z^2$ 的最小可能值.

解　给定的条件可以写成
$$2=x(1-yz)+1 \cdot (y+z)$$
由 Cauchy－Schwarz 不等式,有
$$4 \leqslant (x^2+1)\left[(1-yz)^2+(y+z)^2\right]=(x^2+1)(y^2+1)(z^2+1)$$
所以,由 AM－GM 不等式,有
$$8 \leqslant (2x^2+2)(y^2+1)(z^2+1)$$
$$\leqslant \left(\frac{2x^2+2+y^2+1+z^2+1}{3}\right)^3$$
$$=\left(\frac{2x^2+y^2+z^2+4}{3}\right)^3$$
因此
$$2x^2+y^2+z^2 \geqslant 2$$
当 $x=0,y=z=1$ 时达到最小值 2.

52.设 $n \geqslant 2$ 是正整数,$a_1,a_2,\cdots,a_n$ 是正实数,满足
$$(a_1+a_2+\cdots+a_n)\left(\frac{1}{a_1}+\frac{1}{a_2}+\cdots+\frac{1}{a_n}\right) \leqslant \left(n+\frac{1}{2}\right)^2$$
证明
$$\max(a_1,a_2,\cdots,a_n) \leqslant 4 \cdot \min(a_1,a_2,\cdots,a_n)$$

证明（USAMO 2009）　不失一般性,假设 $0<a_1 \leqslant a_2 \leqslant \cdots \leqslant a_n$.我们证明 $a_n \leqslant 4a_1$.这个设置导致使用 Cauchy－Schwarz 不等式,然而,你很快就会明白,直接使用太弱了.相反的,我们可以在 $a_1+a_2+\cdots+a_n$ 中交换 a_1 和 a_n,因为这样可以产生项 $\dfrac{a_1}{a_n}$ 和 $\dfrac{a_n}{a_1}$,以便于稍后能够使用（因为我们关心 a_1 和 a_n 之间的比值）,即

$$(a_n+a_2+\cdots+a_1)\left(\frac{1}{a_1}+\frac{1}{a_2}+\cdots+\frac{1}{a_n}\right) \geqslant \left(\sqrt{\frac{a_n}{a_1}}+n-2+\sqrt{\frac{a_1}{a_n}}\right)^2$$
$$\left(n+\frac{1}{2}\right)^2 \geqslant \left(\sqrt{\frac{a_n}{a_1}}+n-2+\sqrt{\frac{a_1}{a_n}}\right)^2$$
$$n+\frac{1}{2} \geqslant \sqrt{\frac{a_n}{a_1}}+n-2+\sqrt{\frac{a_1}{a_n}}$$

$$\frac{5}{2} \geqslant \sqrt{\frac{a_n}{a_1}} + \sqrt{\frac{a_1}{a_n}}$$

不等式两边同乘以 $\sqrt{a_1 a_n}$,并因式分解

$$0 \geqslant \left(\sqrt{a_1} - 2\sqrt{a_n}\right)\left(\sqrt{a_1} - \frac{\sqrt{a_n}}{2}\right)$$

因为 $a_1 \leqslant a_n$,显然有 $\sqrt{a_1} - 2\sqrt{a_n} < 0$.这样,我们就有

$$\sqrt{a_1} - \frac{\sqrt{a_n}}{2} \geqslant 0$$

即 $a_n \leqslant 4a_1$.不等式得证.

53.设正实数 x, y, z 满足 $xyz \geqslant 1$,证明

$$\frac{x^5 - x^2}{x^5 + y^2 + z^2} + \frac{y^5 - y^2}{y^5 + z^2 + x^2} + \frac{z^5 - z^2}{z^5 + x^2 + y^2} \geqslant 0$$

证明(IMO 2005) 为了简化分子并使它们对称,我们将方程的两边同乘以 -1 并加上 3,对于每个分数分布为 $1 + 1 + 1$,得

$$\sum_{\text{cyc}} \frac{x^2 + y^2 + z^2}{x^5 + y^2 + z^2} \leqslant 3$$

为了进一步简化和式,应用 Cauchy $-$ Schwarz 不等式,有

$$(x^2 + y^2 + z^2)^2 \leqslant (x^5 + y^2 + z^2)\left(\frac{1}{x} + y^2 + z^2\right)$$
$$\leqslant (x^5 + y^2 + z^2)(y^2 + yz + z^2)$$

最后一步由 $\frac{1}{x} \leqslant yz$(来自给定的题设条件)得到.这样一来,有

$$\sum_{\text{cyc}} \frac{x^2 + y^2 + z^2}{x^5 + y^2 + z^2} \leqslant \sum_{\text{cyc}} \frac{y^2 + yz + z^2}{x^2 + y^2 + z^2} \leqslant \sum_{\text{cyc}} \frac{y^2 + \frac{y^2 + z^2}{2} + z^2}{x^2 + y^2 + z^2} = 3$$

不等式得证.

54.求下列方程组

$$\begin{cases} x + y + z = 2 \\ \dfrac{1}{x} + \dfrac{1}{y} + \dfrac{1}{z} = \dfrac{1}{2} \end{cases}$$

的所有实数解 (x, y, z).

解 对于给定的解 (x, y, z),考虑以 x, y, z 为根的多项式 $P(t)$,即

$$P(t) = (t - x)(t - y)(t - z)$$
$$= t^3 - (x + y + z)t^2 + (xy + yz + zx)t - xyz$$

方程组中的第二个方程等价于

$$xyz = 2(xy + yz + zx)$$

所以
$$P(t) = t^3 - 2t^2 + (xy + yz + zx)t - 2(xy + yz + zx)$$
$$= t^2(t-2) + (xy + yz + zx)(t-2)$$
$$= (t-2)[t^2 - (xy + yz + zx)]$$

这告诉我们其中一个根必须是 2,而另外两个根的符号必然是相反的. 因此,对于任意的实数参数 t,所有的解都是 $(2, t, -t)$,$(t, 2, -t)$,$(t, -t, 2)$ 的形式. 注意,这种形式的解对于非零的 t 都是有效的.

55. 设 a, b, c 是正实数,证明
$$\frac{ab}{3a + 4b + 2c} + \frac{bc}{3b + 4c + 2a} + \frac{ca}{3c + 4a + 2b} \leqslant \frac{a + b + c}{9}$$

证明 首先,不等式两边同乘以 9,得
$$\frac{9ab}{3a + 4b + 2c} + \frac{9bc}{3b + 4c + 2a} + \frac{9ca}{3c + 4a + 2b} \leqslant a + b + c$$

由 Cauchy — Schwarz 不等式,有
$$\left(\frac{ab}{a + b + c} + \frac{ab}{a + b + c} + \frac{ab}{a + 2b} \right) [(a + b + c) + (a + b + c) + (a + 2b)]$$
$$\geqslant (3\sqrt{ab})^2 = 9ab$$

所以
$$\frac{ab}{3a + 4b + 2c} \leqslant \frac{ab}{a + b + c} + \frac{ab}{a + b + c} + \frac{ab}{a + 2b}$$

相加其他两个类似的不等式,只需证明
$$\frac{2(ab + bc + ca)}{a + b + c} + \frac{ab}{a + 2b} + \frac{bc}{b + 2c} + \frac{ca}{c + 2a} \leqslant a + b + c$$

注意到
$$(a + b + c)^2 \geqslant 3(ab + bc + ca)$$

所以
$$\frac{2(ab + bc + ca)}{a + b + c} \leqslant \frac{2(a + b + c)}{3}$$

这样一来,余下的只需证明
$$\frac{ab}{a + 2b} + \frac{bc}{b + 2c} + \frac{ca}{c + 2a} \leqslant \frac{a + b + c}{3}$$

使用 AM — GM 不等式,构造出下列不等式
$$(a + 2b)(b + 2a) \geqslant 9ab \Leftrightarrow \frac{ab}{a + 2b} \leqslant \frac{b + 2a}{9}$$

相加其他两个类似的不等式,得
$$\frac{ab}{a + 2b} + \frac{bc}{b + 2c} + \frac{ca}{c + 2a} \leqslant \frac{b + 2a}{9} + \frac{c + 2b}{9} + \frac{a + 2c}{9} = \frac{a + b + c}{3}$$

不等式得证.

第二部分 数 论

数论是数学中最古老的学科之一. 它是许多看似简单的猜想的发源地,这些猜想几个世纪以来一直没有得到解决,数论继续成为今天不断发展的数学研究前沿,即使解决问题的数量不断增加,开放问题的数量也在增加,这可能需要很多年才能攻克并需要大量的发展. 近年来,数字理论的需求在诸如密码学和计算机科学等实际应用中也有所增长.

顾名思义,数论就是对数字及其属性的研究. 这个广阔领域的一个重要方面是处理整数解的方程,称为 Diophantus 方程(在希腊数学家 Diophantus 之后),并且暗示素数和算术有一些有趣的结果. 由于其基本的代数性质,数论理论技巧在很大程度上依赖于代数机器,并且两个领域之间存在相当多的重叠. 数论问题的解决方案涉及多个步骤,这样的解决方案通常包括解决起源于假设的较小问题,并以直接等同于或暗示期望条件的具体陈述结束. 本书涵盖的数论理论的范围是初级的,主要侧重于初级奥林匹克问题中经常出现的基础知识和基本策略.

第5章 整除性和模运算

5.1 模 运 算

初级数论中最基本的主题之一是整数的除法. 如果存在整数 b 使得 $nb=a$,那么我们称整数 a 为另一个整数 n 的倍数,例如,15 是 5 的倍数,而 7 不是 3 的倍数. 类似的,如果存在一个整数 b 使得 $nb=a$,那么称 n 为 a(因此,5 是 15 的除数,而 3 不是 7 的除数)的除数(或因子). 如果 n 是 a 的因子或除数,那么 a 是 n 的倍数,记为 $n|a$("a 整除 n"). 请注意,所有整数都是其自身的倍数和除数.

然而,并不是所有的整数都能进行整除运算,大多数情况下,除法进行完之后总会有一个余数(例如,将 10 除以 3 得到的余数是 1,因为 3 只能被 9 整除). 我们定义 $a(\bmod n)$,

读作"a 模 n"或"$a \bmod n$"，作为 a 除以正整数 n 的余数. 例如，3(mod 2) 是 1，48(mod 5) 是 3. 如果 a 和 b 除以 n 的余数相同，我们就说 $a \equiv b \pmod n$（a 与 b 模 n 相等），例如 $3 \equiv 5 \pmod 2$，$48 \equiv 33 \pmod 5$. 请注意，如果对于某些正的 n，$a \equiv 0 \pmod n$，那么 $n \mid a$.

注　特别要记住，$a \equiv b \pmod n$ 并不意味着 b 是 a 除以 n 的余数，而是 a 和 b 在除以 n 时保留相同的余数.

下面是关于模运算的基本性质：

(1) 除以 n 之后，每个整数在集合 $\{0,1,2,\cdots,n-1\}$ 中产生唯一的余数（这些余数中的每一个都被称为模 n 剩余类）；

(2) $a \equiv b \pmod n$ 等价于 $n \mid (a-b)$（n 整除 $a-b$）；

(3) 如果 $a \equiv p \pmod n$，$b \equiv q \pmod n$，则 $a+b \equiv p+q \pmod n$；

(4) 如果 $a \equiv p \pmod n$，$b \equiv q \pmod n$，则 $ab \equiv pq \pmod n$.

有关模的操作与常规代数的操作非常相似，为了更好地理解这些基本性质，我们将使用基本方法和代数推理来证明它们.

例 1.1　证明：$a \equiv b \pmod n$ 当且仅当 $n \mid (a-b)$（n 整除 $a-b$）.

证明　设 c 表示 a 除以 n 的余数. 这就是说，$a-c$ 是 n 的倍数. 由于 $a \equiv b \pmod n$，由此可见，c 也是当 b 除以 n 的余数. 所以，$b-c$ 是 n 的倍数. 由于 $a-b=(a-c)-(b-c)$ 是 n 的两个倍数之间的差值，所以，$a-b$ 必定是 n 的倍数，即 $n \mid (a-b)$. 相反的情况，道理都是一样的，这作为练习留给读者.

例 1.2　证明：如果 $a \equiv p \pmod n$，$b \equiv q \pmod n$，则 $a+b \equiv p+q \pmod n$.

证明　给定的条件可以解释为，存在整数 x,y 使得 $a=p+xn$，$b=q+yn$. 由例1.1可知

$$a+b=p+q+(x+y)n \equiv p+q \pmod n$$

证毕.

例 1.3　证明：如果 $a \equiv p \pmod n$，$b \equiv q \pmod n$，则 $ab \equiv pq \pmod n$.

证明　设 $a=p+xn$，$b=q+yn$. 其中 x,y 是整数，则

$$ab=pq+(xq+py+xyn)n \equiv pq \pmod n$$

证毕.

现在我们来看看这些性质的一些应用.

例 1.4　计算 49 073 除以 7 的余数.

解　我们使用模运算属性来求出它，而不是使用烦琐的长除法，即

$$49\,073=49\,000+70+3 \equiv 0+0+3=3 \pmod 7$$

一个有用的应用是找出一些大数字的最后几位数字. 请注意，任何数字的个位数字是它除以 10 的余数，最后两位数字是它除以 100 的余数，等等.

例 1.5 求出 $17^{2\,014}$ 的个位数字.

解 在模运算记号中,这个是要求 $17^{2\,014} \pmod{10}$. 由于 $17 \equiv 7 \pmod{10}$,所以,$17^{2\,014} \equiv 7^{2\,014} \pmod{10}$(利用性质(3)). 现在我们需要求出 $7^{2\,014}$ 的个位数字. 可以考虑一个较小的指数,并寻找某种模式,7^1 的个位数字是 $7,7^2$ 的个位数字是 $9,7^3$ 的个位数字是 $3,7^4$ 的个位数字是 $1,7^5$ 的个位数字是 $7,7^6$ 的个位数字是 $9,7^7$ 的个位数字是 $3,7^8$ 的个位数字是 1. 很明显,这里有一个有趣的情况:如果继续写出指数,我们得到模式 $7,9,3,1,7,9,3,1,\cdots$. 这个模式是成立的,因为 $7^4 = 2\,401 \equiv 1 \pmod{10}$,所以,如果考察 $7^{2\,014}$ 的话,那么可以表示为

$$7^{2\,014} = 7^{2\,012} \cdot 7^2 = (7^4)^{503} \cdot 7^2 \equiv 1^{503} \cdot 7^2 \equiv 1 \cdot 9 = 9 \pmod{10}$$

这样,$17^{2\,014}$ 的个位数字就是 9.

例 1.6 求 $3^{2\,014} + 5^{2\,014}$ 除以 7 的余数.

解 本题除了使用模 7 而不是模 10 之外,与例 1.5 非常相似. 注意到 $5^3 = 125 \equiv -1 \pmod{7}$,$3^3 = 27 \equiv -1 \pmod{7}$. 所以

$$3^{2\,014} + 5^{2\,014} = 5 \cdot (5^3)^{671} + 3 \cdot (3^3)^{671}$$
$$\equiv 5 \cdot (-1)^{671} + 3 \cdot (-1)^{671}$$
$$\equiv -5 - 3 \equiv 6 \pmod{7}$$

例 1.7 证明:一个数字除以 9 的余数与这个数的数字之和除以 9 的余数相同.

证明 设数为 N,其各个位上的数字设为 $d_1,d_2,\cdots,d_k$,则

$$N = 10^{k-1}d_1 + 10^{k-2}d_2 + \cdots + d_k$$

注意到

$$10^i = (9+1)^i \equiv 1 \pmod{9}$$

所以

$$N \equiv d_1 + d_2 + \cdots + d_k \pmod{9}$$

这就是我们要证明的.

例 1.8 求最小的正整数 k,使得存在一个正整数 n 满足 2^n 和 2^{n+k} 具有相同的数字之和.

解 如果 2^n 和 2^{n+k} 具有相同的数字之和,那么当被 9 除时,它们必定有相同的余数,所以 $9 \mid 2^n(2^k - 1)$. 由于 2^n 不是 3 的倍数,所以必有 $9 \mid (2^k - 1)$. 现在我们可以简单地尝试小的 k 值,试验发现 $k = 6$ 是满足这个条件的最小值. 只要观察到 $2^3 = 8$ 和 $2^9 = 512$ 就知道,它们具有相同的数字和,所以,问题的答案是 6.

例 1.9 证明:设 n 是任意的正奇数,则 $2^{n-1}(2^n - 1) \equiv 1 \pmod{9}$.

证明 从写出的 2 的幂被 9 除的余数来看,具有以 $2,4,8,7,5,1$ 为循环节的周期性. 这样一来,对于正奇数 n 来说,我们有 $2^{n-1}(2^n - 1) \equiv 4(8-1)$ 或 $7(5-1)$ 或 $1(2-1)$,所有这些都与 $1 \pmod{9}$ 同余.

例 1.10　证明:对于所有正整数 n,有 $4^{2^n} + 2^{2^n} + 1 \equiv 0 \pmod 7$.

证明　当 $n=1$ 时,很容易验证,命题成立.接下来,如果 $n>1$,那么

$$4^{2^n} + 2^{2^n} + 1 = 16^{2^{n-1}} + 4^{2^{n-1}} + 1 \equiv 2^{2^{n-1}} + 4^{2^{n-1}} + 1$$
$$= 4^{2^{n-1}} + 2^{2^{n-1}} + 1 \pmod 7$$

所以,所有其他正整数的情况都来自 $n=1$ 的情况.

例 1.11　使用关系 $641 = 5 \cdot 2^7 + 1 = 2^4 + 5^4$,证明:著名的 Euler 同余关系式 $2^{32} + 1 \equiv 0 \pmod{641}$.

证明　提高同余关系式 $5 \cdot 2^7 \equiv -1 \pmod{641}$ 到四次幂,得

$$5^4 \cdot 2^{28} \equiv 1 \pmod{641}$$

由于 $5^4 \equiv -2^4 \pmod{641}$,由此可见,$2^{32} + 1 \equiv 0 \pmod{641}$,命题得证.

例 1.12　设 a,b,c 是三个满足 $7 \mid (a^3 + b^3 + c^3)$ 的正整数,证明:$7 \mid abc$.

证明　一个简短的观察表明,立方数只能与 $0,1,6 \pmod 7$ 同余.因此,三个数之和与 $0 \pmod 7$ 同余可能的方式只可能或者都是 $0 \pmod 7$,或者一个是 0,一个是 1,另一个是 $6 \pmod 7$.无论哪种方式,其中一个必须是 7 的倍数,所以,它们的乘积也必定是 7 的倍数,证毕.

处理幂时,某些模非常有用.例如,处理平方时,我们常常考虑的模是 4 或 8;处理立方时,考虑的模是 $7,9$ 和 13;处理四次幂时,考虑的模是 $4,8$ 和 16;处理五次幂时,考虑的模是 11(把它作为练习留给读者去考虑为什么这些数字是有用的).在本章中,我们将再次看到这些模数.

5.2　素　　数

回想一下上一节,如果 $b \equiv 0 \pmod a$,那么正数 a 称为 b 的一个除数或因子.素数是大于 1 的任何数,它只有两个正因子:1 和它自身.数字 $2,3,5,7,11,13,17$ 和 19 是前几个素数.另一方面,一个既不是素数也不是 1 的数字(即它有两个以上的因子)称为复合数;数字 1 既不是素数也不是复合数,称为单位.

例 2.1　证明:每个大于 1 的正整数 n 至少有一个素因子.

证明　我们使用大家所熟知的超强归纳法,其基本思想是,先证明一个小的基本情形 m 命题成立,然后证明如果命题对所有的 $m \leqslant n < k$(对于某个 k)都成立,那么对于 $n=k$ 它也成立(归纳步骤).这提供了一个"多米诺骨牌效应",它至少证明了所有整数的基本情况.

首先,注意到当 $n=2$ 时,它至少有一个素因子是 2(归纳基础).现在我们来证明,如果所有 $n \in \{2,3,\cdots,k\}$,对于某个正整数 k 至少有一个素因子,则当 $n=k+1$ 时,也至少有一个素因子(归纳步骤).如果 n 是素数,那么结论显然成立,因为 n 是它本身的一个素因

子. 否则, 如果 n 是一个复合数, 那么它必有一个因子 a 既不是 1 也不是它本身. 设 $n=ab$, 其中 b 是某个正整数. 由于 $n>a>1$, 则由归纳假设可知, a 必定至少有一个素因子, 从而 n 也必定有这个素因子.

例 2.2 证明: 素数有无限多个.

证明 在此, 我们介绍 Euler 采用反证法给出的漂亮证明. 假设素数有有限多个, 不妨记为 $p_1, p_2, \cdots, p_n$. 则数 $p_1 p_2 \cdots p_n + 1$ 不能被一个素数整除, 因为对所有的 i, 它与 1 是模 p_i 同余的, 这与之前的结果相矛盾, 因此, 素数必有无限多个.

例 2.3 设 n 为复合正整数, p 为其最小素因子, 证明: $p \leqslant \sqrt{n}$.

证明 若不然, 即 $p>\sqrt{n}$. 设 $m=\dfrac{n}{p}$. 则必有 $m<\sqrt{n}$. 因为 n 是复合数, $m>1$, 所以 m 必有至少一个素因子, 记为 q. 则 $q \leqslant m$, 但这就意味着 $q<p$. 这与 p 是 n 的最小素因子相矛盾, 所以 $p>\sqrt{n}$ 是不可能的, 因此 $p \leqslant \sqrt{n}$.

注 这是测试一个数 n 是否为素数的非常有用的方法, 我们只需要检测它能否被小于 $\sqrt{n}$ 的素数所整除, 如果不能, 那么 n 是素数 (更优化的素数检验确实存在, 但它们大多超出了本书的范围).

例 2.4 找出所有正整数 n, 使得 $n, n+10$ 和 $n+20$ 都是素数.

解 注意到, $n, n+10$ 和 $n+20$ 等价于 $n, n+1$ 和 $n+2 \pmod 3$. 因此, 他们中必有一个是 $0 \pmod 3$. 素数为 $0 \pmod 3$ 的可能是 3 本身 (否则它将是 3 的倍数, 从而是复合数). 显然, $n+10$ 和 $n+20$ 不可能是 3, 所以, 我们有 $n=3$. 代入查看, 确实满足要求, 这是唯一的答案.

例 2.5 设 a, b, c, d 为正整数, 满足 $ab=cd$, 证明: $a+b+c+d$ 不是素数.

证明 设 $\dfrac{a}{c}=\dfrac{d}{b}=\dfrac{m}{n}$, 其中 m 和 n 是互素的正整数. 则 $a=ms, c=ns, d=mt, b=nt$, 其中 s 和 t 正整数. 因此可见

$$a+b+c+d=ms+nt+ns+mt=(m+n)(s+t)$$

这显然是一个复合数.

请注意, 2 是唯一的偶数也是素数. 虽然看起来很简单, 但这个事实, 实际上是非常有用的. 正如我们在下面的例子中将会看到的那样, 使用的关键技巧就是研究数的奇偶性 (奇偶性 —— 实质上, 使用模 2 进行处理).

例 2.6 找出所有的素数对 (p, q), 使得 $p^3 - 7p - 4 = q^2 - 2$.

解 如果 p 是奇数, 那么 $p^3 - 7p - 4$ 是两个奇数减一个偶数的差值, 必须是偶数; 如果 p 是偶数, 那么 $p^3 - 7p - 4$ 必须也为偶数. 所以, 无论如何, $p^3 - 7p - 4 = q^2 - 2$ 必定是偶数, 这就意味着, q^2 必定是偶数, 因此, 必定有 $q=2$. 代入方程得到 $p^3 - 7p - 6 = 0$, 可以很快验证解为 $p=3$. 其他两个解是 $-1, -2$, 这两个解不符合要求, 所以只可能是

$(p,q)=(3,2)$.

例 2.7　求所有的有序三元素数组 (a,b,c),使得 $a-b-8$ 和 $b-c-8$ 都是素数.

解　我们考虑 $a-b$ 和 $b-c$ 的奇偶性. $a-b$ 和 $b-c$ 都是偶数的唯一可能是 $a-b=b-c=10$,因为 $a-b-8$ 和 $b-c-8$ 都是素数. 注意到,三个数字 $a=c+20,b=c+10$ 和 c 中,恰好有一个必是 3 的倍数(这正是例 2.4),因此,此时只有解 $(a,b,c)=(23,13,3)$.

接下来,注意到 $a-b$ 不能是奇数,如果 $a-b$ 是奇数,那么 a 和 b 就必须有不同的奇偶性. 既然它们都是素数并且 $a>b$(因为 $a-b-8$ 是素数,因此是正数),这意味着 $b=2$. 但是,也有 $b-c-8$ 是正的,所以 $b>c+8$, $b=2$ 显然是不可能的. 所以唯一剩下的可能性是,当 $a-b$ 是偶数并且 $b-c$ 是奇数时,在这种情况下 $c=2$. 如果 $a-b-8$ 和 $b-c-8$ 都不是 2,那么它们的总和 $a-c-16$ 是偶数,这意味着 a 也是偶数(因为 $c=2$). 然而, a 是大于 $c=2$ 的素数,所以这导致矛盾.

如果 $b-c-8$ 是 2,那么 $b=c+10=12$,这不是素数. 因此,必须有 $a-b-8=2$,所以 $a=b+10$. 另外, $b-c-8=b-10$ 必须是素数. 就像之前的情况一样,唯一可能的解是 $a=23,b=13$ 和 $b-10=3$,所以其解 $(23,13,2)$.

总而言之,我们考虑了所有可能的情况,并找到了两组解 $(23,13,2)$, $(23,13,3)$.

请注意,大于 3 的所有素数都是 1 或 5(mod 6)(如果它是 0,2 或 4(mod 6),那么它将是偶数;如果它是 3(mod 6),那么它将是 3 的倍数),这是一个相当有用的结果,我们将在下面的例子中看到.

例 2.8　设 n 是大于 6 的整数,证明:如果 $n-1$ 和 $n+1$ 是两个素数,那么 $n^2(n^2+16)$ 能被 720 整除.

证明(British Math Olympiad)　由于所有大于 3 的素数都是 1 或 5(mod 6),对于素数 $n-1$ 和 $n+1$,必有 $6|n$. 另外,我们讨论的是表达式对 720 的整除性,所以,考虑使用 (mod 6) 和 (mod 5) 是有意义的. 注意到, n 不能是 1 或 4(mod 5),因为 $n-1$ 和 $n+1$ 之一将是 5 的倍数(注意题设条件: n 是大于 6 的整数),这样一来, n 必定是 0,2 或 3(mod 5).

如果 $n\equiv0(\text{mod }5)$,那么必有 $30|n$,从而 $180|n^2$. 另外,由于 $6|n$,我们有 $4|n^2$,从而 $4|(n^2+16)$. 综合这些结果,我们得到 $720|n^2(n^2+16)$.

如果 $n\equiv2,3(\text{mod }5)$,那么 $n^2\equiv4(\text{mod }5)$,从而 $5|(n^2+16)$. 另外,由于 $6|n$,我们有 $4|n^2$,从而 $4|(n^2+16)$. 综合这些结果,我们得到 $720|n^2(n^2+16)$.

考察了所有情况,表明 $720|n^2(n^2+16)$.

例 2.9　求出所有的素数对 (p,q),使得 p^2+q^2-2 也是素数.

解　首先,请注意,如果 p 和 q 都是奇数,那么 p^2+q^2-2 是偶数并且大于 2,因此它不能是素数,所以 p 和 q 中必有一个是偶数. 不失一般性,设 p 是偶数,则 $p=2$. 注意到,

如果 $q > 3$，那么有 $q \equiv 1$ 或 $5(\bmod 6)$，从而 $q^2 \equiv 1 \cdot 1$ 或 $5 \cdot 5 \equiv 1(\bmod 6)$. 由此

$$p^2 + q^2 - 2 = q^2 + 2 \equiv 3(\bmod 6)$$

这是合数，所以 q 不能比 3 大. 这给我们提供了唯一可能的解是 $(p, q) = (2, 3), (3, 2)$.

5.3 分解的唯一性

任何正整数都可以唯一地表示为某些素数的乘积，这就是我们熟知的算术基本定理. 例如 $6 = 2 \cdot 3, 20 = 2^2 \cdot 5$ 以及 $525 = 3 \cdot 5^2 \cdot 7$. 这些形式为 $p_1^{a_1} p_2^{a_2} \cdots p_k^{a_k}$ 的分解被称为素数分解.

由于素数的这个性质，我们可以将其视为其余整数的构建基石. 数论充满了涉及素数的问题，因为它们起着如此重要的作用. 很多时候，素数揭示了现有数量的关键信息. 我们将在下一节更详细地讨论素数本身，但现在，主要关心的是这些素数如何组合在一起构成整数. 数字的素数分解可以让我们做很多事情，其中之一是找到它所具有的因子的个数. 一般来说，在本节中我们只使用正数因子，因子可以是负数，但除非另有说明，此术语通常指正数因子.

例 3.1 找出整数 $n = p_1^{a_1} p_2^{a_2} \cdots p_k^{a_k}$ 的因数个数的一个公式.

解 所有因数可以表示成 $d = p_1^{b_1} p_2^{b_2} \cdots p_k^{b_k}$ 的形式. 我们可以独立地选择每个 b_i，它们可以是 0 到 a_i 之间的任意值，总共有 $a_i + 1$ 种可能性，这就是说，因数的总数是

$$(a_1 + 1)(a_2 + 1) \cdots (a_k + 1)$$

用记号 $d(n)$ 或者 $\tau(n)$ 表示一个正整数 n 的因子个数.

例 3.2 证明：一个数 n 的因数的个数为奇数当且仅当 n 是一个完全平方.

证明 $d(n) = (a_1 + 1)(a_2 + 1) \cdots (a_k + 1)$ 是奇数的唯一方式是所有的 a_i 都是偶数. 这样一来，n 必定是一个完全平方，因为它的素因子分解的指数都是偶数. 反之，如果 n 的因数为偶数个，那么它不一定是一个完全平方，这是因为每一个 a_i 都必须是偶数才行. 我们从正反两个方面证明了命题.

或者也可以考虑将因数(d 和 $\dfrac{n}{d}$) 配对，如果 n 不是一个完全平方(这就是说，因数的个数是偶数)，那么可以完美地解决问题. 但当 n 是一个完全平方时，我们就不能这么做(因为 $\sqrt{n}$ 没有匹配的项).

例 3.3 求出所有具有 8 个因数的两位正整数.

解 所求的数可以表示为三种形式：$p^7, p^3 q, pqr$，其中 p, q, r 是不同的素数，由例 3.1 得到的公式 $d(n)$ 可知，没有两个因数的形式是 p^7. 对于形式 $p^3 q$，如果 $p = 2$，那么 q 可以是 $3, 5, 7$ 或 11，由此产生的数是 $24, 40, 56$ 和 88. 如果 $p = 3$，那么 q 只能是 2，由此产生的数是 $n = 54$. 如果我们取 p 任意大，那么 n 将非常大，所以这些是唯一的可能性. 最后的

情况是 $n = pqr$，则只可能是 $2 \cdot 3 \cdot 5 = 30, 2 \cdot 3 \cdot 7 = 42, 2 \cdot 3 \cdot 11 = 66, 2 \cdot 3 \cdot 13 = 78$ 以及 $2 \cdot 5 \cdot 7 = 70$. 所以，具有 8 个因数的两位正整数是 $24, 30, 40, 42, 54, 56, 66, 70, 78$ 和 88.

例 3.4　找出正整数 $n = p_1^{a_1} p_2^{a_2} \cdots p_k^{a_k}$ 的因数之和（记为 $\sigma(n)$）的一个公式.

解　首先，使用求和符号重新考虑因数公式的表达式，其中我们为每个因数加上 1 以得到总数 $d(n)$，即

$$d(n) = \sum_{d \mid n} 1 = \Big(\sum_{0 \leqslant i \leqslant a_1} 1 \Big) \Big(\sum_{0 \leqslant i \leqslant a_2} 1 \Big) \cdots \Big(\sum_{0 \leqslant i \leqslant a_k} 1 \Big)$$

现在，为了得到因数的总和，应该在每个位置添加因数本身而不是 1，即

$$\sigma(n) = \sum_{d \mid n} d = \Big(\sum_{0 \leqslant i \leqslant a_1} p_1^i \Big) \Big(\sum_{0 \leqslant i \leqslant a_2} p_2^i \Big) \cdots \Big(\sum_{0 \leqslant i \leqslant a_k} p_k^i \Big)$$

如果展开这个乘积，由算术基本定理，我们可以看到每个可能的因数都只出现一次. 可以使用几何级数公式来进一步化简这个结果，得

$$\sigma(n) = \frac{p_1^{a_1+1} - 1}{p_1 - 1} \cdot \frac{p_2^{a_2+1} - 1}{p_2 - 1} \cdots \frac{p_k^{a_k+1} - 1}{p_k - 1}$$

例 3.5　当 n 为何情况时，$\sigma(n)$ 是奇数？

解　设 $n = p_1^{a_1} p_2^{a_2} \cdots p_k^{a_k}$. 由 $\sigma(n)$ 是奇数，则必有 $1 + p_i + p_i^2 + \cdots + p_i^{a_i}$ 对所有奇数 p_i 为奇数，这就是说，n 的素因子分解中所有奇素数的指数必须是偶数，而两者的数量并不重要. 因此，n 是一个完全平方数或者一个完全平方数的两倍.

顾名思义，两个数的最大公约数（或最大公因数，简记为 GCD）是能同时整除这两个数的最大数. a 和 b 的 GCD 用 $\gcd(a, b)$ 来表示，或者更多地用 (a, b) 表示. 两个数称为互素的，如果它们的 GCD 是 1. 另外，如果 $\gcd(a, b) = d$，那么存在两个互素的整数 m 和 n，使得 $a = dm, b = dn$.

例 3.6　给定两个数的素因子分解为 $2^5 \cdot 3^4 \cdot 5 \cdot 11^3$ 和 $2^3 \cdot 3^2 \cdot 7^5 \cdot 11^2$，求它们的素因子分解的 GCD.

解　我们考虑 GCD 的素因子分解中每个单独素数的出现情况. 对于每个素数，其数字中两个指数中较小的一个应出现在 GCD 中，所以，2 应该出现 3 次，3 出现 2 次以及 11 出现 2 次. 没有其他的素数出现在 GCD 中. 所以，其 GCD 是 $2^3 \cdot 3^2 \cdot 11^2$.

例 3.7　设 $p_1, p_2, \cdots, p_k$ 是某些素数，令 $m = p_1^{a_1} p_2^{a_2} \cdots p_k^{a_k}, n = p_1^{b_1} p_2^{b_2} \cdots p_k^{b_k}$. 求 $\gcd(m, n)$.

解　由例 3.6 我们知道，出现在 GCD 中的素数 p_i 的指数应是 $\min(a_i, b_i)$. 所以

$$(m, n) = p_1^{\min(a_1, b_1)} p_2^{\min(a_2, b_2)} \cdots p_k^{\min(a_k, b_k)}$$

需要注意的是，即使 a_i 或 b_i 中的某些为 0 时，这个公式仍然有效.

与 GCD 相对应的是最小公倍数（简记为 LCM）. 两个数 a, b 的 LCM 记为 $\text{lcm}(a, b)$，是两个数倍数的最小数. 如 GCD 一样，我们可以从这两个数的素因子分解中确定 LCM，在此取两个指数的最大值而不是最小值.

两个数的 LCM 与 GCD 的公式非常相似,除了一个指数取最小值,另一个指数取最大值

$$\text{lcm}(m,n) = p_1^{\max(a_1,b_1)} p_2^{\max(a_2,b_2)} \cdots p_k^{\max(a_k,b_k)}$$

例 3.8 设 m 和 n 是正整数,证明:$\text{lcm}(m,n) \cdot \gcd(m,n) = mn$.

证明 令 $m = p_1^{a_1} p_2^{a_2} \cdots p_k^{a_k}, n = p_1^{b_1} p_2^{b_2} \cdots p_k^{b_k}$(其中的指数允许为 0). 则 $\text{lcm}(m,n) \cdot \gcd(m,n)$ 变成

$$p_1^{\max(a_1,b_1)} p_2^{\max(a_2,b_2)} \cdots p_k^{\max(a_k,b_k)} \cdot p_1^{\min(a_1,b_1)} p_2^{\min(a_2,b_2)} \cdots p_k^{\min(a_k,b_k)}$$
$$= p_1^{\max(a_1,b_1)+\min(a_1,b_1)} p_2^{\max(a_2,b_2)+\min(a_2,b_2)} \cdots p_h^{\max(a_k,b_k)+\min(a_k,b_k)}$$

然而,由于 $\max(a,b) + \min(a,b) = a+b$,所以,$p_i$ 的指数正好是 $a_i + b_i$,而这和 mn 中的情况是一样的,证毕.

现在我们讨论一种称为 Euclid 算法的技巧,用它可以求出两个数的 GCD. 其主要思想是,对任意 $r \equiv a \pmod{b}$,有 $(a,b) = (r,b)$.

例 3.9 为什么上述结论为真?

证明 设 $(a,b) = d$. 则存在两个互素的整数 m 和 n,使得 $a = dm, b = dn$. 由于 $r \equiv a \pmod{b}$,则存在整数 c,使得 $r = a + bc$. 我们来证明 $(r,b) = d$,这等价于证明 $\left(\dfrac{r}{d}, \dfrac{b}{d}\right) = (m+nc,n) = 1$. 假设 $(m+nc,n) = e$. 则 $e \mid n, e \mid (m+nc)$,所以 $e \mid m$. 然而,$(m,n) = 1$,所以,任何整除 m 和 n 的数必定是 1. 这样,我们就证明了结论.

该算法可用于采用迭代方法计算两个大数的 GCD.

例 3.10 求 1 157 和 2 024 的 GCD.

解 我们重复应用 Euclid 算法,每次用较小的数除以较大的数与余数,得

$(1\ 157, 2\ 024) = (1\ 157, 867) = (290, 867) = (290, 287) = (3, 287) = (3, 2) = 1$

这样一来,1 157 和 2 024 实际上是互素的.

在 Euclid 算法算法的证明中使用的思想适用于许多其他问题,如下例所示.

例 3.11 如果 a 和 b 是互素的正整数,证明:ab 和 $a+b$ 也是互素的.

证明 采用反证法. 假设存在一个素数 p 能整除 $(ab, a+b)$. 由于 $(a,b) = 1$ 以及 $p \mid ab$,则 p 必定整除 a 或 b 之一,但不能都整除. 然而,$p \mid (a+b)$,所以,如果 p 整除 a 或 b 之一,则必能同时整除 a 或 b,矛盾!

例 3.12 证明:对于任意整数 n,$45n+2$ 和 $18n+1$ 互素.

证明 使用 Euclid 算法算法来消去 n,得

$$(45n+2, 18n+1) = (9n, 18n+1) = (9n, 1) = 1$$

因此,命题得证.

例 3.13 证明:对于所有正整数 a,b,c,有

$$\frac{\gcd{(a,b,c)}^2}{\gcd(a,b)\gcd(b,c)\gcd(c,a)}=\frac{\operatorname{lcm}{(a,b,c)}^2}{\operatorname{lcm}(a,b)\operatorname{lcm}(b,c)\operatorname{lcm}(c,a)}$$

证明（USAMO 1972）　和前面一样，设 $a=p_1^{a_1}p_2^{a_2}\cdots p_k^{a_k}$，$b=p_1^{b_1}p_2^{b_2}\cdots p_k^{b_k}$，$c=p_1^{c_1}p_2^{c_2}\cdots p_k^{c_k}$．注意到，我们只需证明

$$\frac{(p_i^{\min(a_i,b_i,c_i)})^2}{p_i^{\min(a_i,b_i)}p_i^{\min(b_i,c_i)}p_i^{\min(c_i,a_i)}}=\frac{(p_i^{\max(a_i,b_i,c_i)})^2}{p_i^{\max(a_i,b_i)}p_i^{\max(b_i,c_i)}p_i^{\max(c_i,a_i)}}$$

因为如此我们可以将这些素数结合起来以得到所需的结果．这可以简化为

$$2\min(a_i,b_i,c_i)-\min(a_i,b_i)-\min(b_i,c_i)-\min(c_i,a_i)$$
$$=2\max(a_i,b_i,c_i)-\max(a_i,b_i)-\max(b_i,c_i)-\max(c_i,a_i)$$

不失一般性，假设 $a_i\geqslant b_i\geqslant c_i$，则上述结果变成

$$2c_i-b_i-c_i-c_i=2a_i-a_i-b_i-a_i$$

这显然成立．

例 3.14　设 n 是正整数，求所有正整数 d，使得 d 能整除 n^2+1 和 $(n+1)^2+1$.

解　我们可以加上或减去被 d 整除的两个数，以得到第三个被 d 整除的数．因此，我们的目标是获得一个可以被 d 整除的常数．注意到 $d\mid(n+1)^2+1-n^2-1=2n+1$，所以，$d\mid(2n+1)^2=4n^2+4n+1$. 则

$$d\mid 4n^2+4n+1-4(n^2+1)=4n-3$$

所以

$$d\mid 2(2n+1)-(4n-3)=5$$

由此可见，d 只能是 1 或 5，以及 $n=2$，这表明只有当 $n=2$ 时，才有解 1 或 5.

例 3.15　证明：如果从集合 $\{1,2,\cdots,2\,000\}$ 中任意选取 1 001 个不同的数，则其中必有某两个数是互素的．

证明　受任何两个连续整数都互素的事实的启发，我们考虑对 $\{1,2\}$，$\{3,4\}$，$\cdots$，$\{1\,999,2\,000\}$. 这样的对总共有 1 000 个，但由于选取的有 1 001 个数，则必有两个数属于相同的对，由此，必有两个数是互素的．

这个问题是一个非常直观而强大的称为鸽子原理的技巧的简单应用．

例 3.16　设 a,n,m 是正整数，满足 $n\mid ma$，$(m,n)=1$. 证明：$n\mid a$.

证明　对于 n 的每一个素因子 p，我们考虑能整除 n 的 p 的最大幂次，记为 p^k，则 $(p,m)=1$. 由于在 ma 的素因子分解中存在 k 个 p，它们每个都必须来自 a，因此，$p^k\mid a$. 对 n 的所有素数因子执行这个论证会得到所需的结果，$n\mid a$.

5.4　完全平方

一个平方数可以是任意其他整数的平方，例如 $0,1,4,9,16,25,169,\cdots$ 是素数的平

方. 完全平方是初等数论中最普遍的概念之一, 主要是因为它们包含了与其相关的丰富的理论和技巧. 完全平方有许多独一无二的性质. 首先, 它们素数分解的每个指数都必须是偶数; 其次, 正如"唯一分解"部分所讨论的, 完全平方必有奇数个因数; 第三, 每当两个完全平方相乘时, 我们得到第三个完全平方, 并且每当一个完全平方与另一个完全平方相除时, 我们就得到有理数的平方. 另外, 当我们考虑某些特定模的完全平方时, 只有有限的可能性. 例如, 当取模 10(就是说, 考虑它们的单位数字), 完全平方只有 0,1,4,5,6 或 9, 非完全平方以 2,3,7 或 8 结尾. 这些数字起初看起来可能是随机的或任意的, 但是这些所谓的二次剩余涉及大量的理论. 大部分内容超出了本书的范围, 但在本节中我们还是探讨一些内容.

首先回顾一些涉及完全平方基本属性的一些基本问题.

例 4.1 求所有正整数 n, 使得 $k = 2^n + 2$ 是一个完全平方.

解 显然 $n = 1$ 满足条件: $4 = 2^2$. 当 $n \geqslant 2$ 时, k 是 4 的倍数还多 2. 换句话说, k 能被 2 整除, 但不能被 4 整除. 如果 k 是一个完全平方, 在其素因子分解中 2 的指数必须是偶数. 这样, k 不可能是完全平方数. 因此 n 唯一可能的值是 1.

记号 $n!$, 读作 "n 的阶乘", 它指的是量 $1 \cdot 2 \cdot 3 \cdots n$.

例 4.2 在 120 个阶乘乘积表达式 $1! \cdot 2! \cdot 3! \cdots 120!$ 中, 删除哪一个, 可以得到一个完全平方?

解 设 $1! \cdot 2! \cdot 3! \cdots 120! = n! \cdot k^2$, 其中 n 是介于 1 到 120 之间的正整数.
注意到

$$a! \cdot (a+1)! = a! \cdot a! \cdot (a+1) = (a!)^2 \cdot (a+1)$$

所以

$$n! \cdot k^2 = (1!)^2 \cdot 2 \cdot (3!)^2 \cdot 4 \cdots (119!)^2 \cdot 120$$

这样, 存在某些整数 m, 使得

$$n! \cdot m^2 = 2 \cdot 4 \cdot 6 \cdots 120 = 60! \cdot 2^{60}$$

由于 2^{60} 是一个完全平方, 设 $n = 60$, 则 $m = 2^{30}$.

换句话说, 如果我们从原始表达式删除 60!, 那么将得到一个完全平方.

注 有人可能会问, 60! 是否恰好是我们可能删除的唯一因子. 要理解这个问题背后的具体情况, 我们来看看素数 59 和 61. 素数 61 整除 61!, …, 120! 中的每一个恰好一次. 因此, 它将乘积 $1! \cdot 2! \cdot 3! \cdots 120!$ 分成 60 重. 由于 61 必定整除偶数重的任何平方, 我们看到 61!, …, 120! 中任何一个都不能删除. 素数 59 整除 59!, …, 117! 各一次, 118!, 119! 和 120! 各两次. 所以, 它将乘积分成了 $59 + 3 \cdot 2 = 65$ 重. 由于 59 必定整除偶数重的任何平方, 因此删除的阶乘必须是 59 的倍数. 综合这些原因看到, 必须删除 59! 或 60!. 我们已经看到 60! 是这样一种可能性, 然而删除 59! 确不行(因为删除 60! 余下的是 N^2, 删除 59! 余下的是 $60N^2$, 这不是一个完全平方). 因此, 60! 确实是唯一一个在删除后余下的是完全平方者.

平方差因式分解公式可以简单地表示为 $a^2 - b^2 = (a+b)(a-b)$. 从简单的运算窍门到反证法的优雅证明,它在整个数论甚至所有数学中都有很多应用. 在接下来的几个问题中将看到这一点.

例 4.3　计算 $77 \cdot 83$.

解　我们可以把乘积写成 $(80-3)(80+3)$,之后使用平方差公式简化为

$$80^2 - 3^2 = 6\,400 - 9 = 6\,391$$

例 4.4　求所有的素数 p,使得 $3p+1$ 是一个完全平方.

解　设 $k^2 = 3p+1$,则

$$k^2 - 1 = (k+1)(k-1) = 3p$$

然而,由于 p 是素数,且 $k-1 < k+1$,因此有三种情况

$$k-1 = 1, k+1 = 3p$$
$$k-1 = 3, k+1 = p$$
$$k-1 = p, k+1 = 3$$

我们看到,这三种情况中,只有第二种情况能产生有效的解,我们得到 $k=4, p=5$. 这样,5 是唯一一个满足题设条件的素数.

例 4.5　如果 k 是满足 $p = k^2 + 1$ 是素数的整数,n 是满足 $pn+1$ 是一个完全平方的整数,证明:$n+1$ 是两个完全平方的和.

证明　由于 $pn+1 = q^2$,其中 q 是某个正整数,则

$$pn = q^2 - 1 = (q+1)(q-1)$$

但 p 是素数,所以,p 必定整除 $q-1$ 或者 $q+1$. 由此可见,$q \pm 1 = pt$,其中 t 是某个正整数,所以,$q = pt \pm 1$. 则 $pn+1 = (pt \pm 1)^2$,由给定的条件有

$$n = pt^2 \pm 2t = (k^2+1)t^2 \pm 2t$$

因此

$$n+1 = (kt)^2 + (t \pm 1)^2$$

例 4.6　证明:如果 a, m, n 是正整数,且 a 是偶数,$m \neq n$,则 $a^{2^n} + 1$ 和 $a^{2^m} + 1$ 互素.

证明　不失一般性,假设 $m > n$. 则由平方差公式,有

$$a^{2^m} - 1 = (a-1)(a+1)(a^2+1) \cdots (a^{2^n}+1) \cdots (a^{2^{m-1}}+1)$$

所以,$(a^{2^n}+1) \mid (a^{2^m}-1)$,因此,若 $a^{2^n}+1$ 和 $a^{2^m}+1$ 有一个公因子 $d > 1$,则 $d \mid (a^{2^m}+1) - (a^{2^m}-1) = 2$,但这是不可能的,所以命题得证.

例 4.7　证明:一个正整数不能写成形式 $a^2 - b^2$,其中 a, b 是整数,当且仅当它与 2 模 4 同余.

证明　首先,我们来证明任何与 2 模 4 同余的一个正整数不能表示成形式 $a^2 - b^2$,其中 a, b 是整数. 下面证明任何与 2 模 4 不同余的一个正整数能表示成形式 $a^2 - b^2$.

对于模 4,完全平方只能是 0 或 1. 这样,它们的差可以是 $0-0=0, 0-1=-1, 1-0=1$ 或者 $1-1=0 \pmod 4$. 我们发现,这只包含 $0, 1,$ 和 $3 \pmod 4$. 因此,一个与 2 模 4 同余的数不可能表示为 a^2-b^2 的形式.

现在,来看 a^2-b^2 的结构是 0, 1, 或 $3 \pmod 4$. 对于 $0 \pmod 4$, 我们有

$$(k+2)^2 - k^2 = 4k+4$$

对于 $1 \pmod 4$, 我们有

$$(2k+1)^2 - (2k)^2 = 4k+1$$

最后,对 $3 \pmod 4$, 我们有

$$(2k)^2 - (2k-1)^2 = 4k-1$$

综合这两个结论后,我们完成了证明.

注 对于证明的第一部分,也可以观察到 $a^2-b^2=(a-b)(a+b)$ 以及 $a-b$ 和 $a+b$ 具有相同的奇偶性(因为它们的差为 $2b$ 是偶数). 因此,$(a-b)(a+b)$ 是两个奇数(在这种情况下,它只能是 1 或 $3 \pmod 4$)或两个偶数的乘积(在这种情况下,它将是 $0 \pmod 4$),它永远不会是 $2 \pmod 4$,我们完成了证明.

例 4.8 集合 $S=\{2,5,13\}$ 具有性质:对任意 $a,b \in S, a \neq b$, 数 $ab-1$ 是一个完全平方. 证明:对任意一个不在 S 中的正整数 d, 集合 $S \cup \{d\}$ 不再具有这个性质.

证明(IMO 1986) 若不然,即存在某个整数 d, 满足

$$2d-1=x^2, 5d-1=y^2, 13d-1=z^2$$

其中 x,y,z 是某些正整数. 则由于 x 显然是奇数,$2d-1=x^2 \equiv 1 \pmod 4$, 这就是说 d 是奇数. 这样 y,z 都是偶数,设 $y=2a, z=2b$, 因此

$$b^2-a^2 = \frac{y^2-z^2}{4} = 2d \equiv 2 \pmod 4$$

然而,就像我们刚才看到的,一个平方差不可能是 $2 \pmod 4$,矛盾,因此命题得证.

平方差公式是非常有用的,在"因子的幂次"一节,我们将看到更多内容.

现在回到二次剩余的话题. 我们定义一个二次剩余为满足 $x^2 \equiv q \pmod n$ 的整数 q, 其中 x 是某个整数. 如果 q 不满足 $x^2 \equiv q \pmod n$, 那么称 q 为非二次剩余.

例 4.9 为什么一个平方只能是 $0,1,4,5,6$ 或 $9 \pmod{10}$, 而不是其他任何剩余?

证明 设完全平方数为 n^2. 为简洁起见,在每个同余之后省略 $\pmod{10}$, 在此所有同余都是 $\pmod{10}$ 的. 我们看到,如果 $n \equiv 0$, 那么 $n^2 \equiv 0 \cdot 0 \equiv 0$. 如果 $n \equiv \pm 1$(即 1 或 9),那么 $n^2 \equiv 1$. 我们继续:如果 $n \equiv \pm 2$, 那么 $n^2 \equiv 4$; 如果 $n \equiv \pm 3$, 那么 $n^2 \equiv 9$; 如果 $n \equiv \pm 4$, 那么 $n^2 \equiv 16 \equiv 6$, 最后,如果 $n \equiv 5$, 那么 $n^2 \equiv 25 \equiv 5$. 现在已经涵盖了可能包含 n 的所有 10 种可能的剩余,我们看到,n^2 的剩余只能是 $0,1,4,5,6$ 或 $9 \pmod{10}$.

例 4.10 证明:如果 a 是一个模 n 二次剩余,那么就有无限多的完全平方与 $a \pmod n$ 同余.

证明　假设 p 是满足 $p^2 \equiv a(\bmod n)$ 的一个数,则与 $p(\bmod n)$ 同余的任何数将产生 $a(\bmod n)$ 的一个余数,因为

$$(p+kn)^2 = p^2 + 2kpn + k^2n^2 \equiv p^2 \equiv a(\bmod n)$$

所以,与 $a(\bmod n)$ 同余的平方数有无限多个.

例 4.11　证明:如果在算术序列 $a, a+d, a+2d, \cdots$ 中有一个完全平方,那么序列中就有无限多个完全平方.

证明　在序列中存在一个完全平方,说明 a 是一个模 d 二次剩余.因此,我们可以生成无限多个与 $a(\bmod n)$ 同余的完全平方.

例 4.12　证明:对于任何 n 和 a,除了某些情况以外,总有偶数个不同的非 0 剩余 x 满足 $x^2 \equiv a(\bmod n)$.它们是什么?

解　注意到,如果 $x \equiv b(\bmod n)$ 是一个解,那么 $x \equiv -b(\bmod n)$ 也是解.因此,剩余总是成对的,所以,总有偶数个剩余满足条件.

这里唯一的问题可能是 b 和 $-b(\bmod n)$ 是一样的,当 n 是偶数并且 $a \equiv \left(\dfrac{p}{2}\right)^2$ 或 $0(\bmod p)$ 时发生这种异常,实际上有奇数个 x 满足条件.

现在回到涉及一些完全平方的杂项练习.

例 4.13　一个素数 p 和一个正整数 n 满足 $n \mid (p-1)$, $p \mid (n^3-1)$.证明:$4p-3$ 是一个完全平方.

证明　把 n^3-1 分解为 $(n-1)(n^2+n+1)$.由于 p 是素数,它整除两个因子之一.显然,p 不能整除 $n-1$,因为 $n < p$(由第一个条件),所以,必有 $p \mid (n^2+n+1)$.设 a, b 是正整数,满足 $p = an+1$, $pb = n^2+n+1$.则必有 $a \leqslant n+1$(因为 $p \leqslant pb$).由两个方程相减得

$$p(b-1) = n(n+1-a)$$

但 $n+1-a$ 介于 0 和 n 之间(含 n),除非 n 为 0,否则 p 不可能整除 $n(n+1-a)$.因此,只有当 $b=1, a=n+1$ 时,才能达到有效解,其中 $p = n^2+n+1$.所以

$$4p-3 = 4n^2+4n+1 = (2n+1)^2$$

证毕.

例 4.14　证明:三个连续正整数的积不可能是一个完全平方.

证明　设三个整数是 $n-1, n, n+1$.则其乘积是 $n(n^2-1)$.若不然,则存在某个正整数 k,使得 $n(n^2-1) = k^2$.由于 n 和 n^2-1 互素,因此,它们每一个都是平方数.但 n^2-1 不可能是一个平方数,因为 $n \neq 1$ 时,它比平方数本身更小,证毕.

注　我们可以得到一个更一般的结果:至少两个连续整数的乘积永远不可能是完全幂数(平方,立方等).这个性质称为 Erdös—Selfridge 定理,但证明相当复杂,超出了本书的范围.

例 4.15 证明:有无限多个正整数 n,使得 $\dfrac{n(n+1)}{2}$ 是一个完全平方.

证明 注意到 $n=1$ 是一个解. 现在我们尝试证明如果 n 是一个解,那么 $4n^2+4n$ 也是解

$$\frac{(4n^2+4n)(4n^2+4n+1)}{2}=(2n+1)^2 \cdot 4\left(\frac{n(n+1)}{2}\right)$$

这确实是一个完全平方,所以可以从 $n=1$ 开始生成无限多的解(这样生成的前几个解是 $n=1,8,288,332\ 928,443\ 365\ 544\ 448$).

第6章　　其他选择的主题

6.1　　因子的幂次

因式分解是数论中的一个强大工具,特别是在处理 Diophantus 方程时.当一个表达式可以写成因子的乘积时,我们可以找出这些因子本身可能是什么(因为正在处理的整数只有有限的几种可能性).

考虑下面的例子:

例 1.1　求出 $4^8 - 16$ 的因子的个数.

解　我们可以反复使用平方差公式因式分解 $4^8 - 16$,即

$$4^8 - 16 = (4^4 + 4)(4^4 - 4) = (4^2 - 2)(4^2 + 2)(4^4 + 4)$$
$$= 14 \cdot 18 \cdot 260 = 2^4 \cdot 3^2 \cdot 5 \cdot 7 \cdot 13$$

这样,所求的因子个数是

$$5 \cdot 3 \cdot 2 \cdot 2 \cdot 2 = 120$$

例 1.2　求解正整数方程 $x^2 - y^2 = 15$.

解　把 $x^2 - y^2$ 因式分解为 $(x + y)(x - y)$. 因为 $x + y > x - y > 0$,所以,只有两个可能性

$$x + y = 15, x - y = 1$$

或者

$$x + y = 5, x - y = 3$$

前者产生解 $(x, y) = (8, 7)$,后者产生解 $(x, y) = (4, 1)$. 所以,该方程只有两组解.

例 1.3　求所有的偶整数 n,使得 $2^n - 2^5 + 1$ 是一个完全平方.

解　设 $n = 2m$. 则 $(2^m)^2 - 2^5 + 1 = k^2$,其中 k 是某整数. 将其改写为

$$(2^m)^2 - k^2 = (2^m - k)(2^m + k) = 2^5 - 1 = 31$$

由于 31 是素数,因此,只有一种可能性

$$2^m - k = 1, 2^m + k = 31$$

由此解得 $m = 4$,从而 $n = 8$.

例 1.4　求所有整数 n,使得 $3^n + 81$ 是一个完全平方.

解　假设 $3^n + 81 = k^2$. 则由于 81 是一个完全平方,把它移到另一边,并因式分解,有

$$(k - 9)(k + 9) = 3^n$$

两个因子的乘积是 3 的幂次的唯一可能是它们都是 3 的幂次, 所以, $k-9$ 和 $k+9$ 都是 3 的幂次. 由于 $(k+9)-(k-9)=18$, 因此, 只有一种可能性

$$k+9=27, k-9=9$$

这就是说, $k=18$. 因此, $n=5$ 是唯一的解.

例 1.5 求所有整数 a, 使得二次函数 $x^2+5ax+4a^2-3a$ 有整数根.

解 回忆一下代数知识, 一个二次函数具有整数根, 当且仅当它的判别式是一个完全平方. 该二次函数的判别式是

$$25a^2-16a^2+12a=9a^2+12a$$

设其为 k^2. 现在我们对其配方, 之后利用平方差公式分解

$$9a^2+12a+4=(3a+2)^2=k^2+4$$

这样一来, 有

$$(3a+2)^2-k^2=(3a+2-k)(3a+2+k)=4$$

由于 $3a+2-k$ 和 $3a+2+k$ 具有相同的奇偶性, 因此, 他们只可能是 $-2, -2$ 或者 $2, 2$. 而, $-2, -2$ 对 a 来说, 不能产生整数解, 所以, 问题的唯一可能解是 $2, 2$, 因此 $a=0$.

现在我们转向另一种新技巧, 即 $(x+a)(y+b)$ 因式分解形式.

例 1.6 求解整数方程 $ab=a+b$.

解 将所有项移到左侧并添加 1, 按如下所示进行分解

$$ab-a-b+1=1$$
$$(a-1)(b-1)=1$$

因此, 或者 $a-1=b-1=1$, 由此产生解 $a=b=2$, 或者 $a-1=b-1=-1$, 由此产生解 $a=b=0$. 它们都是方程的解.

例 1.7 求方程 $\dfrac{1}{x}+\dfrac{1}{y}=\dfrac{1}{6}$ 的所有正整数解.

解 去分母, 得

$$6y+6x=xy$$

由于我们的分解目标类似于上一个问题, 重写以下等式

$$xy-6x-6y+36=36$$
$$(x-6)(y-6)=36$$

现在有九种可能性如表 1 所示.

表 1

$x-6$	$y-6$	(x,y)
1	36	$(7,42)$
2	18	$(8,24)$
3	12	$(9,18)$
4	9	$(10,15)$
6	6	$(12,12)$
9	4	$(15,10)$
12	3	$(18,9)$
18	2	$(24,8)$
36	1	$(42,7)$

这就是本题的九个解.

例 1.8　求下列方程的整数解：

(a)$xy=2x+3y$；

(b)$xy=3x-y$；

(c)$3xy=6x+5y$；

(d)$2xy=x+y$；

(e)$3xy=4x-7y$.

解　对每个方程我们提供因式分解,具体分解过程作为练习留给读者(请注意,方程的解不一定都是正整数,因此必须考虑负整数的情况).

(a)$(x-3)(y-2)=6$；

(b)$(x+1)(y-3)=-3$；

(c)$(3x-5)(y-2)=10$；

(d)$(2x-1)(2y-1)=1$；

(e)$(3x+7)(3y-4)=-28$.

在(d)和(e)部分,我们分别乘以 2 和 3,以保持整数分解.

例 1.9　求解整数方程 $2(x^2+y^2)+x+y=5xy$.

解　注意到

$$2x^2-5xy+2y^2=(2x-y)(x-2y)$$

所以,给出的方程可以改写成

$$(2x-y)(x-2y)=-x-y$$

这就启发我们做代换 $a=2x-y,b=2y-x$,从而得到方程 $ab=a+b$. 早些时候,我们解过这个方程,其解是 $(a,b)=(0,0)$ 或者 $(a,b)=(2,2)$. 第一种情况给出原方程的解 $(x,y)=(0,0)$,第二种情况给出原方程的解 $(x,y)=(2,2)$. 这些就是原方程的解.

例 1. 10 求出所有的整数对 (m,n),使得 $3(m^2+n^2)+2(m+n)=10mn+1$.

解法 1 把方程改写成

$$3m^2-10mn+3n^2+2(m+n)-1=0$$

对方程的第一部分进行因式分解,得到

$$(3m-n)(m-3n)+2(m+n)-1=0$$

关键部分是设 $a=3m-n,b=3n-m$. 则方程变成了

$$(-ab)+(a+b)-1=0$$

这可以写成

$$(a-1)(b-1)=0$$

这就是说,有两种情况:$a=1$ 或者 $b=1$.

如果 $a=1$,那么必有 $3m-n=1$,从而 $n=3m-1$. 此时,所求的整数对具有形式 $(m,n)=(t,3t-1)$,t 是整数.

如果 $b=1$,那么必有 $3n-m=1$,从而 $m=3n-1$. 此时,所求的整数对具有形式 $(m,n)=(3t-1,t)$,t 是整数.

所以,本题的答案是 $(m,n)=(t,3t-1)$ 或者 $(3t-1,t)$,t 是整数参数.

解法 2 也可以把方程看作 m 的一个二次方程,即

$$3m^2-2(5n-1)m+3n^2+2n-1=0$$

其判别式是

$$\Delta=4(5n-1)^2-12(3n^2+2n-1)=4(16n^2-16n+4)=16(2n-1)^2$$

因此,我们立即得到

$$m=\frac{5n-1\pm2(2n-1)}{3}$$

由此可得,两个解 $(m,n)=(t,3t-1)$ 或者 $(3t-1,t)$.

例 1. 11 求所有素数 p,使得 $2p+1$ 是一个完全立方.

解 设 $k^3=2p+1$. 则有

$$2p=k^3-1=(k-1)(k^2+k+1)$$

由于,显然 $k-1<k^2+k+1$,所以,必有

$$k-1=1,k^2+k+1=2p$$

或者

$$k-1=2,k^2+k+1=p$$

第一种情况给出 $k=2$,但 k^2+k+1 是奇数,不可能等于 $2p$. 第二种情况给出 $k=3$,所以,我们得到 $p=13$. 这就是本题的解.

6.2　Euler，Fermat 和 Wilson

在本节中，我们讨论初等数论中的三个非常重要的定理：Euler 定理，Fermat 小定理以及 Wilson 定理.

首先，讨论 Euler 定理. 我们开始引入 Euler φ 函数，记为 $\varphi(n)$. $\varphi(n)$ 表示 1 到 n 之间，与 n 互素的整数的个数.

例 2.1　计算 $\varphi(6)$，$\varphi(11)$ 和 $\varphi(18)$.

解　小于 6 且与 6 互素的数只有 1 和 5，所以 $\varphi(6)=2$. 对于 11，我们有 1,2,3,4,5,6,7,8,9 和 10，所以，$\varphi(11)=10$. 对于 18，与其互素的数是 1,5,7,11,13 和 17，所以，$\varphi(18)=6$.

例 2.2　设 p 是某个素数，n 是正整数，计算 $\varphi(p)$ 和 $\varphi(p^n)$.

解　注意到，从 1 到 $p-1$ 中的每一个都与 p 互素，所以，$\varphi(p)=p-1$. 对于 $\varphi(p^n)$，注意到，在 p 的任意两个倍数之间有 $p-1$ 个数与 p 互素. 这样的间隔有 p^{n-1} 个，所以

$$\varphi(p^n)=p^{n-1}(p-1)$$

例 2.3　证明：$\varphi(n)$ 是一个可乘函数，即对于两个互素的正整数 m,n，有 $\varphi(mn)=\varphi(m)\varphi(n)$.

证明　把 1 到 mn 的整数，排列在 m 行，n 列的表 2 中：

表 2

1	2	$\cdots$	n
$n+1$	$n+2$	$\cdots$	$2n$
$\vdots$	$\vdots$		$\vdots$
$n(m-1)+1$	$n(m-1)+2$	$\cdots$	mn

$\varphi(mn)$ 是表中与 mn 互素的整数个数. 另一方面，$\varphi(m)$ 是每行中与 m 互素的整数个数，$\varphi(n)$ 是每列中与 n 互素的整数个数. 因此，$\varphi(m)\varphi(n)$ 就是这些行和列的交点构成的和 m,n 都互素（即与 mn 互素）的所有数的个数. 所以，$\varphi(mn)=\varphi(m)\varphi(n)$.

例 2.4　设 $n=p_1^{a_1}p_2^{a_2}\cdots p_k^{a_k}$，找出 $\varphi(n)$ 的计算公式.

解　我们可以使用之前的结果将其分解如下

$$\varphi(n)=\varphi(p_1^{a_1})\varphi(p_2^{a_2})\cdots\varphi(p_k^{a_k})$$
$$=p_1^{a_1-1}(p_1-1)p_2^{a_2-1}(p_2-1)\cdots p_k^{a_k-1}(p_k-1)$$

这就是我们要找的公式.

注　这个公式有如下的替代形式

$$\varphi(n) = n\left(1 - \frac{1}{p_1}\right)\left(1 - \frac{1}{p_2}\right)\cdots\left(1 - \frac{1}{p_k}\right)$$

现在,我们给出 Euler 定理.

定理 2.1(Euler 定理) 设 a 和 n 是互素的数,则 $a^{\varphi(n)} \equiv 1 (\bmod\ n)$.

证明 设 $m_1, m_2, \cdots, m_{\varphi(n)}$ 是 1 到 n 之间与 n 互素的数的集合. 我们断言:数集 am_1, $am_2, \cdots, am_{\varphi(n)}$ 是原数集关于模 n 的一个排列. 分两部分来证明这个断言. 首先证明 $am_1, am_2, \cdots, am_{\varphi(n)}$ 中的每一个都与 n 互素. 之后证明,不存在 $i, j (i \neq j)$,使得 $am_i \equiv am_j (\bmod\ n)$.

第一部分非常简单,因为 a 和 m_i 都与 n 互素,所以,它们的乘积 am_i 当然也与 n 互素.

对于第二部分,我们采用反证法来证明. 假设 $am_i \equiv am_j (\bmod\ n)$,则 $n \mid a(m_i - m_j)$. 由于 $(a, n) = 1$,则必有 $n \mid (m_i - m_j)$,从而 $m_i \equiv m_j (\bmod\ n)$,但这是不可能的. 这样,我们就证明了断言.

下面,利用这个断言来证明定理. 考虑每个数集中所有数的乘积,两个乘积必然关于模 n 同余,即

$$m_1 m_2 \cdots m_{\varphi(n)} \equiv a^{\varphi(n)} m_1 m_2 \cdots m_{\varphi(n)} (\bmod\ n)$$

这就是说,n 整除它们的差:$n \mid m_1 m_2 \cdots m_{\varphi(n)} (a^{\varphi(n)} - 1)$. 但 $(m_1 m_2 \cdots m_{\varphi(n)}, n) = 1$,所以必有 $n \mid (a^{\varphi(n)} - 1)$. 因此可见,$a^{\varphi(n)} \equiv 1 (\bmod\ n)$.

例 2.5 求 $5^{2\,011} + 19^{1\,664}$ 除以 9 的余数.

解 在此,我们使用 Euler 定理. $\varphi(9) = 6$,由于 5 和 19 都与 9 互素,所以

$$5^6 \equiv 19^6 \equiv 1 (\bmod\ 9)$$

因此

$$5^{2\,011} + 19^{1\,664} = 5 \cdot (5^6)^{335} + 19^2 \cdot (19^6)^{277}$$
$$\equiv 5 + 19^2 \equiv 5 + 1^2 \equiv 6 (\bmod\ 9)$$

例 2.6 求出 401^{402} 的最后三个数字.

解 首先,注意到,一个数的最后三位可以通过取模 1 000 来获得. 我们尝试计算一个大指数模某个数,这是 Euler 定理的一个完美设置. 事实上,我们看到 $\varphi(1\,000) = 400$,这就意味着 $401^{400} \equiv 1 (\bmod\ 1\,000)$. 所以

$$401^{402} \equiv 401^2 = 160\,801 \equiv 801 (\bmod\ 1\,000)$$

Fermat 小定理是 Euler 定理的一个特殊情况,它有许多应用.

定理 2.2(Fermat 小定理) 对于任意素数 p 以及与其互素的整数 a,有 $a^{p-1} \equiv 1 (\bmod\ p)$.

证明 在 Euler 定理中,令 $n = p$,由于 $\varphi(p) = p - 1$,所以,$a^{p-1} \equiv 1 (\bmod\ p)$.

例 2.7 证明:对所有素数 $p > 5$,数 $\underbrace{111\cdots11}_{p-1\text{个}1}$ 是 p 的倍数.

证明　我们有

$$\underbrace{111\cdots 11}_{p-1\uparrow 1}=\frac{1}{9}\cdot\underbrace{999\cdots 99}_{p-1\uparrow 9}=\frac{1}{9}(10^{p-1}-1)$$

要证明这个数是 p 的倍数等价于证明 $p\mid(10^{p-1}-1)$（因为 $(p,9)=1$），但这正好是 Fermat 小定理的情形（在此，由于 $p>5$，所以 $(p,10)=1$）.

例 2.8　确定所有的素数 p，使得 $p^2\mid(11^{p^2}+1)$.

解　首先注意到，p 不能是 11. 则我们有

$$11^{p^2}\equiv 11(\bmod\ p)$$

由于

$$11^{p^2-1}=(11^{p-1})^{p+1}\equiv 1(\bmod\ p)$$

所以

$$11^{p^2}+1\equiv 12(\bmod\ p)$$

因此，如果 p，更不用说 p^2，整除 $11^{p^2}+1$，那么有 $p\mid 12$. 对此，只需检查 2 和 3 的情况.

由于 $11^4\equiv(11^2)^2\equiv 1^2\equiv 1(\bmod\ 4)$，所以 $11^4+1\equiv 2(\bmod\ 4)$. 因此，p 不可能是 2.

由于 $11^9\equiv 2^9\equiv 8(\bmod\ 9)$，所以，$11^9+1\equiv 9\equiv 0(\bmod\ 9)$，从而 $9\mid(11^9+1)$，因此，$p=3$.

总之，唯一满足问题条件的素数 p 只能是 3.

例 2.9　求出所有的有序素数对 (p,q)，使得 $pq\mid(p^q+q^p+1)$.

解　注意到 $p\mid(q^p+1)$，由 Fermat 小定理，我们还有 $q^p\equiv q(\bmod\ p)$. 所以，$p\mid(q+1)$，类似可证 $q\mid(p+1)$. 如果 p 和 q 都是奇数，那么 $p+1$ 和 $q+1$ 都是偶数，所以事实上，我们有 $2p\mid(q+1)$，$2q\mid(p+1)$. 这势必导致 $p\leqslant\dfrac{q+1}{2}$ 和 $q\leqslant\dfrac{p+1}{2}$，但这显然是不可能的，因为两者相加将给出 $p+q\leqslant 2$. 所以，不失一般性，假设 $p=2$，由 $q\mid 3$，得到 $q=3$. 因此，本题的解只能是 $(p,q)=(2,3)$ 或 $(3,2)$.

例 2.10　确定所有的素数 p 和所有的正整数 n，使得 $5^{p^n}+1\equiv 0(\bmod\ p^n)$.

解　首先使用模 p. 我们有

$$5^{p^n}=(5^{p^{n-1}})^p\equiv 5^{p^{n-1}}(\bmod\ p)$$

重复使用这个关系，得到

$$5^{p^n}\equiv 5(\bmod\ p)$$

所以，$5+1\equiv 0(\bmod\ p)$，从而 $p=2$ 或者 $p=3$.

如果 $p=2$，那么有 $n=1$. 但 $5^{p^n}+1\equiv 1^{p^n}+1\equiv 2(\bmod\ 4)$，所以，$n$ 不可能超过 1. 因此，在这个情况下只有一组解 $(p,n)=(2,1)$.

如果 $p=3$，来验证 $n=1$ 是一个解. 假设 $5^{3^n}+1\equiv 0(\bmod\ 3^n)$. 我们断言 $5^{3^{n+1}}+1\equiv 0(\bmod\ 3^{n+1})$. 有 $5^{3^n}+1=k3^n$. 所以

$$5^{3^{n+1}} = (5^{3^n})^3 = (k3^n - 1)^3 = k^3 3^{3n} - 3k^2 3^{2n} + 3k3^n - 1$$
$$= 3^{n+1}(k^3 3^{2n-1} - k^2 3^n + k) - 1$$

由此可见，$3^{n+1} | (5^{3^{n+1}} + 1)$. 这就是说，$5^{3^{n+1}} + 1 \equiv 0 \pmod{3^{n+1}}$. 所以，所有 $n \geqslant 1$ 都是解.

总之，对于任何正整数 k，本题的解只能是 $(p,n) = (2,1)$ 和 $(p,n) = (3,k)$.

第三个也是最后一个定理，就是 Wilson 定理. 在给出定理之前，考虑乘法逆的话题. 如果 $ab \equiv 1 \pmod n$，那么称介于 1 和 $n-1$ 之间的 b 为模 n 的乘法逆. 把 b 记为 $a^{-1} \pmod n$.

例 2.11　求出数 $1, 2, \cdots, 10$ 模 11 的逆.

解　各个数关于模 11 的逆如表 3 所示：

表 3

a	$a^{-1} \pmod{11}$
1	1
2	6
3	4
4	3
5	9
6	2
7	8
8	7
9	5
10	10

请注意，每个数字都有一个唯一的乘法逆，除了那些与 0 模 11 同余的数.

例 2.12　证明：如果 m 和 n 是非互素的正整数，那么对于模 n, m 没有乘法逆.

证明　设 $(m,n) = d > 1$. 则对所有正整数 a，有 $d | am$，所以，不可能有 $am \equiv 1 \pmod n$（因为也有 $d | n$）. 因此，对于模 n, m 没有乘法逆.

例 2.13　从 1 到 $m-1$ 与 m 互素的 $\varphi(m)$ 个数，记为 $m_1, m_2, \cdots, m_{\varphi(m)}$，证明：这些数关于模 m 都有唯一的乘法逆.

证明　我们利用 Euler 定理证明时用过的引理，即集合 $\{am_1, am_2, \cdots, am_{\varphi(m)}\}$ 模 m 是集合 $\{m_1, m_2, \cdots, m_{\varphi(m)}\}$ 模 m 的一个排列，其中 a 是与 m 互素的任意整数. 所以，如果我们选择任何一个与 m 互素的数，那么其中的一个就是 1. 这就产生 m_i 的唯一的乘法逆.

此外，如果 a 是 b 的乘法逆，那么 b 也是 a 的乘法逆. 请注意，模任何素数 $p, p-1$ 和

1 的模数乘法逆都是其自身.

这样,我们可以对剩余 $2,3,\cdots,p-2$ 进行配对,使得每一对中的成员是相互的乘法逆.这就引出了对 Wilson 定理的陈述和证明.

如前所述,记号 $n!$("n 的阶乘")表示 $1 \cdot 2 \cdot 3 \cdots n$.

定理 2.3(Wilson 定理)　设 $p \geqslant 2$ 是一个正整数,则 $(p-1)! \equiv -1 \pmod{p}$ 当且仅当 p 是素数.

证明　如果 p 不是素数,那么它的所有素因子都小于 $p-1$,其中每一个整除 $(p-1)!$,所以不可能成立 $(p-1)! \equiv -1 \pmod{p}$(这种情况意味着 $(p-1)!$ 和 p 是互素的).反之,利用前面的说明,将数 $2,3,\cdots,p-2$ 配对,以便每对中成员的乘积是 $1 \pmod{p}$.因此,从 1 到 $p-1$ 的所有数的乘积就等价于 $p-1 \equiv -1 \pmod{p}$,证毕.

例 2.14　证明:对任意素数 p 以及 $0 \leqslant k \leqslant p-1$,有
$$k! \ (p-k-1)! \ + (-1)^k \equiv 0 \pmod{p}$$

证明　由 Wilson 定理,有
$$(p-k-1)! \ (p-k)(p-k+1) \cdots (p-1) \equiv -1 \pmod{p}$$
当 $1 \leqslant i \leqslant k$ 时,$p-i \equiv -i \pmod{p}$,所以
$$(p-k)(p-k+1) \cdots (p-1) \equiv (-1)^k k! \pmod{p}$$
这就给出了所要证明的结果.

例 2.15　证明:$437 \mid (18! \ +1)$.

证明　首先注意到 $437 = 19 \cdot 23$,所以,问题等价于证明 $18! \equiv -1 \pmod{19}$ 和 $18! \equiv -1 \pmod{23}$.对 $\pmod{19}$ 部分,由 Wilson 定理是显然的.对 $\pmod{23}$,注意到
$$18! \equiv 24 \cdot 18! \equiv 18! \cdot (-1) \cdot (-2) \cdot (-3) \cdot (-4)$$
$$= 18! \ \cdot 19 \cdot 20 \cdot 21 \cdot 22$$
$$= 22! \ \equiv -1 \pmod{23}$$
这最后一步再次使用了 Wilson 定理.所以,$437 \mid (18! \ +1)$.

6.3　更多的 Diophantus 方程

从形式为 $ax + by = c$(其中 x 和 y 是要求解的变量)的方程开始我们的学习.强烈建议读者在阅读解答之前尝试解答一下所有问题,因为掌握其背后直觉的最佳方式是实际思考一段时间,而立即进入严谨的解法之中可能会有些困难.

例 3.1　求方程 $2x + y = 10$ 的所有整数解.

解　注意到,我们选择的任何整数 x,都有一个有效的整数 y 与之对应,即 $y = 10 - 2x$.因此,对于任何整数 t,所有的解可以表示为 $(x,y) = (t, 10-2t)$.

例 3.2　求方程 $2x + 3y = 10$ 的所有整数解.

解 注意到, $\dfrac{10-2x}{3}$ 并不总是整数. 所以, 我们寻找 $10-2x$ 是 3 的倍数的 x 的所有值. 易见

$$10-2x \equiv 1+x \pmod 3$$

因此, $10-2x$ 是 3 的倍数, 当且仅当 $1+x$ 是 3 的倍数, 或者 $x \equiv 2 \pmod 3$. 所以, 对于整数 t, 有 $x=2+3t$, 从而

$$y=\frac{10-2(2+3t)}{3}=\frac{6-6t}{3}=2-2t$$

因此, 方程的解为 $(x,y)=(2+3t,2-2t)$, 其中 t 是任意整数.

例 3.3 求方程 $3x+5y=1$ 的所有整数解.

解 用类似的方法来解这个方程. 我们有 $y=\dfrac{1-3x}{5}$. 因此, $1-3x$ 必须是 5 的倍数. 这就意味着

$$3x \equiv 1 \pmod 5$$

从而 $x \equiv 2 \pmod 5$, 所以, 方程的解为 $(x,y)=(2+5t,-1-3t)$, 其中 t 是任意整数.

例 3.4 证明: 存在某些整数 x 和 y, 使得任何整数 c 都可以表示为 $3x+5y$ 的形式.

证明 从例 3.3 的结果我们看到, 如果 (x,y) 是方程 $3x+5y=1$ 的一个解, 那么对于任何整数 $c \neq 0$, (cx,cy) 就是方程 $3x+5y=c$ 的解, 而当 $c=0$ 时, 取 $(x,y)=(5t,-3t)$ (其中 t 是任何整数).

例 3.5 证明: 任何整数 c 都可以表示为 $ax+by$ 的形式, 其中 a 和 b 是任意两个互素的整数.

证明 回想一下, 如果 $(a,b)=1$, 那么肯定有一个整数 k, 使得 $kb \equiv 1 \pmod a$ (这是 b 模 a 的乘法逆). 假设 $kb=la+1$. 我们有 $(-l)a+kb=1$, 所以解 $(x,y)=(-cl,ck)$ 将是给出方程 $ax+by=c$ 的解.

例 3.6 除 1 之外, a 和 b 的公因子是什么?

解 假设 d 是 a 和 b 的最大公因子, 我们断言: 整数 c 可以表示为 $ax+by$ 的形式, 当且仅当 $d|c$. 如果 $d>1$, 那么很显然有 $d|ax+by=c$. 为说明 d 的所有倍数都是可能的, 我们用 d 去除, 得到

$$\left(\frac{a}{d}\right)x+\left(\frac{b}{d}\right)y=\frac{c}{d}$$

这正是前面我们讨论过的问题.

例 3.7 证明: 对于整数 a,b,c,t, 且 $(a,b)=1$, 如果 (x_0,y_0) 是方程 $ax+by=c$ 的解, 那么 (x_0+bt,y_0-at) 也是其解.

证明 首先, 证明 (x_0+bt,y_0-at) 是方程的解. 实际上, 我们有

$$a(x_0+bt)+b(y_0-at)=ax_0+abt+by_0-abt=ax_0+by_0=c$$

其次,考虑方程 $ax + by = c$ 的任意一组解 (x, y). 则
$$ax + by = c = ax_0 + by_0$$
所以
$$a(x - x_0) = b(y_0 - y)$$
由于 $a \mid b(y_0 - y)$,且 $(a, b) = 1$,因此可见 $a \mid (y_0 - y)$. 所以,$y_0 - y = at$,其中 t 是某个整数. 之后,$a(x - x_0) = bat$,从而 $x = x_0 + bt$,所以 $(x, y) = (x_0 + bt, y_0 - at)$ 即为所求的解.

例 3.8　求方程 $2x + 3y + 5z = 7$ 的整数解.

解　考虑模 5,我们有
$$2x + 3y \equiv 2 \pmod{5}$$
所以,存在某个整数 s,有
$$2x + 3y = 2 + 5s$$
可以看出 $(x, y) = (1 + s, s)$ 是其一个解. 由例 3.7 的结果可知,其所有解为 $(x, y) = (1 + s + 3t, s - 2t)$. 代入原方程,得到 $z = 1 - s$. 这样,原方程的所有解为
$$(x, y, z) = (1 + s + 3t, s - 2t, 1 - s)$$
其中 r, s 是整数.

例 3.9　求方程 $(x^2 + 1)(y^2 + 1) + 2(x - y)(1 - xy) = 4(1 + xy)$ 的整数解.

解　方程等价于
$$x^2 y^2 - 2xy + 1 + x^2 + y^2 - 2xy + 2(x - y)(1 - xy) = 4$$
即
$$(xy - 1) + (x - y)^2 + 2(x - y)(1 - xy) = 4$$
因此
$$(1 - xy + x - y)^2 = [(1 + x)(1 - y)]^2 = 4$$
所以
$$|(1 + x)(1 - y)| = 2$$

有两种情况:第一种情况,$|1 + x| = 1$,$|1 - y| = 2$,在这种情况下,得到解 $(0, 3)$,$(0, -1)$,$(-2, 3)$,$(-2, -1)$;第二种情况,$|1 + x| = 2$,$|1 - y| = 1$,在这种情况下,得到解 $(1, 2)$,$(1, 0)$,$(-3, 2)$,$(-3, 0)$.

关于 Diophantus 方程有大量的理论知识. 在这里我们只触及冰山一角,鼓励读者深入研究 Diophantus 方程. 在数论方面,Titu Andreescu 和 Dorin Andrica 的结构、实例和问题涵盖了这些方程的细节.

6.4　构　　造

构造是通过创建满足其所需属性的一般表达式来证明某种特定数量存在的技巧. 下

面,我们通过一系列示例来说明这个方法.

例 4.1 证明:存在无穷多个整数 n,使得 $n-1,n$ 和 $n+1$ 可以写成两个完全平方的和.

证明 我们尝试让 $n-1$ 是一个完全平方.假设 $n-1=k^2$.则 $n-1=k^2+0^2,n=k^2+1^2$,余下的就是要 $n+1=k^2+2$ 写成两个数的平方和.注意到

$$k^2+2=(k-1)^2+2k+1$$

可以让 $2k+1$ 是一个完全平方,为此取 $k=2t^2+2t$,则

$$2k+1=4t^2+4t+1=(2t+1)^2$$

综合起来,我们看到,对任意正整数 t,选取 $n=(2t^2+2t)^2+1$ 就是一个解.因为对 t 的选择有着无限多的可能性,因此也有无限多的 n 满足所需条件.

乍一看,构造看起来很神奇或难以想出,但实际上其背后有很多推理和直觉.

例 4.2 证明:如果 n 可以写成三个完全平方的和,那么 n^2 也可以.

证明 取 $n=a^2+b^2+c^2$,则

$$n^2=a^4+b^4+c^4+2a^2b^2+2b^2c^2+2c^2a^2$$

我们想将这个表达式写成三个完全平方和的形式,所以,考虑 $(a^2+b^2-c^2)^2$.这将用到四个项:a^4,b^4,c^4 和 $2a^2b^2$.但是,这也带来项 $-2b^2c^2-2c^2a^2$,要纠正这个问题,必须添加项 $4b^2c^2$ 和 $4c^2a^2$.注意到,这两个项也是完全平方.这样,我们就构造出

$$n^2=(a^2+b^2-c^2)^2+(2bc)^2+(2ca)^2$$

证毕.

例 4.3 证明:有无限多的正整数三元组 (a,b,c),使得 $a+b+c,\max(a,b,c)+1$ 和 $abc+1$ 都是完全平方.

证明 我们从任何四个连续的正整数的乘积是一个完全平方数少 1 这个结果开始.这是由于

$$t(t+1)(t+2)(t+3)+1=t^4+6t^3+11t^2+6t+1=(t^2+3t+1)^2$$

则 $t(t+2)=t^2+2t$ 是一个完全平方少 1,所以,可以取 $a=t^2+2t,b=t+1,c=t+3$,其中参数 $t\geqslant 2$.事实证明,它们的和也是一个完全平方,这个构造是完美的.这就完成了证明,因为我们可以选择参数 t 的无限多个可能值,并且每个值都产生一个唯一的三元组 (a,b,c).

例 4.4 如果 n 是大于 1 的整数,使得 $n+1$ 是合数,证明:存在某些正整数 a,b,c,使得 $n=ab+bc+ca$.

证明 因为 $n+1$ 是合数,所以,它必定可以写成 pq 的形式,其中 $p,q\geqslant 2$.这样,对于某些 $a,b\geqslant 1$,必有 $p=a+1,q=b+1$.则

$$n=(a+1)(b+1)-1=ab+a+b$$

显然,$c=1$.这样一来,$(a,b,c)=(p-1,q-1,1)$ 满足 $n=ab+bc+ca$,且 a,b,c 是正数.

例 4.5　证明:有无限多整数三元组 (a,b,c),满足 $a^2+b^2+c^2=a^3+b^3+c^3$.

证明　首先,注意到,为了消去 b^3+c^3,我们取 $c=-b$.则条件变成了

$$a^2+2b^2=a^3$$

即

$$2b^2=a^3-a^2=a^2(a-1)$$

这样,$a-1$ 必是一个完全平方的 2 倍,所以,设 $a=2k^2+1$,其中 k 是整数参数.因此,有无限多三元组

$$(a,b,c)=(2k^2+1,2k^3+k,-2k^3-k)$$

满足给定的条件.

例 4.6　证明:有无限多正整数 a,b,c,d,使得 $a-b+c-d$ 和 $a^2-b^2+c^2-d^2$ 是连续的奇整数.

证明　我们将试图用一些变量 n 来形成一个构造.由于 $a-b+c-d$ 和 $a^2-b^2+c^2-d^2$ 是连续的奇整数,尝试使两者表示为 n 的线性形式.所以,需要消去 $a^2-b^2+c^2-d^2$ 中的所有二次项.如果

$$a=a_1n+a_0,b=b_1n+b_0,c=c_1n+c_0,d=d_1n+d_0$$

我们必须要求 $a_1^2+c_1^2=b_1^2+d_1^2$.换句话说,需要一个可以写成不同方式的两个完全平方和的数字.像这样的一个数字 $50=7^2+1^2=5^2+5^2$.这样,可以考虑

$$(a,b,c,d)=(5n,7n,5n,n)$$

很显然,这样是不行的,为此,我们将 d 调整为 $n-1$.现在

$$a-b+c-d=2n+1,a^2-b^2+c^2-d^2=2n-1$$

这样,就找到了我们的构造 $(a,b,c,d)=(5n,7n,5n,n-1)$.

第7章 问 题 2

7.1 问 题

1. 数 N 的数字是 $2,3,4,5,6,9$ 按任意顺序排列,能是一个完全平方吗?

2. 求方程 $\dfrac{3}{x}+\dfrac{4}{y}-\dfrac{5}{xy}=2$ 的整数解.

3. 证明:数 729 000 061 是合数.

4. 求出能整除 $3^{32}-2^{32}$ 的 4 个小于 100 的素数.

5. 如果 p,q,r 是素数,使得 $pqr=7(p+q+r)$,求 $p^2+q^2+r^2$.

6. 求所有的素数 p,使得 $2p+1$ 和 $4p+1$ 也是素数.

7. 是否存在任何素数 p,q,r,满足 $p^2+q^2=r^2$?

8. 求所有的整数 n,满足 $n-2$ 和 n^2-n+1 都是完全立方.

9. 求所有的素数 p,q,r,满足 $pqr+\min(pq,qr,rp)=2\ 016$.

10. 设 a,b,c 是整数,证明:$a^5+b^5+c^5+5abc(ab+bc+ca)$ 能被 $a+b+c$ 整除.

11. 求所有的正整数 n,使得 $2^n+12^n+2\ 011^n$ 是一个完全平方.

12. 证明:如果 $P(x)$ 是整系数多项式,满足 $P(0)$ 和 $P(1)$ 都是奇数,那么 $P(x)$ 没有整数根.

13. 求所有的整数对 (x,y),满足下列方程组
$$\begin{cases} x^2+11=xy+y^4 \\ y^2-30=xy \end{cases}$$

14. 证明:如果 a,b 是互素的正整数,那么存在正整数 m,n,使得 $a^m+b^n\equiv 1(\bmod ab)$.

15. 分数 $\dfrac{1}{2\ 015}$ 有一个唯一"(限制)部分分式分解"的形式 $\dfrac{1}{2\ 015}=\dfrac{a}{5}+\dfrac{b}{13}+\dfrac{c}{31}$,其中 a,b,c 是整数,且 $0\leqslant a<5,0\leqslant b<13$. 求 $a+b$.

16. 设 a,b,c 是两两互素的正整数,且 a 和 c 都是奇数,满足 $a^2+b^2=c^2$. 证明:$b+c$ 是一个完全平方.

17. 设 a,b,c 是三个两两不同的整数,P 是一个整系数多项式. 证明:$P(a)=b,P(b)=c,P(c)=a$ 不可能同时成立.

提示 6.

18. 找到前导数字 3 的所有正整数 n,这样如果删除了这个最初的数字,结果数字就是 n 的五分之一.

19. 证明:对任何正奇整数 n,$n^n - n$ 是 24 的倍数.

20. 设 a, b, c 为三个七位数字,其中每个数字 1,2,3,4,5,6,7 只包含一次. 证明:$a + b \neq c$.

21. 求所有的正整数 n,使得 $4n^3 - 3n + 1$ 是一个完全平方.

22. 证明:对于正整数 n,2^n 整除 $(n+1)(n+2)\cdots(2n)$,但 2^{n+1} 不能整除它.

23. 设 a, n 是正整数,且 a 是奇数,证明:$2^{n+2} \mid (a^{2^n} - 1)$.

24. 设 $q > 3$ 是素数. 证明:$\dfrac{q^2 + 5}{6}$ 可以写成三个平方和.

25. 求所有的整数 q,使得 $q, 2q+1, 4q-1, 6q-1, 8q+1$ 都是素数.

26. 证明:在任何 18 个连续的三位数字中,总有一个可以被其数字和整除.

27. 求所有素数对 (p, q),使得 $p^2 - q^2 - 1$ 是一个完全平方.

28. 求方程 $x^2 + y^2 + z^2 + w^2 = 3(x + y + z + w)$ 的不同整数解.

29. 证明:3 可以用无限多种方式写成四个立方的和.
提示 22.

30. 确定所有的可以表示为 $\dfrac{ab + bc + ca}{a + b + c + \min(a, b, c)}$ 的正整数,其中 a, b, c 是某些正整数.

31. 证明:数列 $\dfrac{107\ 811}{3}, \dfrac{110\ 778\ 111}{3}, \dfrac{111\ 077\ 781\ 111}{3}, \cdots$ 中的每一个都是完全立方.

32. 求所有的正整数 n,使得 $n! + 9$ 是一个完全立方.

33. 证明:对于任何整数 a, b, c, d,$(a - b)(a - c)(a - d)(b - c)(b - d)(c - d)$ 能被 12 整除.

34. 求方程 $xy + yz + zx - xyz = 4$ 的正整数解.

35. 求方程 $xy + yz + zx - 5\sqrt{x^2 + y^2 + z^2} = 1$ 的正整数解.

36. 证明:如果三个连续整数的立方和是一个完全立方,那么中间的整数可以被 4 整除.
提示 58,29.

37. 当 $4\ 444^{4\ 444}$ 用十进制表示时,其各位数字之和为 A. 用 B 表示 A 的各位数字之和,求 B 的各位数字之和(A 和 B 都用十进制表示).

38. 证明:Eisenstein 判别准则:假设整系数多项式
$$f(x) = a_n x^n + a_{n-1} x^{n-1} + \cdots + a_1 x + a_0$$

如果存在一个素数 p 满足以下三个条件：

(1) p 整除每一个 $a_i (i \neq n)$；

(2) p 不能整除 a_n；

(3) p^2 不能整除 a_0.

那么 f 不能表示为两个非常数整系数多项式的乘积.

提示 49.

39. 在等式 $\sqrt{ABCDEF} = DEF$ 中，不同的字母表示不同的数字. 求六个数字的数 $ABCDEF$.

40. 求方程 $xy - 7\sqrt{x^2 + y^2} = 1$ 的整数解.

41. 求出所有不包含数字 0 的五位数字，以便每次删除最左边的数字时，我们都会获得前一个数字的因数.

42. 证明：不存在整数 $n \geqslant 2$，使得 $\dfrac{3^n - 2^n}{n}$ 是整数.

43. 设 p 是素数. 证明：同余式 $x^2 \equiv -1 \pmod{p}$ 有一个解，当且仅当 $p = 2$ 或者 p 是形如 $4k + 1$ 的素数.

44. 证明：任何具有 2^n 个数字的数，所有数字都相同，则它至少有 n 个不同的素因子.

45. 证明：没有素数可以用两种不同的方式写成两个平方和.

46. 确定所有正合数 n，将所有 n 的大于 1 的因子排列在一个圆中，使得不会有两个相邻的因子互素.

47. 证明：方程 $4xy - x - y = z^2$ 没有正整数解.

提示 54.

48. 确定所有与无限序列 $a_n = 2^n + 3^n + 6^n - 1 (n \geqslant 1)$ 的所有项都互素的正整数.

提示 30.

49. 求方程 $x^2(y - 1) + y^2(x - 1) = 1$ 的整数解.

提示 19.

50. 设 n 是正整数，$a_1, a_2, \cdots, a_k (k \geqslant 2)$ 是集合 $\{1, 2, \cdots, n\}$ 中不同的整数，使得 n 整除 $a_i(a_{i+1} - 1) (i = 1, 2, \cdots, k - 1)$. 证明：$n$ 不能整除 $a_k(a_1 - 1)$.

提示 40.

51. 设 a, b, c 是正整数. 证明：存在一个正整数 n，使得 $(a^2 + n)(b^2 + n)(c^2 + n)$ 是一个完全平方.

提示 34.

52. 求方程 $2(x^3 + y^3) - \dfrac{xy}{2} = 2\,016$ 的正整数解.

53. 证明：数 $\dfrac{5^{125} - 1}{5^{25} - 1}$ 是合数.

提示 43,63,11.

54.设整数 n 满足 $3^n - 2^n$ 是一个素数的幂次.证明:n 是素数.

提示 7,37.

55.求方程 $x^3 - xy + y^3 = 7$ 的整数解.

提示 19.

56.求方程 $x^3 + y^3 + z^3 + u^3 + v^3 + w^3 = 53\ 353$ 的素数解.

提示 4,28,52.

7.2　解　　答

1.数 N 的数字是 $2,3,4,5,6,9$ 按任意顺序排列,能是一个完全平方吗?

解　我们希望关注一些仅取决于数字位数而非取决于顺序的数量,因此考虑以 3 为模数,得

$$N \equiv 2 + 3 + 4 + 5 + 6 + 9 \equiv 2 (\mathrm{mod}\ 3)$$

然而,没有完全平方可以是 2 模 3,所以 N 永远不可能是完全平方.

2.求方程 $\dfrac{3}{x} + \dfrac{4}{y} - \dfrac{5}{xy} = 2$ 的整数解.

解　两边同乘以 xy,得

$$3y + 4x - 5 = 2xy$$

即

$$2xy - 4x - 3y = -5$$

两边同时加上 6,左边进行分解,得

$$(2x - 3)(y - 2) = 1$$

因此,我们有

$$2x - 3 = 1, y - 2 = 1$$

此时得到解 $(x,y) = (2,3)$,或者

$$2x - 3 = -1, y - 2 = -1$$

此时得到解 $(x,y) = (1,1)$.

3.证明:数 $729\ 000\ 061$ 是合数.

证明　注意到 $729 = 3^6$.这激发了一种新的思考方式

$$729\ 000\ 061 = 30^6 + 2 \cdot 30 + 1$$

考虑多项式 $n^6 + 2n + 1$.注意到 $n = -1$ 是一个根,所以 $n + 1$ 是其一个因子.因此,得出结论,当 $n = 30$ 时,$31 \mid 729\ 000\ 061$.所以,$729\ 000\ 061$ 必是合数.

4.求出能整除 $3^{32} - 2^{32}$ 的 4 个小于 100 的素数.

解 应用平方差公式分解,得

$$3^{32} - 2^{32} = (3-2)(3+2)(3^2+2^2)(3^4+2^4)(3^8+2^8)(3^{16}+2^{16})$$

现在,我们查找素数.$3+2=5$ 是一个素数,$3^2+2^2=13$ 是第二个素数,$3^4+2^4=97$ 是第三个素数.目前只需要一个素数就可以了.计算 3^8+2^8 是 6 817.注意到 $68=4\cdot17$,所以 $6\,817=401\cdot17$.这给出了第四个素数.

5.如果 p,q,r 是素数,使得 $pqr=7(p+q+r)$,求 $p^2+q^2+r^2$.

解 从给定的等式,我们有 $7\mid pqr$,因为 p,q,r 是素数,所以其中必有一个是 7.不失一般性,假设 $p=7$.则有 $qr=7+q+r$,这可以分解为 $(q-1)(r-1)=8$.因此给出可能解是 $(q,r)=(9,2),(5,3),(3,5),(2,9)$,但只有 $(3,5),(5,3)$ 是素数对.这样,所有解 (p,q,r) 是 $(3,5,7)$ 的所有可能的排列,所以 $p^2+q^2+r^2=83$.

6.求所有的素数 p,使得 $2p+1$ 和 $4p+1$ 也是素数.

解 除 3 以外的所有素数必是 1 或 2 模 3 同余.注意到

$$4p+1 \equiv p+1 \pmod 3$$

所以,如果 p 和 $4p+1$ 都是大于 3 的素数,那么必有 $p\equiv1\pmod3$.然而,这意味着 $2p+1\equiv0\pmod3$,这是不可能的(因为 p 已经超过 3 了).所以,找到解的唯一机会是 $p=3$,那么就有 $2p+1=7$ 和 $4p+1=13$.它们的确是素数,所以 $p=3$ 是唯一的解.

7.是否存在任何素数 p,q,r,满足 $p^2+q^2=r^2$?

解 观察的关键是,如果 p,q 都是奇数,那么 r 必是偶数;否则,p,q 中的一个必是偶数.所以,无论如何,p,q,r 中的一个必是偶数,因此它必是 2.现在,很容易使用平方差分解的方式验证,它没有解.作为练习留给读者.

8.求所有的整数 n,满足 $n-2$ 和 n^2-n+1 都是完全立方.

解 注意到,如果 $n-2$ 和 n^2-n+1 都是完全立方,那么它们的乘积 n^3-3n^2+3n-2 也必定是一个完全立方.但 $n^3-3n^2+3n-1=(n-1)^3$ 是一个完全立方.因此,我们有两个连续的完全立方,它们必是 0 和 1 或 -1 和 0.所以 $(n-1)^3=0$ 或 -1.在前一种情况下,$n=1$,且 $1-2=-1,1^2-1+1=1$ 确实都是完全立方.但第二种情况得到 $n=0$,而 $0-2=-2$ 不是完全立方,所以唯一的解是 1.

9.求所有的素数 p,q,r,满足 $pqr+\min(pq,qr,rp)=2\,016$.

解 假设 $p\leqslant q\leqslant r$,则 $\min(pq,qr,rp)=pq$.所以,方程变成了 $pq(r+1)=2\,016$.注意到 $2\,016=2^5\cdot3^2\cdot7$,所以 (p,q) 可能的值是 $(2,2),(2,3),(2,7),(3,3),(3,7)$.尝试其中的每一个,我们发现只有 $(2,2)$ 和 $(3,3)$ 产生的 r 是素数.因此,答案是 $(2,2,503)$ 和 $(3,3,223)$ 及其所有排列.

10.设 a,b,c 是整数,证明:$a^5+b^5+c^5+5abc(ab+bc+ca)$ 能被 $a+b+c$ 整除.

证明 我们将通过模 $a+b+c$ 证明这个结果.关键是 $a\equiv-b-c\pmod{a+b+c}$.因此,可以展开

$$a^5 \equiv (-b-c)^5 = -b^5 - c^5 - 5bc(b^3 + c^3) - 10b^2c^2(b+c) \pmod{a+b+c}$$

或者重新安排,得

$$a^5 + b^5 + c^5 \equiv -5bc(b^3 + c^3) - 10b^2c^2(b+c) \pmod{a+b+c}$$

现在,注意到到右侧是 $-5bc(b+c)$ 的倍数,所以分解

$$-5bc(b^3 + c^3) - 10b^2c^2(b+c) = -5bc(b+c)(b^2 - bc + c^2 + 2bc)$$
$$= -5bc(b+c)(b^2 + bc + c^2)$$

因此

$$a^5 + b^5 + c^5 \equiv 5abc(b^2 + bc + c^2) \pmod{a+b+c}$$

注意到

$$ab + bc + ca = a(b+c) + bc \equiv -(b+c)^2 + bc$$
$$= -(b^2 + bc + c^2) \pmod{a+b+c}$$

所以

$$a^5 + b^5 + c^5 \equiv -5abc(ab + bc + ca) \pmod{a+b+c}$$

因此可见,$a+b+c$ 整除 $a^5 + b^5 + c^5 + 5abc(ab + bc + ca)$.

11. 求所有的正整数 n,使得 $2^n + 12^n + 2\,011^n$ 是一个完全平方.

解(USAJMO 2011)　使用模 3. 注意到

$$2\,011^n \equiv 1 \pmod 3, 12^n \equiv 0 \pmod 3, 2^n \equiv (-1)^n \pmod 3$$

完全平方模 3 只能是 0 或 1,所以 n 必是奇数. 现在,考虑模 4,并假设 $n > 1$. 则由 n 是奇数,有

$$2^n + 12^n + 2\,011^n \equiv 0 + 0 + (-1)^n \equiv -1 \pmod 4$$

但这不可能是一个完全平方. 因此,n 的唯一可能值为 1,这的确是可行的,因为

$$2 + 12 + 2\,011 = 2\,025 = 45^2$$

12. 证明:如果 $P(x)$ 是整系数多项式,满足 $P(0)$ 和 $P(1)$ 都是奇数,那么 $P(x)$ 没有整数根.

证明　考虑任何整数 n,并设 r 是当 n 除以 2 时的余数. 回顾一下代数知识,我们知道,对任意整数 a, b,有

$$a - b \mid P(a) - P(b)$$

因此

$$n - r \mid P(n) - P(r)$$

由于 $n - r$ 是偶数,所以 $P(n) - P(r)$ 也必定是偶数. 这就意味着 $P(n)$ 是奇数,因为 $r \in \{0, 1\}$,而且 $P(0)$ 和 $P(1)$ 都是奇数. 但 $P(n)$ 不可能是 0,一个偶数,所以没有整数可以为其根.

13. 求所有的整数对 (x, y),满足下列方程组

$$\begin{cases} x^2 + 11 = xy + y^4 \\ y^2 - 30 = xy \end{cases}$$

解 请注意,通过加法组合方程,则形成一个 $(x-y)^2$ 项与已经存在的 y^4 项. 然后可以使用平方差分解,得

$$(x-y)^2 - y^4 = (x - y + y^2)(x - y - y^2) = 19$$

由于 19 是素数,而且 $x - y - y^2 \leqslant x - y + y^2$,因此,有两种可能性

$$x - y + y^2 = 19, x - y - y^2 = 1$$

在这种情况下有

$$y^2 = 9, x - y = 10$$

或者

$$x - y + y^2 = -1, x - y - y^2 = -19$$

在这种情况下有

$$y^2 = 9, x - y = -10$$

第一种情况给出的可能解是 $(x,y) = (13,3), (7,-3)$,经检验只有 $(7,-3)$ 是解. 类似的,第二种情况给出的可能解是 $(x,y) = (-13,-3), (-7,3)$,经检验只有 $(-7,3)$ 是解. 所以,方程组的解是 $(x,y) = (7,-3), (-7,3)$.

14. 证明:如果 a, b 是互素的正整数,那么存在正整数 m, n,使得 $a^m + b^n \equiv 1 \pmod{ab}$.

证明 注意到,如果令 $m = \varphi(b), n = \varphi(a)$,那么由 Euler 定理,有

$$a^m \equiv 1 \pmod{b}, b^n \equiv 1 \pmod{a}$$

所以,$a^m + b^n - 1$ 是 a 和 b 的倍数,因此

$$a^m + b^n \equiv 1 \pmod{ab}$$

证毕.

15. 分数 $\dfrac{1}{2\,015}$ 有一个唯一"(限制)部分分式分解"的形式 $\dfrac{1}{2\,015} = \dfrac{a}{5} + \dfrac{b}{13} + \dfrac{c}{31}$,其中 a, b, c 是整数,且 $0 \leqslant a < 5, 0 \leqslant b < 13$. 求 $a + b$.

解(HMMT) 等式两边同乘以 2 015,得

$$1 = 13 \cdot 31a + 5 \cdot 31b + 5 \cdot 13c$$

取模 5,得

$$1 \equiv 13 \cdot 31a \equiv 3a \pmod{5}$$

所以

$$a \equiv 3^{-1} \equiv 2 \pmod{5}$$

取模 13,得

$$1 \equiv 5 \cdot 31b \equiv 12b \pmod{13}$$

所以

$$b \equiv 12^{-1} \equiv 12 \pmod{13}$$

a 和 b 上的大小约束迫使 $a=2, b=12$,所以 $a+b=14$.

16. 设 a, b, c 是两两互素的正整数,且 a 和 c 都是奇数,满足 $a^2+b^2=c^2$. 证明:$b+c$ 是一个完全平方.

证明　把给定的方程写成形式

$$a^2 = (c-b)(c+b)$$

我们断言:$c-b$ 和 $c+b$ 互素.若不然,则存在一个素数 p 能同时整除它们.则 p 也能整除

$$(c+b) + (c-b) = 2c$$

和

$$(c+b) - (c-b) = 2b$$

但 b 和 c 是互素的,所以必有 $p=2$.但 a^2 是奇数,矛盾.

所以,$c-b$ 和 $c+b$ 互素.由于它们的乘积是一个完全平方,因此,它们每一个都必定是完全平方,结论得证.

17. 设 a, b, c 是三个两两不同的整数,P 是一个整系数多项式.证明:$P(a)=b, P(b)=c, P(c)=a$ 不可能同时成立.

证明(USAMO 1974)　采用反证法证明.假设确有 $P(a)=b, P(b)=c, P(c)=a$. 回顾一下代数知识我们知道,$a-b \mid P(a)-P(b)$,由假设条件,即 $(a-b) \mid (b-c)$.由于处理的是整数,可以说 $(a-b) \mid (b-c)$.类似的,有 $(b-c) \mid (c-a), (c-a) \mid (a-b)$.这样一来,设

$$|a-b| = |b-c| = |c-a| = k$$

则

$$0 = (a-b) + (b-c) + (c-a) = \pm k \pm k \pm k = k(\pm 1 \pm 1 \pm 1)$$

但 $\pm 1 \pm 1 \pm 1$ 不可能是 0,因为它有奇数个,所以只能有 $k=0$,而这与 a, b, c 不同的假设相矛盾.

18. 找到前导数字 3 的所有正整数 n,如果删除了这个最初的数字,结果数字就是 n 的五分之一.

解　假设 n 有 $k+1$ 位数字,令 m 是由这些数字中最右边的 k 位组成的数.则陈述的问题等价于

$$n = 3 \cdot 10^k + m = 5m$$

所以

$$3 \cdot 10^k = 4m$$

于是

$$m = 75 \cdot 10^{k-2}$$

因此,n 是形式为 $375 \cdot 10^t$ 的数,其中 t 是非负整数.

19. 证明:对任何正奇整数 n,$n^n - n$ 是 24 的倍数.

证明 我们来证明 $n^n - n$ 是 8 和 3 的倍数. 为证明它是 8 的倍数,注意到

$$n^2 \equiv 1 (\bmod 8)$$

所以,如果 $n = 2k + 1$,则

$$n^n \equiv (n^2)^k \cdot n \equiv n (\bmod 8)$$

为证明它是 3 的倍数,注意到

$$n \equiv 0 (\bmod 3)$$

的情况是平凡的,所以,假设 $(n, 3) = 1$. 由 Fermat 小定理可知,$n^2 \equiv 1 (\bmod 3)$,因此,按照上面的步骤就得到 $n^n \equiv n (\bmod 3)$,命题得证.

20. 设 a, b, c 为三个七位数字,其中每个数字 1,2,3,4,5,6,7 只包含一次. 证明:$a + b \neq c$.

证明 回想一下,任何数除以 9 时的余数与该数的数字总和除以 9 时的余数是相同的. 这就意味着

$$a \equiv b \equiv c \equiv 1 (\bmod 9)$$

但

$$a + b \equiv 1 + 1 \equiv 2 (\bmod 9)$$

所以它永远不会等于 c,因为 $c \equiv 1 (\bmod 9)$. 证毕.

21. 求所有的正整数 n,使得 $4n^3 - 3n + 1$ 是一个完全平方.

解 注意到 -1 是多项式的一个根,所以分解出因子 $n + 1$,得

$$4n^3 - 3n + 1 = (n + 1)(2n - 1)^2$$

这样,$4n^3 - 3n + 1$ 是一个完全平方,当且仅当 $n + 1$ 是一个完全平方. 因此,答案是所有比完全平方小 1 的 n 的集合.

22. 证明:对于正整数 n,2^n 整除 $(n+1)(n+2)\cdots(2n)$,但 2^{n+1} 不能整除它.

证明 我们可以把表达式表示为

$$(n+1)(n+2)\cdots(2n) = \frac{1 \cdot 2 \cdot \cdots \cdot (2n)}{1 \cdot 2 \cdot \cdots \cdot n} = \frac{1 \cdot 2 \cdot \cdots \cdot (2n-1) \cdot 2 \cdot 4 \cdot \cdots \cdot (2n)}{1 \cdot 2 \cdot \cdots \cdot n}$$

$$= 1 \cdot 3 \cdot 5 \cdot \cdots \cdot (2n-1) \cdot 2^n$$

现在看到,由于表达式是 2^n 乘以奇数,因此它是 2^n 的倍数,但不是 2^{n+1} 的倍数.

23. 设 a, n 是正整数,且 a 是奇数,证明:$2^{n+2} \mid (a^{2^n} - 1)$.

证明 对 n 采用归纳法. 当 $n = 1$ 时,命题变成 $8 \mid (a^2 - 1)$. 由于

$$a^2 - 1 = (2k - 1)^2 - 1 = 4k^2 - 4k = 4k(k - 1)$$

以及 $k(k - 1)$ 是偶数,所以命题为真. 假设命题对于 n 为真,我们来证明命题对 $n + 1$ 也为真. 这在平方差分解之后,变得很清楚

$$a^{2^{n+1}} - 1 = (a^{2^n})^2 - 1 = (a^{2^n} - 1)(a^{2^n} + 1)$$

我们知道

$$2^{n+2} \mid (a^{2^n} - 1), 2 \mid (a^{2^n} + 1)$$

所以

$$2^{n+2} \cdot 2 = 2^{n+3} \mid (a^{2^{n+1}} - 1)$$

证毕.

另外的结果:可以多次使用平方差公式来分解 $a^{2^n} - 1$,即

$$a^{2^n} - 1 = (a - 1)(a + 1)(a^2 + 1) \cdots (a^{2^{n-1}} + 1)$$

注意到 $(a - 1)(a + 1)$ 是 8 的倍数,其他所有因子都是偶数,所以结论是显然的.

24. 设 $q > 3$ 是素数. 证明:$\dfrac{q^2 + 5}{6}$ 可以写成三个平方和.

证明 首先注意到 $q \equiv \pm 1 \pmod 6$. 所以,可以把 q 写成形式 $q = 6n \pm 1$,其中 n 是整数. 因此

$$\frac{q^2 + 5}{6} = 6n^2 \pm 2n + 1 = (n \pm 1)^2 + n^2 + (2n)^2$$

命题得证.

25. 求所有的整数 q,使得 $q, 2q+1, 4q-1, 6q-1, 8q+1$ 都是素数.

解 考虑模 5. 如果 $q \equiv 1 \pmod 5$,那么 $6q - 1 \equiv 0 \pmod 5$,它不可能是素数. 如果 $q \equiv 2 \pmod 5$,那么 $2q + 1 \equiv 0 \pmod 5$,这只能是 $q = 2$ 时的素数,这也确实是问题的解(数是 $2, 5, 7, 11, 17$). 如果 $q \equiv 3 \pmod 5$,那么 $8q + 1 \equiv 0 \pmod 5$,这也不可能是素数. 如果 $q \equiv 4 \pmod 5$,那么 $4q - 1 \equiv 0 \pmod 5$,它同样不可能是素数. 现在,剩余的机会只有 $q \equiv 0 \pmod 5$,这意味着 $q = 5$. 事实上,所有的数字都是素数:$5, 11, 19, 29$ 和 41,所以得到的解是 $q = 2, 5$.

26. 证明:在任何 18 个连续的三位数字中,总有一个可以被其数字和整除.

证明 注意到,在这 18 个数中,将有两个是 9 的整数倍,其数字之和将是 9 的倍数. 它可以是 9,18 或 27(因为三位数字的和不可能更高). 如果其中任何一个的数字总和为 9,此时命题成立. 如果其中任何一个的数字总和为 27,那么它必须是 999(这是 27 的倍数),此时命题也成立. 唯一剩下的情况是,如果他们两个的数字总和都是 18,但是在两者之间,必须是偶数(因为它们是 9 的连续倍数),因此其中一个可以被 18 整除,此时命题亦成立.

27. 求所有素数对 (p, q),使得 $p^2 - q^2 - 1$ 是一个完全平方.

解 如果 p, q 两个都是奇数,那么 $p^2 \equiv q^2 \equiv 1 \pmod 8$. 所以

$$p^2 - q^2 - 1 \equiv -1 \pmod 8$$

但这不可能是一个完全平方. 因此,p 或 q 中至少有一个必是偶数,即至少有一个是 2. 如

果 $p=2$,那么

$$p^2 - q^2 - 1 = 3 - q^2$$

当 $q^2=2$ 或 $q^2=3$ 时,是一个完全平方,但这是不可能的.所以,必有 $q=2$.那么

$$p^2 - q^2 - 1 = p^2 - 5 = k^2$$

其中 k 是正整数.使用平方差分解得到

$$(p-k)(p+k) = 5$$

从而

$$p - k = 1, \quad p + k = 5$$

解得 $p=3$.因此,$(3,2)$ 便是唯一解.

28. 求方程 $x^2+y^2+z^2+w^2=3(x+y+z+w)$ 的不同整数解.

解 进行配平方.为能保持整数,先乘以 4,完成 $4x^2-12x+9$ 的平方.方程变成

$$(2x-3)^2 + (2y-3)^2 + (2z-3)^2 + (2w-3)^2 = 36$$

由此我们发现 4 个平方都是奇数.它们不可能都是 9,因为 x,y,z,w 是不同的.唯一的一种可能性是 $25+9+1+1$,在这种情况下,$(2x-3,2y-3,2z-3,2w-3)$ 是 $(5,3,1,-1)$,$(5,-3,1,-1)$,$(-5,3,1,-1)$,$(-5,-3,1,-1)$ 或其任意排列.这样我们就得到 (x,y,z,w) 是 $(4,3,2,1)$,$(4,0,2,1)$,$(-1,3,2,1)$,$(-1,0,2,1)$ 之一的排列.

29. 证明:3 可以用无限多种方式写成 4 个立方的和.

证明 考虑展开式 $(1+x)^3+(1-x)^3$,即

$$1 + 3x + 3x^2 + x^3 + 1 - 3x + 3x^2 - x^3 = 2 + 6x^2$$

如果使第三个立方为 1,那么得到 $3+6x^2$ 的和.我们希望选择 x 使得 $6x^2$ 是一个完全立方,因为那样可以制作第四个立方 $-6x^2$.所以,选取 $x=6k^3$,其中 k 是整数.则 $6x^2=(6k^2)^3$.总之,我们已经确定了

$$(1+6k^3)^3 + (1-6k^3)^3 + 1^3 + (-6k^2)^3 = 3$$

命题得证.

30. 确定所有的可以表示为 $\dfrac{ab+bc+ca}{a+b+c+\min(a,b,c)}$ 的正整数,其中 a,b,c 是某些正整数.

解 注意到,如果以比例 k 缩放 a,b,c 为 ak,bk,ck,那么有

$$\frac{akbk+bkck+ckak}{ak+bk+ck+\min(ak,bk,ck)} = k\frac{ab+bc+ca}{a+b+c+\min(a,b,c)}$$

如果某个值能够用所需的形式来表示,那么也可以表示这个值的所有倍数.当 $(a,b,c)=(1,1,2)$ 时,表达式的值是 1,那么当 $(a,b,c)=(k,k,2k)$ 时,表达式的值就是 k.这意味着每个正整数都可以用这种方式表示.

31. 证明:数列 $\dfrac{107\ 811}{3},\dfrac{110\ 778\ 111}{3},\dfrac{111\ 077\ 781\ 111}{3},\cdots$ 中的每一个都是完全立方.

证法 1　注意到
$$107\ 811 = 33^3 \cdot 3, 110\ 778\ 111 = 333^3 \cdot 3, 111\ 077\ 781\ 111 = 3\ 333^3 \cdot 3$$
我们来证明一般情形
$$\underbrace{111\cdots110}_{n\text{个}1}\underbrace{777\cdots78}_{n\text{个}7}\underbrace{111\cdots11}_{n+1\text{个}1} = 3 \cdot \underbrace{333\cdots3}_{n+1\text{个}3}{}^3$$
设 $k = \underbrace{111\cdots11}_{n+1\text{个}1}$. 则 $10^{n+1} = 9k+1$,所以
$$\underbrace{111\cdots110}_{n\text{个}1}\underbrace{777\cdots78}_{n\text{个}7}\underbrace{111\cdots11}_{n+1\text{个}1} = (9k+1)^2(k-1) + (9k+1)(7k+1) + k$$
我们可以很容易地验证
$$(9k+1)^2(k-1) + (9k+1)(7k+1) + k = 81k^3$$

证法 2　计算
$$9 \cdot \underbrace{111\cdots10}_{n\text{个}1}\underbrace{777\cdots78}_{n\text{个}7}\underbrace{111\cdots11}_{n+1\text{个}1} = \underbrace{999\cdots97}_{n\text{个}9}\underbrace{000\cdots02}_{n\text{个}0}\underbrace{99\cdots9}_{n+1\text{个}9}$$
$$= 10^{3n+3} - 3 \cdot 10^{2n+2} + 3 \cdot 10^{n+1} - 1 = (10^{n+1}-1)^3$$
由此,很快得出结果.

32. 求所有的正整数 n,使得 $n! + 9$ 是一个完全立方.

解　注意到,如果 $n!$ 是 27 的倍数,那么 $n! + 9$ 就是 9 的倍数,而不是 27 的倍数,所以,它不可能是一个立方. 这样一来,必有 $n \leqslant 8$,因为当 $n > 8$ 时,我们总有 $27 \mid n!$. 现在测试 n 的所有值,从 1 到 8,我们看到 $n = 6$ 产生唯一的立方数 729.

33. 证明:对于任何整数 a,b,c,d,$(a-b)(a-c)(a-d)(b-c)(b-d)(c-d)$ 能被 12 整除.

证明　用 n 表示题中的表达式. 只需证明 n 能被 3 和 4 整除. 注意到,在四个数 a,b,c,d 中,必有两个是模 3 同余的,它们的差是 3 的倍数,所以 $3 \mid n$. 对于 4,注意到,a,b,c,d 中,必有两个是模 2 同余. 不失一般性,设这两个数是 a,b,则 $2 \mid (b-a)$. 之后 b,c,d 中必有两个数是模 2 同余的,因此,这就给我们提供了所需的第二个因子 2,使得 n 是 4 的倍数,命题得证.

34. 求方程 $xy + yz + zx - xyz = 4$ 的正整数解.

解　方程可以写成形式
$$\frac{1}{x} + \frac{1}{y} + \frac{1}{z} = 1 + \frac{4}{xyz}$$
不失一般性,设 $x \leqslant y \leqslant z$. 如果 $x \geqslant 3$,方程左边最多是 1,所以方程不能成立. 因此 $x = 1$ 或 $x = 2$. 如果 $x = 1$,那么方程变成
$$y + z = 4$$

此时,有 $(y,z)=(1,3)$ 或 $(2,2)$. 如果 $x=2$,那么方程变成

$$2y - yz + 2z = 4$$

这就说 $(2-y)(z-2)=0$. 由此可见,$y=2,z$ 可以是至少为 2 的任何整数. 总之,方程的解是 $(1,1,3)$,$(2,2,t)$ 的任意排列,其中 t 是任意正整数(注意 $t \geqslant 1$ 的 $(2,2,t)$ 结合了 $t \geqslant 2$ 的 $(1,2,2)$ 和 $(2,2,t)$).

35. 求方程 $xy + yz + zx - 5\sqrt{x^2+y^2+z^2}=1$ 的正整数解.

解 首先消去平方根,得

$$(xy + yz + zx - 1)^2 = 25(x^2 + y^2 + z^2)$$

现在,我们尝试通过添加 $50(xy + yz + zx)$ 来完成右边的配方,由于不想在左边失去一个平方项,所以将 $50(xy + yz + zx)$ 吸收到平方项中并用一个常数来弥补,得

$$(xy + yz + zx + 24)^2 + 1 - 24^2 = 25(x + y + z)^2$$

平方差分解,得

$$[xy + yz + zx + 24 - 5(x + y + z)][xy + yz + zx + 24 + 5(x + y + z)]$$
$$= 24^2 - 1 = 5^2 \cdot 23$$

请注意,第一个因子总是小于第二个因子,并且它们与模 5 同余,所以它们必分别为 5 和 115. 因此有

$$xy + yz + zx = 36, x + y + z = 11$$

通过对 x,y,z 中最小(每个最多是 3)的变量进行常规个案来完成所有可能性,发现 $(2,3,6)$ 及其排列是唯一的解.

36. 证明:如果三个连续整数的立方和是一个完全立方,那么中间的整数可以被 4 整除.

证明 设三个连续整数分别是 $t-1,t,t+1$. 则它们的立方和是

$$t^3 - 3t^2 + 3t - 1 + t^3 + t^3 + 3t^2 + 3t + 1 = 3t(t^2 + 2)$$

这必须是一个立方数. 假设 t 是奇数. 则 t 和 t^2+2 互素. 如果 $3 \mid t$,那么 t 必具有 $9s^3$ 的形式,且 t^2+2 必是一个立方数. 但 $t^2 + 2 = 81s^6 + 2$ 不可能是一个立方数,因为它是 2 模 9. 如果 3 不整除 t,则 $t = s^3$,从而 $t^2 + 2 = s^6 + 2 = 9u^3$. 这就是说 $s^6 \equiv 7 \pmod 9$,但这是不可能的. 因此,t 是偶数. 则 $t^2 + 2 \equiv 2 \pmod 4$,所以,$t \equiv 0 \pmod 4$,命题得证.

37. 当 $4\,444^{4\,444}$ 用十进制表示时,其各位数字之和为 A. 用 B 表示 A 的各位数字之和,求 B 的各位数字之和(A 和 B 都用十进制表示).

解(IMO 1975) 由于我们反复找出一个数的数字之和,因此,最终结果将大大减少. 回想一下,一个数等于它的各个数字模 9 的和. 如果可以在我们的答案上建立一个上限,那么可以计算它应该是模 9,并希望用它来产生一个唯一的可能性,这个可能性必定是所需的答案. 注意到

$$4\ 444^{4\ 444} < 10\ 000^{4\ 444} = 10^{17\ 776}$$

所以，$4\ 444^{4\ 444}$ 至多有 17 776 位数. 这样，$A < 9 \cdot 17\ 776 = 159\ 984$. 当 $A = 99\ 999$ 时，A 的数字和达到最大值，这意味着 B 最多为 45. 当 $B = 39$ 时，B 的数字和达到最大，因此 B 的数字之和至多为 12.

现在，继续计算 $4\ 444^{4\ 444} \pmod 9$. 注意下面结果

$$4\ 444^3 \equiv 7^3 = 343 \equiv 1 \pmod 9$$

所以

$$4\ 444^{4\ 444} = (4\ 444^3)^{1\ 481} \cdot 4\ 444 \equiv 7 \pmod 9$$

唯一一个小于 12 的正数是 7（mod 9），本身就是 7，所以答案必然是 7.

38. 证明：Eisenstein 判别准则：假设整系数多项式

$$f(x) = a_n x^n + a_{n-1} x^{n-1} + \cdots + a_1 x + a_0$$

如果存在一个素数 p 满足以下三个条件：

(1) p 整除每一个 $a_i (i \neq n)$；

(2) p 不能整除 a_n；

(3) p^2 不能整除 a_0.

那么 f 不能表示为两个非常数整系数多项式的乘积.

证法 1　假设 $f = gh$，其中 g, h 是整系数的非常数多项式. 对等式取模 p，我们得到 $f(x) \equiv a_n x^n$，从而 $g(x) \equiv m_i x^i, h(x) \equiv k_j x^j$，其中 m_i, k_j 是常数，$i, j > 0, i + j = n$. 因此，$g(x)$ 和 $h(x)$ 的常数项是 p 的倍数，这意味着 p^2 能整除 $f(x)$ 的常数项，这是一个矛盾. 证毕.

证法 2　若不然，多项式 $f(x)$ 可以分解为两个多项式的乘积，即

$$f(x) = (b_r x^r + b_{r-1} x^{r-1} + \cdots + b_0)(c_s x^s + c_{s-1} x^{s-1} + \cdots + c_0)$$

其中 $0 < r, s < n, r + s = n$. 由展开式的常数项，我们得到 $a_0 = b_0 c_0$. 由于 $p \mid a_0$ 而 p^2 不能整除 a_0，可以看到 b_0 和 c_0 中的一个必是 p 的倍数. 不失一般性，假设 $p \mid b_0$ 而 p 不整除 c_0. 由首项，我们看到，$b_r c_s = a_n$. 由于 p 不整除 a_n，所以 p 不整除 b_r. 因此，存在下标 j，使得 p 整除 $b_0, b_1, \cdots, b_{j-1}$，但 p 不整除 b_j. 换句话说，j 是使得 p 不整除 b_j 的最小下标. 由 x^j 的系数

$$a_j = b_0 c_j + b_1 c_{j-1} + \cdots + b_{j-1} c_1 + b_j c_0$$

右边的第一个 j 项都是 p 的倍数，因为对应的 b_i 也是. 最后一项不是 p 的倍数，因为 b_j 或 c_0 都不是 p 的倍数. 所以，a_j 不是 p 的倍数. 但这是不可能的，因为我们的假设需要 $j = n$，但显然有 $j \leqslant r < n$. 得出矛盾.

39. 在等式 $\sqrt{ABCDEF} = DEF$ 中，不同的字母表示不同的数字. 求六位数字的数 $ABCDEF$.

解 两边平方,我们有

$$ABCDEF = (DEF)^2$$

即

$$ABC000 = (DEF)^2 - DEF = (DEF - 1)(DEF)$$

所以,$(DEF-1)(DEF)$ 必是 1 000 的倍数.注意到这两个因数是互素的,所以,一个必是 8 的倍数,另一个必是 125 的倍数(对于一个数是 8 和 125 的倍数显然是不可能的,因为 DEF 只是一个三位数).搜索三位数是 125 的倍数的,我们看到 $DEF = 376$ 和 $DEF = 625$ 都是可以的.如果考虑它们的平方,141 376 和 390 625,看到 376 必须舍去,因为它平方之后的数字有相同.所以,本题的答案是 390 625.

40.求方程 $xy - 7\sqrt{x^2 + y^2} = 1$ 的整数解.

解 为了去掉平方根,把方程写成

$$xy - 1 = 7\sqrt{x^2 + y^2}$$

然后,两边平方,得

$$x^2 y^2 - 2xy + 1 = 49x^2 + 49y^2$$

现在来进行配方.右边要求一个项 $98xy$,所以可以将它添加到方程两边,得

$$x^2 y^2 + 96xy + 1 = (7x + 7y)^2$$

通过向方程两边添加 2 303 来完成配方,即

$$(xy + 48)^2 = 2\ 303 + (7x + 7y)^2$$

接下来,把项 $(7x + 7y)^2$ 移到方程的左边,并用平方差分解,得

$$(xy - 7x - 7y + 48)(xy + 7x + 7y + 48) = 2\ 303$$

注意到,2 303 $= 7^2 \cdot 47$,而

$$xy - 7x - 7y + 48 \equiv xy + 7x + 7y + 48 (\bmod 7)$$

因此两个因子必是 7 的倍数.所以只有四种情况需要考虑.对于每种情况,可以找到 xy 和 $x + y$ 的相应值(表 1),然后求解 (x, y) (使用来自 $t^2 - (x + y)t + xy$ 的二次方程得出).

表 1

$xy - 7x - 7y + 48$	$xy + 7x + 7y + 48$	xy	$x + y$	(x, y)
329	7	120	-23	$(-8, -15), (-15, -8)$
7	329	120	23	$(8, 15), (15, 8)$
-7	-329	-216	-23	无整数解
-329	-7	-216	23	无整数解

因此,可能的解是 $(8, 15)$,$(15, 8)$,$(-8, -15)$,$(-15, -8)$.必须将这些解代回到原始问题中验证,以确保它们的确是解.因为我们的求解过程涉及平方问题,这可能会导

致增解.但是,经验证它们都是有效解.

41.求出所有不包含数字 0 的五位数字,以便每次删除最左边的数字时,我们都会获得前一个数字的因数.

解　设这个五位数是 $\overline{abcde}$(其中 a,b,c,d,e 是组成这个数的 5 个数字).则我们必有 $\overline{bcde}\,|\,\overline{abcde}$,这就是说 $\overline{bcde}\,|\,a\cdot10^4=a\cdot2^4\cdot5^4$.令 $\overline{bcde}=x\cdot2^k\cdot5^l$,其中 $x\,|\,a$.

如果 $l=0,\overline{bcde}\leqslant9\cdot2^4=144$.那么 $b=0$,但问题要求的是没有数字可以是 0.所以,$l>0$.由 $l>0$,我们必有 $k=0$,因为,如果 $k>0$,那么 $10\,|\,2^k\cdot5^l$,使得 $e=0$,这是不允许的.

注意到 $l>2$,否则,如果 $l\leqslant2$,那么 $\overline{bcde}\leqslant9\cdot5^2=225$,这就意味着 $b=0$(这是不允许的).我们有两种情况.

情况 $1:l=3$.

在这种情况下,$\overline{bcde}=x\cdot125.x$ 不能小于或等于 8,因为,若不然,$\overline{bcde}$ 将包含数字 0.所以,必有 $x=9$,这给出 $\overline{bcde}=1\,125$ 以及 $a=9$.数 91 125 满足问题的条件,因为 $1\,125\,|\,91\,125,125\,|\,1\,125,25\,|\,125,5\,|\,25$.

情况 $2:l=4$.

在这种情况下,$\overline{bcde}=x\cdot625.x$ 不能是偶数或 1,因为,若不然,$\overline{bcde}$ 将包含数字 0.$x=3$ 将给出 $\overline{bcde}=1\,875.x=5$ 将给出 $\overline{bcde}=3\,125$ 以及 $a=5$.我们看到,53 125 是可行的.$x=7$ 将给出 $\overline{bcde}=4\,375$,但这不能成立,因为 375 不是 4 375 的因数.最后,$x=9$ 将给出 $\overline{bcde}=5\,625$ 以及 $a=9$.我们看到 95 625 满足题设条件.我们已经考虑了所有可能的情况,最后得到三个解是 53 125,91 125,95 625.

42.证明:不存在整数 $n\geqslant2$,使得 $\dfrac{3^n-2^n}{n}$ 是整数.

证明　假设 $n>1$ 是整数,使得 $n\,|\,(3^n-2^n)$.很明显,n 是奇数,且不能被 3 整除,因为 3^n-2^n 具有这些性质.令 p 是 n 的最小素因子.这样,$p\geqslant5$.由于 p 是 n 的最小素因子并且 $p-1<p$,所以 n 的素因子不能整除 $p-1$,因此 $p-1$ 和 n 是互素的.所以,存在一个正整数 k,使得 $kn\equiv1(\bmod\;p-1)$.令 $kn=a(p-1)+1$,其中 a 是正整数,注意到 Fermat 小定理与不等式 $p>3$ 相结合,得

$$3^{kn}=3^{a(p-1)+1}=3\cdot(3^{p-1})^a\equiv3(\bmod\;p)$$

类似的,有 $2^{kn}\equiv2(\bmod\;p)$,所以,$3^{kn}-2^{kn}\equiv1(\bmod\;p)$.另一方面,$3^n-2^n$ 整除

$$3^{kn}-2^{kn}=(3^n)^k-(2^n)^k=(3^n-2^n)((3^n)^{k-1}+\cdots+(2^n)^{k-1})$$

这样,由假设 $p\,|\,n,n\,|\,(3^n-2^n),(3^n-2^n)\,|\,(3^{kn}-2^{kn})$,这与同余式 $3^{kn}-2^{kn}\equiv1(\bmod\;p)$ 矛盾.所以,这样的 n 是不存在的.

43.设 p 是素数.证明:同余式 $x^2\equiv-1(\bmod\;p)$ 有一个解,当且仅当 $p=2$ 或者 p 是形如 $4k+1$ 的素数.

证明　如果 $p=2$,结论显然成立.如果 p 的形式为 $4k+3$,并且确实存在这样的 x,那么有 $p|(x^2+1)$.注意到 $\dfrac{p-1}{2}=2k+1$ 是奇整数,如果取同余 $x^2\equiv-1(\bmod\ p)$ 的 $\dfrac{p-1}{2}$ 次幂,得

$$x^{p-1}\equiv(-1)^{2k+1}\equiv-1(\bmod\ p)$$

由 Fermat 小定理有,$x^{p-1}\equiv1(\bmod\ p)$,所以 $1\equiv-1(\bmod\ p)$.这只可能发生在素数 $p=2$,但它不是形式为 $4k+3$ 的素数.这就引出矛盾,所以没有形式为 $p=4k+3$ 的解.

如果 $p=4k+1$,令 $U=(2k)!$,断言:$U^2\equiv-1(\bmod\ p)$.我们有

$$U^2=1\cdot2\cdot\cdots\cdot(2k)\cdot(2k)\cdot(2k-1)\cdot\cdots\cdot1$$
$$\equiv1\cdot2\cdot\cdots\cdot(2k)\cdot$$
$$(p-2k)(-1)(p-(2k-1))(-1)\cdot\cdots\cdot$$
$$(p-1)(-1)(\bmod\ p)$$
$$\equiv1\cdot2\cdot\cdots\cdot(2k)\cdot(2k+1)\cdot(2k+2)\cdot\cdots\cdot(4k)\cdot(-1)^{2k}$$
$$\equiv(p-1)!\ \equiv-1(\bmod\ p)$$

所以,存在某些 $x=U$,满足 $x^2\equiv-1(\bmod\ p)$.

注　事实上,$p=4k+3$ 解的开始部分可以推广到下面的结果:对于任意两个整数 a 和 b 以及一个素数 $p\equiv3(\bmod\ 4)$,满足 $p|(a^2+b^2)$,则必有 $p|a$ 和 $p|b$.其证明作为练习留给读者,它或多或少与上面提供的 $b=1$ 的情况有相同的形式.

44.证明:任何具有 2^n 个数字的数,所有数字都相同,则它至少有 n 个不同的素因子.

证明　我们把数写成如下形式

$$N=k\cdot\frac{10^{2^n}-1}{10-1}=k(10+1)(10^2+1)\cdots(10^{2^{n-1}}+1)$$

我们断言:n 个因子 $10^{2^i}+1(i=0,1,\cdots,n-1)$ 两两互素.为证明这个结论,首先证明对于 $i_1,i_2(0\leqslant i_2<i_1\leqslant n-1)$,有

$$\gcd(10^{2^{i_1}}+1,10^{2^{i_2}}+1)=1$$

设 p 是 $10^{2^{i_2}}+1$ 的一个素因子,证明 p 不能整除 $10^{2^{i_1}}+1$.注意到 p 必是奇数.因为 $10^{2^{i_2}}\equiv-1(\bmod\ p)$,因此可见

$$10^{2^{i_1}}\equiv(10^{2^{i_2}})^{2^{i_1-i_2}}\equiv(-1)^{2^{i_1-i_2}}\equiv1(\bmod\ p)$$

这就意味着 p 整除 $10^{2^{i_1}}-1$.因为 p 是奇数,它不能整除 $10^{2^{i_1}}+1$,所以,断言得证.

45.证明:没有素数可以用两种不同的方式写成两个平方和.

证明　若不然,即

$$p=a^2+b^2=c^2+d^2$$

则

$$(a-c)(a+c)=(d-b)(d+b)$$

即

$$\frac{a-c}{d+b}=\frac{d-b}{a+c}$$

设这个分数是 $\frac{m}{n}$ ，$(m,n)=1$，则令 $a-c=sm$ ，其中的 s 满足 $d+b=sn$ ，又设 $d-b=tm$ ，

其中 t 满足 $a+c=tm$.则我们有

$$\begin{cases} a+\dfrac{1}{2}(sm+tn) \\[2mm] b=\dfrac{1}{2}(-tm+sn) \\[2mm] c=\dfrac{1}{2}(-sm+tn) \\[2mm] d=\dfrac{1}{2}(sn+tm) \end{cases}$$

这样一来

$$p=a^2+b^2=\frac{1}{4}\big[(sm+tn)^2+(-tm+sn)^2\big]=\frac{1}{4}(s^2+t^2)(m^2+n^2)$$

因此可得

$$4p=(s^2+t^2)(m^2+n^2)$$

所以 p 整除两个因子之一.假设 $p\mid(s^2+t^2)$ ，则 $(m^2+n^2)\mid 4$ ，这唯一可能的解是 $m=n=$ 1.但这就意味着 $a=d$ 矛盾.命题得证.

46.确定所有正合数 n ，将所有 n 的大于 1 的因子排列在一个圆中，使得不会有两个相邻的因子互素.

解（USAMO 2005） 首先注意，如果 $n=pq$ ，那么这是不可能的. 大于 1 的唯一除数是 p,q 和 pq ，这迫使 p 和 q 相邻. 我们断言：所有其他 n 都满足要求.

令 $n=p_1^{e_1}p_2^{e_2}\cdots p_k^{e_k}$. 如果 $k\geqslant 3$ ，我们实现下列结构：首先，把因子 $p_1p_2,p_2p_3,\cdots,$ $p_{k-1}p_k,p_kp_1$ 放置在一个圆周上. 之后，放置的每一个因子 p_i 作为因数 $p_{i-1}p_i$ 和 p_ip_{i+1} 之间的最小素因数.

现在唯一剩下的情况是 $k=2$. 如果 e_1 和 e_2 不都是 1，则会有两个除数可以被 p_1 和 p_2 整除. 然后我们把所有可以被 p_1 整除的放在这两个因数的一边，把所有其他的放在另一边. 总之，我们找到了一个除形式为 pq （p,q 为素数）外的正整数的构造方案，这就是我们的答案.

47.证明：方程 $4xy-x-y=z^2$ 没有正整数解.

解 将方程改写为

$$(4x-1)(4y-1)=(2z)^2+1$$

众所周知,没有素数 p 与3模4同余,并可以整除 $(2z)^2+1$.这意味着所有 $4x-1$ 和 $4y-1$ 的素数必是 $1(\mod 4)$.但是,这不可能使得它们相乘得到 $4x-1\equiv 4y-1\equiv 3(\mod 4)$.命题得证.

48.确定所有与无限序列 $a_n=2^n+3^n+6^n-1(n\geqslant 1)$ 的所有项都互素的正整数.

解(IMO 2005) 对任意素数 $p>3$,由 Fermat 小定理,有

$$a_{p-2}=2^{p-2}+3^{p-2}+6^{p-2}\equiv \frac{1}{2}+\frac{1}{3}+\frac{1}{6}-1(\mod p)$$

其中 $\frac{1}{a}(\mod p)$ 是 a 模 p 的逆.则注意到

$$6a_{p-2}\equiv 3+2+1-6=0(\mod p)$$

因为 p 不整除6,所以,必有 $p\mid a_{p-2}$.还有2和3整除 $a_2=48$,所以每个素数都按照顺序整除一些数.因此,1是序列中唯一与每个项都互素的正整数.

49.求方程 $x^2(y-1)+y^2(x-1)=1$ 的整数解.

解 方程展开得

$$x^2y+xy^2-x^2-y^2=1$$

没有任何好的因子分解,所以我们必须尝试一些不同的方式.由于左边的表达是对称的,考虑进行代换 $s=x+y,p=xy$.方程变成

$$sp-(s^2-2p)=1$$

这等价于

$$(s+2)p=s^2+1$$

这样一来,$s+2$ 整除 s^2+1.并且由于它也整除 s^2-4,由此可见 $s+2$ 整除5.

如果 $s+2=1$,那么 $s=-1,p=2$,从而 x,y 是二次方程 $t^2+t+2=0$ 的根,但该方程没有整数解.如果 $s+2=-1$,那么 $s=-3,p=-10$,从而 x,y 是二次方程 $t^2+3t-10=0$ 的根,这给出了问题的两个解 $(2,-5),(-5,2)$.如果 $s+2=5$,那么 $s=3,p=2$,从而 x,y 是二次方程 $t^2-3t+2=0$ 的根,这给出了问题的两个解 $(1,2),(2,1)$.如果 $s+2=-5$,那么 $s=-7,p=-10$,从而 x,y 是二次方程 $t^2+7t-10=0$ 的根,但这个方程没有整数解.所以,方程有四个解 $(1,2),(2,1),(2,-5),(-5,2)$.代入验证可知,四个解都满足方程.

50.设 n 是正整数,$a_1,a_2,\cdots,a_k(k\geqslant 2)$ 是集合 $\{1,2,\cdots,n\}$ 中不同的整数,使得 n 整除 $a_i(a_{i+1}-1)(i=1,2,\cdots,k-1)$.证明:$n$ 不能整除 $a_k(a_1-1)$.

证明(IMO 2009) 若不然,即 n 整除 $a_k(a_1-1)$.令 $n=pq$,使得 $p\mid a_1,q\mid(a_2-1)$.则由于 $n\mid a_2(a_3-1)$ 以及 $(a_2-1,a_2)=1$,我们有 $q\mid(a_3-1)$.类似可得,$q\mid(a_4-1)$,$q\mid(a_5-1),\cdots,q\mid(a_k-1),q\mid(a_1-1)$.因为 $(a_1,a_1-1)=1$,所以必有 $(p,q)=1$,这就是说 $(p,a_1-1)=1$.因此可得 $p\mid a_k$,所以 a_n-a_1 是 p 和 q 的倍数.由于 $\gcd(p,q)=1$,可

见，$pq = n$ 整除 $a_n - a_1$. 因为 $|a_n - a_1| < n$，这就需要 $a_n = a_1$，这是一个矛盾，命题得证.

51. 设 a, b, c 是正整数. 证明：存在一个正整数 n，使得 $(a^2 + n)(b^2 + n)(c^2 + n)$ 是一个完全平方.

证明　使 $a^2 + n, b^2 + n, c^2 + n$ 都是平方数是不可能的，因为只有有限多个 x 和 y，使得

$$x^2 - y^2 = (a^2 + n) - (b^2 + n) = a^2 - b^2$$

并且 a 和 b 可以选择这些值中的最大者（所以，加一个正整数永远不会导致另外两个是平方数）. 相反的，我们将以 a, b, c 的形式搜索 n 的值，其中 $a^2 + n, b^2 + n$ 和 $c^2 + n$ 都以某种方式进行因子计算，从而使其乘积成为完全平方. 因此，希望 n 关于 a, b, c 是对称的，并且它的次数是 2. 我们很快就找到了 $n = ab + bc + ca$，有

$$(a^2 + ab + bc + ca)(b^2 + ab + bc + ca)(c^2 + ab + bc + ca)$$
$$= [(a+b)(c+a)][(b+c)(a+b)][(c+a)(b+c)]$$
$$= (a+b)^2(b+c)^2(c+a)^2$$

命题得证.

52. 求方程 $2(x^3 + y^3) - \dfrac{xy}{2} = 2\,016$ 的正整数解.

解　方程两边同乘以 2，得

$$4(x^3 + y^3) - xy = 4\,032$$

注意到，xy 必是 4 的倍数. 令 $p = xy = 4a$. 还有，令 $s = x + y$. 则

$$x^3 + y^3 = s^3 - 3sp = s^3 - 12sa$$

两边同除以 4 之后，方程变成了

$$s^3 - 12sa - a = 1\,008$$

所以

$$a = \frac{s^3 - 1\,008}{12s + 1}$$

注意到，当 $s \geqslant 11$ 时，前面等式计算结果是正数. 此外，由不等式 $s^2 \geqslant 4p$ 给出

$$s^2 \geqslant 16a = 16 \cdot \frac{s^4 - 1\,008}{12s + 1}$$

这可以简化为

$$s^2(4s - 1) \leqslant 16\,128$$

由此可得 $s \leqslant 16$. 剩下的就是单独检查 $s = 11, 12, 13, 14, 15, 16$，经检查得知，只有 $s = 16$ 才能产生一个有效的 a. 由此可见，$s = 16, p = 64$，从而 $(x, y) = (8, 8)$ 是方程的唯一解.

53. 证明：数 $\dfrac{5^{125} - 1}{5^{25} - 1}$ 是合数.

证明（IMO 1992 Shortlist）　令 $x = 5^{25}$，则

$$P(x) = \frac{x^5 - 1}{x - 1} = x^4 + x^3 + x^2 + x + 1$$

我们想将这个量分解,因为这会立即证明它是合数.这个分数过于烦琐而无法简化,所以需要使用替换 $x = 5^{25}$ 来使分解成为可能.由于 $5x$ 是一个完全平方,这让人想起了平方差分解.因此,我们来寻找 a 和 b 的一些表达式,使得

$$x^4 + x^3 + x^2 + x + 1 = a^2 - 5xb^2 \text{ 或 } 5xa^2 - b^2$$

注意到,$5xa^2$ 的次数是奇数,所以在第二种情况下,$P(x)$ 中的首项系数 1 必须来自 $-b^2$,但这是不可能的(负的平方的首项系数必定是负数).因此,第二种情况是无效的,唯一的可能性是 $a^2 - 5xb^2$.和之前一样,a^2 的首项系数必定是 1,并且常数项也必须是 1(因为 $5xb^2$ 中不提供常数项).所以希望 a 是 $x^2 + px + 1$ 的形式.也希望 b 是一个线性表达式,并且对于表达式的条件是对称的,对于某个 q,b 必须是 $q(x+1)$ 的形式.现在,等式变成了

$$x^4 + x^3 + x^2 + x + 1 = (x^2 + px + 1)^2 - 5xq^2(x+1)^2$$

这解决了 x^4 和常数项.现在,我们考虑 x^3 项(因为都是对称的,所以这相当于考虑 x 项).$(x^2 + px + 1)^2$ 提供了 $2px^3$,$-5xq^2(x+1)^2$ 提供了 $-5q^2x^3$.这样 $2p - 5q^2 = 1$.

接下来,考虑 x^2 项.$(x^2 + pq + 1)^2$ 提供了 $(p^2 + 2)x^2$,$-5xq^2(x+1)^2$ 提供了 $-10q^2x^2$.这样 $p^2 + 2 - 10q^2 = 1$.我们有方程组

$$\begin{cases} 2p - 5q^2 = 1 \\ p^2 - 10q^2 = -1 \end{cases}$$

从第一个方程乘以 2 减去第二个方程消去 q^2 得到关于 p 的二次方程:$p^2 - 4p = -3$,即

$$p^2 - 4p + 3 = 0$$

其解是 $p = 3$ 或 $p = 1$.但 $p = 1$,得出的 q 值不是整数,所以,必有 $p = 3$,从而 $q = 1$.平方差表达式为

$$\begin{aligned} P(x) &= x^4 + x^3 + x^2 + x + 1 \\ &= (x^2 + 3x + 1)^2 - 5x(x+1)^2 \\ &= (x^2 + 3x + 1)^2 - [5^{13}(x+1)]^2 \\ &= (x^2 + 5^{13}x + 3x + 5^{13} + 1)(x^2 - 5^{13}x + 3x - 5^{13} + 1) \end{aligned}$$

所以,$P(5^{25})$ 必是合数.

54. 设整数 n 满足 $3^n - 2^n$ 是一个素数的幂次.证明:n 是素数.

证明 若不然,即存在一个素数 $q(q \mid n)$ 使得 $n = kq$,其中 k 是大于 1 的整数.另外,令 $3^n - 2^n = p^a$,其中 p 是某个素数,a 是正整数.

注意到,必有 $3^k - 2^k = p^b$,其中 b 是某个正整数,由于 $3^k - 2^k \mid 3^{qk} - 2^{qk} = p^a$.所以

$$p^a = 3^n - 2^n = (p^b + 2^k)^q - 2^{qk} = q \cdot 2^{(q-1)k} \cdot p^b + \frac{q(q-1)}{2} \cdot 2^{(q-2)k} \cdot p^{2b} + \cdots + p^{qb}$$

另外,因为 $a > b$ 在上面的方程中取模 p^{b+1},得

$$q \cdot 2^{(q-1)k} \cdot p^b \equiv 0 (\bmod \ p^{b+1})$$

即

$$p \mid q \cdot 2^{(q-1)k}$$

因为 $p > 2$.发生这种情况的唯一可能是 $p \mid q$,但由于 p 和 q 都是素数,所以必有 $p = q$.和之前一样,$3^q - 2^q$ 是 p 的幂,但

$$3^q = 3^p \equiv 3 (\bmod \ p), 2^q = 2^p \equiv 2 (\bmod \ p)$$

由 Fermat 小定理,有

$$3^q - 2^q \equiv 3 - 2 = 1 \neq 0 (\bmod \ p)$$

这样,我们推出了一个矛盾.因此,$k = 1$,并且 n 确实是素数.

55.求方程 $x^3 - xy + y^3 = 7$ 的整数解.

解法 1　令 $s = x + y$,$p = xy$,则

$$x^3 + y^3 = (x + y)^3 - 3xy(x + y) = s^3 - 3sp$$

所以,方程变成了

$$s^3 - 3sp - p = 7$$

可以将其写成形式

$$s^3 - 7 = (3s + 1)p$$

由此可见,$(3s + 1) \mid (s^3 - 7)$.但 $3s + 1$ 也整除 $(3s)^3 + 1 = 27s^3 + 1$,所以

$$(3s + 1) \mid 27s^3 + 1 - 27(s^3 - 7) = 190$$

通过验证可知,190 的形式为 $3s + 1$ 的因子 $1, 10, 19, 190, -2, -5, -38, -95$,给出可能的解 $(s, p) = (0, -7), (3, 2), (6, 11), (63, 1\ 316), (-1, 4), (-2, 3), (-13, 58), (-32, 345)$.

我们通过求解二次方程 $t^2 - ts + p = 0$ 来获得解 (x, y).看到只有 $(s, p) = (3, 2)$ 产生 x 和 y 是整数,因此得到解 $(x, y) = (1, 2), (2, 1)$.

解法 2　替代的求解方法是使用不等式.验证以确认 x, y 是非零的,并且它们也显然不能都是负数(因为左边是负数).考虑 x, y 都是正数的情况,则由 AM $-$ GM 不等式,有

$$8 + xy = x^3 + y^3 + 1 \geqslant 3xy$$

由此可见,$xy \leqslant 4$ 可以很容易地验证所有可能性来得到仅有的解 $(x, y) = (1, 2), (2, 1)$.假设 x 和 y 有不同的符号.不失一般性,设 $x > 0, y < 0$.令 $z = -y$,所以

$$x^3 + xz - z^3 = 7$$

注意到 z 不可能等于 x.如果 $z > x$,那么

$$x^3 = z(z^2 - x) + 7 > x[(x+1)^2 - x] + 7 > x^3 + 7$$

这显然是不可能的.如果 $z < x$,那么

$$x^3 = z(z^2 - x) + 7 < x[(x-1)^2 - x] + 7 = x^3 - 3x^2 + x + 7$$

这就是说,$3x^2 < x+7$.这只有当 $x=1$ 时成立,但 z 不可能固定在 x 和 0 之间.考虑了所有情况之后,得出结论:方程的解 (x,y) 只能是 $(1,2)$ 和 $(2,1)$.

56.求方程 $x^3 + y^3 + z^3 + u^3 + v^3 + w^3 = 53\ 353$ 的素数解.

解 如果所有六个素数都是奇数,那么它们的立方和不可能是奇数.因此,不失一般性,设 $x=2$.方程变成了

$$y^3 + z^3 + u^3 + v^3 + w^3 = 53\ 345$$

现在考虑这个方程模 9,因为完全立方只能是 0,1 或 $-1(\bmod 9)$.如果素数都不是 3,那么所有五个立方必是 -1 或 $1(\bmod 9)$,但是它们的和不可能是 $53\ 345 \equiv 2(\bmod 9)$.这样,不失一般性,有 $y=3$.此时方程变成

$$z^3 + u^3 + v^3 + w^3 = 53\ 318$$

下一步是对方程取模 7,因为立方只能是 0,1 或 $-1(\bmod 7)$(类似于 $(\bmod 9)$).我们看到,如果没有素数是 7,那么所有四个立方只能是 1 或 $-1(\bmod 7)$,所以他们的和不可能是 $53\ 318 \equiv -1(\bmod 7)$.因此,不失一般性,$z=7$,此时,方程变成

$$u^3 + v^3 + w^3 = 52\ 975$$

接下来,取这个方程式模 13,因为立方只能是 0,1,5,8 或 $12(\bmod 13)$.如果没有素数是 13,那么 $u^3 + v^3 + w^3$ 不可能是 $52\ 975 \equiv 0(\bmod 13)$.因此,不失一般性,$u=13$,并且方程简化为

$$v^3 + w^3 = 50\ 778$$

不失一般性,假设 $w \geqslant v$.注意到,$w=41$ 太大了,所以必须 $w \leqslant 37$.我们看到,当 $v=5$ 时,$w=37$ 是可以达到的.如果 $w < 37$,那么 $w \leqslant 31$,从而,$v \geqslant 29$,但这不会产生更多的解.因此方程仅有的解是 $(x,y,z,u,v,w)=(2,3,5,7,13,37)$ 及其全排列.

第三部分　　选定问题的提示

1.考虑所证不等式.它看上去非常接近 Titu 引理,但不等式的方向是不对的.我们如何解决这个问题?

2.设法证明 $\dfrac{ab}{a+2b} \leqslant \dfrac{b+2a}{9}$.

3.如果我们想要应用 Hölder 不等式,左边的一组理想因子是什么? 我们怎样才能从中形成这些因子?

4.如果所有素数都是奇数,会发生什么?

5.对于 QM−AM 不等式,专门关注 QM 中平方根下方的分数.我们如何处理分子的平方和?

6.回忆一下代数知识,$a-b$ 是 $P(a)-P(b)$ 的一个因子.这可能有什么帮助?

7.假设 n 是合数.特别的,存在一个素数 q 以及一个整数 $k>1$,满足 $n=kq$.令 $3^n-2^n=p^a$,其中 p 是一个素数,并由此导出一个矛盾.

8.不等式是齐次的,那么相等情况下的合理猜测是什么?

9.不失一般性,假设 $a_1 \leqslant a_2 \leqslant \cdots \leqslant a_n$.

10.什么方法可以帮助我们处理不等式大边的分数的和?

11.证明 $x^4+x^3+x^2+x+1$ 可以表示为一个完全平方减去另一个完全平方的 5 倍,或者是一个完全平方的 5 倍减去另一个完全平方.那么当 $x=5^{25}$ 时,$5x$ 是一个完全平方,所以这个表示是一个平方差,因此是合数.

12.回想一下,Titu 引理的证明使用 Cauchy−Schwarz 不等式.什么可能有助于这个扩展版本?

13.该等式意味着 $x-10$ 是 $P(x)$ 的因子,并且 $x+1$ 是 $P(x+1)$ 的因子.

14.回忆一下,多项式的除法算法允许我们把任意一个多项式 $P(x)$ 表示为任何其他多项式 $D(x)$ 的倍数加上一个余数.

15.我们正在处理一个三变量对称不等式.这是 SQP 方法最适宜的场合.

16.首先,两边同乘以 9.对某些量 X,证明 $\dfrac{9ab}{3a+4b+2c} \leqslant X$,即 $X(3a+4b+2c) \geqslant 9ab$ 会有所帮助.这开始看起来像是 Cauchy−Schwarz 不等式的潜在应用.接下来可以做什么?

17. 如果在几个量的平均值上找到下限,那么至少有一个量必在边界或之上.

18. 尝试在给定条件的左边使用 Cauchy—Schwarz 不等式,但只能在进行部分代数运算之后使用(如果你直接使用它,没有什么有用的结果).

19. 该方程是对称的,这就启发我们来进行代换 $s = x + y, p = xy$.

20. 关于数字 $65, 19, 5, 1$ 的特别之处是什么? 请注意,也没有 E.

21. 解决这个问题有几种有效的方法,展开就是其中之一.

22. 考虑制作一个立方 $(1 + x)^3$,为了取消尽可能多的项,添加哪个的立方项?

23. 证明两个变量(不失一般性,x 和 y)满足 $xy + 4 \geqslant 2x + 2y$. 这已经涵盖了所希望的不等式的一部分,其余部分仍然需要用其他方式来考察.

24. 你能找到一种方法来表达 d,只用 a, b 和 c 而没有常量吗?

25. 为了处理和式,应用 Cauchy—Schwarz 不等式来关联 $x^2 + y^2 + z^2$ 和 $x^5 + y^2 + z^2$ 项. 注意到 $xyz \geqslant 1$. 这就是说 $\frac{1}{x} \leqslant yz$. 这可能有什么帮助?

26. 令 $x = y = z$,得到 $k = \frac{64}{729}$. 如果将它们相加,那么在左侧相乘的三个因子将会更好. 但是乘积处于不等式的较小一边,如何用它来形成和呢?

27. 既然 $P(x)$ 的所有系数都是非负的,除了常数项是 1 外,我们可以求出 $P(x)$ 的根吗?

28. 假设 $x = 2$,不失一般性,那么立方数有哪些好的 mod? 如果没有素数是 3,会发生什么?

29. 我们得到的立方和是 $3t(t^2 + 2)$,其中 t 是中间的整数. 考虑 t 是奇数的情况. 注意到,当 t 是奇数时,我们处理的三个项($3, t, t^2 + 2$)的乘积是一个立方,并且 t 和 $t^2 + 2$ 互素. 所以,可以考虑 3 整除 t 或 3 不整除 t 的情况.

30. 关键的问题是 $1 + 2 + 3 - 6 = 0$. 你能使用这个关系吗?

31. 在左边有三个分式,它们的分子对应于右边项的立方. 如何利用这个设置?

32. 有什么办法可以将给定的方程转化为一组和为零的平方项?

33. 可以把右边写成 $\frac{1}{2} \left(\frac{1}{ab} + \frac{1}{bc} + \frac{1}{ca} \right)$. 有没有简单但有用的替代方案可以做出来?

34. 以 a, b, c 的对称性来构造 n 的值.

35. 不要害怕展开!

36. 尝试隔离 xy 项.

37. 因为 $(3^k - 2^k) \mid (3^{qk} - 2^{qk})$,必有 $3^k - 2^k = p^b$,其中 b 是正整数. 现在,怎样才能用我们已经建立的一切来表示 p^a?

38. 在表达式 $a_1 + a_2 + \cdots + a_n$ 中交换 a_1 和 a_n,之后使用 Cauchy—Schwarz 不等式.

39. 设 $Q(x,y)$ 是满足 $(x-y)Q(x,y)=P(x,y)$ 的一个多项式. 则关于 $Q(x,y)$ 和 $Q(y,x)$ 你能说些什么?

40. 尝试使用反证法.

41. 直接使用 Titu 引理, 不够强大. 如果有某种方式可以去掉分数周围那些讨厌的平方, 然后使用 Titu 引理.

42. 对于系统 (x,y,z) 的一个解, 可以考虑一个具有根 x,y,z 的首一多项式 $P(t)$.

43. 如果设 $x=5^{25}$, 那么所考察的数是 $\dfrac{x^5-1}{x-1}=x^4+x^3+x^2+x+1$. 我们想要某种方式来分解这个多项式, 但实际上它是不可约的. 所以需要使用 $x=5^{25}$ 找到专门针对这种场合的分解.

44. 首先证明"如果"的方向, 即如果 $ab+bc+ca=1$, 那么方程成立. 我们需要做的第一件事是找出一些方法来处理大的平方根. 需要以某种方式使用 $ab+bc+ca=1$ 的事实.

45. 三个方程相加之后, 看看能做什么.

46. 首先证明 a,b,c 必在 -2 与 2 之间. 我们现在可以根据这些知识点进行代换吗?

47. 尝试展开 $(xy-1)^2+\left(\dfrac{x}{y}\right)^2=1$.

48. 把问题分成两部分. 首先是从 $a^2+ab+b^2\leqslant 6$, 最终得出 $a^4+b^4\leqslant 72$, 然后从 $a^2+ab+b^2\geqslant 3$, 得到 $a^4+b^4\geqslant 2$. 对于第一部分, 我们将需要在某处将 $a^2+ab+b^2\leqslant 6$ 平方以获得四次项. 但是, 如果我们立即平方, 将引入不必要的 a^3b 和 ab^3 项.

49. 假设不然, 可以将 $f(x)$ 写成两个非常数整数多项式的乘积. 然后仔细验证系数. 我们如何使用关于 p 的给定信息来达成矛盾?

50. 由 Cauchy $-$ Schwarz 不等式, 得

$$\frac{9ab}{3a+4b+2c}=\frac{9ab}{(a+b+c)+(a+b+c)+(a+2b)}$$

$$\leqslant\frac{ab}{a+b+c}+\frac{ab}{a+b+c}+\frac{ab}{a+2b}$$

当我们将其他两个分数的相似不等式组合在一起时, 可以将所有的东西都归为四个分母: $a+b+c, a+2b, b+2c, c+2a$. 现在分别处理每个部分.

51. 这种不等式几乎为 Titu 引理做好了准备, 我们只需要先做一件事.

52. 对方程 $x^3+y^3+z^3+u^3+v^2+w^3=53\,345$ 取模 9. 关于素数我们能说什么呢? 我们可以继续这种方法, 尝试各种各样的模.

53. 可以用分母中的第五个幂来帮助我们处理分子中的那个分母. 如果将方程两边乘以 -1 并加上 3 (每个分数为 1), 会发生什么?

54. 左侧看起来好像可以在一些调整后进行分解.

55. 我们已经在理论部分证明了 AM $-$ GM 不等式, 所以用它来证明 GM $-$ HM 不等

式.

56. 应用 Cauchy—Schwarz 不等式,将 $3a+4b+2c$ 拆分为 $(a+b+c)+(a+b+c)+(a+2b)$.

57. 可以做代换: $y=\sqrt[4]{97-x}$, $z=\sqrt[4]{x}$. 则 $y+z$ 和 y^4+z^4 就知道了.

58. 设中间的整数是 t,之后,就项 t 来说,三个立方的和是多少? 首先假设 t 是奇数. 如何使得这种情况导致一个矛盾?

59. 乍一看,什么样的不等式可能对我们有所帮助? 是否有任何方法修改项以使这种不等式适用?

60. 不是制定标准做代换 $a=\dfrac{x}{y}$, $b=\dfrac{y}{z}$, $c=\dfrac{z}{x}$(因为 $abc=1$),尝试 $a-\dfrac{1}{x}$, $b=\dfrac{1}{y}$, $c=\dfrac{1}{z}$.

61. 展开第一个方程后,如果你隔离 xy 会发生什么? 不等式可以在这里使用吗?

62. 对于第二部分,考虑如何创建一个齐次的中间不等式,拥有正确的相等情况,并且有正确的方向.

63. 让我们尝试一下平方差分解. 注意到, $5x$ 是一个平方.

64. 如果 $P(x)$ 除以 $x-r$ 得到的余数为 s,那么可以想想 $P(r)$ 是多少?

65. 如何使不等式齐次化? 分式的分子必须是二次的.

66. 证明 $\displaystyle\sum_{cyc}\frac{a^4}{(a+b)(a^2+b^2)}=\sum_{cyc}\frac{b^4}{(a+b)(a^2+b^2)}$. 如何使用它来使左侧对称?

67. 令 $s=x+y$ 和 $p=xy$,其中 x,y 是问题陈述中的两个实数.

68. 人们的第一反应可能是将平方拉入分数中,以便为 Titu 引理的使用设置条件.

刘培杰数学工作室
已出版(即将出版)图书目录——初等数学

书　名	出版时间	定　价	编号
新编中学数学解题方法全书(高中版)上卷(第2版)	2018—08	58.00	951
新编中学数学解题方法全书(高中版)中卷(第2版)	2018—08	68.00	952
新编中学数学解题方法全书(高中版)下卷(一)(第2版)	2018—08	58.00	953
新编中学数学解题方法全书(高中版)下卷(二)(第2版)	2018—08	58.00	954
新编中学数学解题方法全书(高中版)下卷(三)(第2版)	2018—08	68.00	955
新编中学数学解题方法全书(初中版)上卷	2008—01	28.00	29
新编中学数学解题方法全书(初中版)中卷	2010—07	38.00	75
新编中学数学解题方法全书(高考复习卷)	2010—01	48.00	67
新编中学数学解题方法全书(高考真题卷)	2010—01	38.00	62
新编中学数学解题方法全书(高考精华卷)	2011—03	68.00	118
新编平面解析几何解题方法全书(专题讲座卷)	2010—01	18.00	61
新编中学数学解题方法全书(自主招生卷)	2013—08	88.00	261
数学奥林匹克与数学文化(第一辑)	2006—05	48.00	4
数学奥林匹克与数学文化(第二辑)(竞赛卷)	2008—01	48.00	19
数学奥林匹克与数学文化(第二辑)(文化卷)	2008—07	58.00	36'
数学奥林匹克与数学文化(第三辑)(竞赛卷)	2010—01	48.00	59
数学奥林匹克与数学文化(第四辑)(竞赛卷)	2011—08	58.00	87
数学奥林匹克与数学文化(第五辑)	2015—06	98.00	370
世界著名平面几何经典著作钩沉——几何作图专题卷(共3卷)	2022—01	198.00	1460
世界著名平面几何经典著作钩沉——民国平面几何老课本	2011—03	38.00	113
世界著名平面几何经典著作钩沉——建国初期平面三角老课本	2015—08	38.00	507
世界著名解析几何经典著作钩沉——平面解析几何卷	2014—01	38.00	264
世界著名数论经典著作钩沉——算术卷	2012—01	28.00	125
世界著名数学经典著作钩沉——立体几何卷	2011—02	28.00	88
世界著名三角学经典著作钩沉——平面三角卷Ⅰ	2010—06	28.00	69
世界著名三角学经典著作钩沉——平面三角卷Ⅱ	2011—01	38.00	78
世界著名初等数论经典著作钩沉——理论和实用算术卷	2011—07	38.00	126
世界著名几何经典著作钩沉——解析几何卷	2022—10	68.00	1564
发展你的空间想象力(第3版)	2021—01	98.00	1464
空间想象力进阶	2019—05	68.00	1062
走向国际数学奥林匹克的平面几何试题诠释.第1卷	2019—07	88.00	1043
走向国际数学奥林匹克的平面几何试题诠释.第2卷	2019—09	78.00	1044
走向国际数学奥林匹克的平面几何试题诠释.第3卷	2019—03	78.00	1045
走向国际数学奥林匹克的平面几何试题诠释.第4卷	2019—09	98.00	1046
平面几何证明方法全书	2007—08	48.00	1
平面几何证明方法全书习题解答(第2版)	2006—12	18.00	10
平面几何天天练上卷·基础篇(直线型)	2013—01	58.00	208
平面几何天天练中卷·基础篇(涉及圆)	2013—01	28.00	234
平面几何天天练下卷·提高篇	2013—01	58.00	237
平面几何专题研究	2013—07	98.00	258
平面几何解题之道.第1卷	2022—05	38.00	1494
几何学习题集	2020—10	48.00	1217
通过解题学习代数几何	2021—04	88.00	1301
最新世界各国数学奥林匹克中的平面几何试题	2007—09	38.00	14

刘培杰数学工作室
已出版(即将出版)图书目录——初等数学

书　名	出版时间	定　价	编号
数学竞赛平面几何典型题及新颖解	2010—07	48.00	74
初等数学复习及研究(平面几何)	2008—09	68.00	38
初等数学复习及研究(立体几何)	2010—06	38.00	71
初等数学复习及研究(平面几何)习题解答	2009—01	58.00	42
几何学教程(平面几何卷)	2011—03	68.00	90
几何学教程(立体几何卷)	2011—07	68.00	130
几何变换与几何证题	2010—06	88.00	70
计算方法与几何证题	2011—06	28.00	129
立体几何技巧与方法(第2版)	2022—10	168.00	1572
几何瑰宝——平面几何500名题暨1500条定理(上、下)	2021—07	168.00	1358
三角形的解法与应用	2012—07	18.00	183
近代的三角形几何学	2012—07	48.00	184
一般折线几何学	2015—08	48.00	503
三角形的五心	2009—06	28.00	51
三角形的六心及其应用	2015—10	68.00	542
三角形趣谈	2012—08	28.00	212
解三角形	2014—01	28.00	265
三角函数	2024—10	38.00	1744
探秘三角形:一次数学旅行	2021—10	68.00	1387
三角学专门教程	2014—09	28.00	387
图天下几何新题试卷.初中(第2版)	2017—11	58.00	855
圆锥曲线习题集(上册)	2013—06	68.00	255
圆锥曲线习题集(中册)	2015—01	78.00	434
圆锥曲线习题集(下册·第1卷)	2016—10	78.00	683
圆锥曲线习题集(下册·第2卷)	2018—01	98.00	853
圆锥曲线习题集(下册·第3卷)	2019—10	128.00	1113
圆锥曲线的思想方法	2021—08	48.00	1379
圆锥曲线的八个主要问题	2021—10	48.00	1415
圆锥曲线的奥秘	2022—06	88.00	1541
论九点圆	2015—05	88.00	645
论圆的几何学	2024—06	48.00	1736
近代欧氏几何学	2012—03	48.00	162
罗巴切夫斯基几何学及几何基础概要	2012—07	28.00	188
罗巴切夫斯基几何学初步	2015—06	28.00	474
用三角、解析几何、复数、向量计算解数学竞赛几何题	2015—03	48.00	455
用解析法研究圆锥曲线的几何理论	2022—05	48.00	1495
美国中学几何教程	2015—04	88.00	458
三线坐标与三角形特征点	2015—04	98.00	460
坐标几何学基础.第1卷,笛卡儿坐标	2021—08	48.00	1398
坐标几何学基础.第2卷,三线坐标	2021—09	28.00	1399
平面解析几何方法与研究(第1卷)	2015—05	28.00	471
平面解析几何方法与研究(第2卷)	2015—06	38.00	472
平面解析几何方法与研究(第3卷)	2015—07	28.00	473
解析几何研究	2015—01	38.00	425
解析几何学教程.上	2016—01	38.00	574
解析几何学教程.下	2016—01	38.00	575
几何学基础	2016—01	58.00	581
初等几何研究	2015—02	58.00	444
十九和二十世纪欧氏几何学中的片段	2017—01	58.00	696
平面几何中考.高考.奥数一本通	2017—07	28.00	820
几何学简史	2017—08	28.00	833
四面体	2018—01	48.00	880
平面几何证明方法思路	2018—12	68.00	913
折纸中的几何练习	2022—09	48.00	1559
中学新几何学(英文)	2022—10	98.00	1562
线性代数与几何	2023—04	68.00	1633
四面体几何学引论	2023—06	68.00	1648

书 名	出版时间	定 价	编号
平面几何图形特性新析.上篇	2019—01	68.00	911
平面几何图形特性新析.下篇	2018—06	88.00	912
平面几何范例多解探究.上篇	2018—04	48.00	910
平面几何范例多解探究.下篇	2018—12	68.00	914
从分析解题过程学解题:竞赛中的几何问题研究	2018—07	68.00	946
从分析解题过程学解题:竞赛中的向量几何与不等式研究(全2册)	2019—06	138.00	1090
从分析解题过程学解题:竞赛中的不等式问题	2021—01	48.00	1249
二维、三维欧氏几何的对偶原理	2018—12	38.00	990
星形大观及闭折线论	2019—03	68.00	1020
立体几何的问题和方法	2019—11	58.00	1127
三角代换论	2021—05	58.00	1313
俄罗斯平面几何问题集	2009—08	88.00	55
俄罗斯立体几何问题集	2014—03	58.00	283
俄罗斯几何大师——沙雷金论数学及其他	2014—01	48.00	271
来自俄罗斯的5000道几何习题及解答	2011—03	58.00	89
俄罗斯初等数学问题集	2012—05	38.00	177
俄罗斯函数问题集	2011—03	38.00	103
俄罗斯组合分析问题集	2011—01	48.00	79
俄罗斯初等数学万题选——三角卷	2012—11	38.00	222
俄罗斯初等数学万题选——代数卷	2013—08	68.00	225
俄罗斯初等数学万题选——几何卷	2014—01	68.00	226
俄罗斯《量子》杂志数学征解问题100题选	2018—08	48.00	969
俄罗斯《量子》杂志数学征解问题又100题选	2018—08	48.00	970
俄罗斯《量子》杂志数学征解问题	2020—05	48.00	1138
463个俄罗斯几何老问题	2012—01	28.00	152
《量子》数学短文精粹	2018—09	38.00	972
用三角、解析几何等计算解来自俄罗斯的几何题	2019—11	88.00	1119
基谢廖夫平面几何	2022—01	48.00	1461
基谢廖夫立体几何	2023—04	48.00	1599
数学:代数、数学分析和几何(10—11年级)	2021—01	48.00	1250
直观几何学:5—6年级	2022—04	58.00	1508
几何学:第2版.7—9年级	2023—08	68.00	1684
平面几何:9—11年级	2022—10	48.00	1571
立体几何.10—11年级	2022—01	58.00	1472
几何快递	2024—05	48.00	1697

书 名	出版时间	定 价	编号
谈谈素数	2011—03	18.00	91
平方和	2011—03	18.00	92
整数论	2011—05	38.00	120
从整数谈起	2015—10	28.00	538
数与多项式	2016—01	38.00	558
谈谈不定方程	2011—05	28.00	119
质数漫谈	2022—07	68.00	1529

书 名	出版时间	定 价	编号
解析不等式新论	2009—06	68.00	48
建立不等式的方法	2011—03	98.00	104
数学奥林匹克不等式研究(第2版)	2020—07	68.00	1181
不等式研究(第三辑)	2023—08	198.00	1673
不等式的秘密(第一卷)(第2版)	2014—02	38.00	286
不等式的秘密(第二卷)	2014—01	38.00	268
初等不等式的证明方法	2010—06	38.00	123
初等不等式的证明方法(第二版)	2014—11	38.00	407
不等式·理论·方法(基础卷)	2015—07	38.00	496
不等式·理论·方法(经典不等式卷)	2015—07	38.00	497
不等式·理论·方法(特殊类型不等式卷)	2015—07	48.00	498
不等式探究	2016—03	38.00	582
不等式探秘	2017—01	88.00	689

书　名	出版时间	定　价	编号
四面体不等式	2017—01	68.00	715
数学奥林匹克中常见重要不等式	2017—09	38.00	845
三正弦不等式	2018—09	98.00	974
函数方程与不等式:解法与稳定性结果	2019—04	68.00	1058
数学不等式.第1卷,对称多项式不等式	2022—05	78.00	1455
数学不等式.第2卷,对称有理不等式与对称无理不等式	2022—05	88.00	1456
数学不等式.第3卷,循环不等式与非循环不等式	2022—05	88.00	1457
数学不等式.第4卷,Jensen不等式的扩展与加细	2022—05	88.00	1458
数学不等式.第5卷,创建不等式与解不等式的其他方法	2022—05	88.00	1459
不定方程及其应用.上	2018—12	58.00	992
不定方程及其应用.中	2019—01	78.00	993
不定方程及其应用.下	2019—02	98.00	994
Nesbitt不等式加强式的研究	2022—06	128.00	1527
最值定理与分析不等式	2023—02	78.00	1567
一类积分不等式	2023—02	88.00	1579
邦费罗尼不等式及概率应用	2023—05	58.00	1637
同余理论	2012—05	38.00	163
[x]与{x}	2015—04	48.00	476
极值与最值.上卷	2015—06	28.00	486
极值与最值.中卷	2015—06	38.00	487
极值与最值.下卷	2015—06	28.00	488
整数的性质	2012—11	38.00	192
完全平方数及其应用	2015—08	78.00	506
多项式理论	2015—10	88.00	541
奇数、偶数、奇偶分析法	2018—01	98.00	876
历届美国中学生数学竞赛试题及解答(第1卷)1950~1954	2014—07	18.00	277
历届美国中学生数学竞赛试题及解答(第2卷)1955~1959	2014—04	18.00	278
历届美国中学生数学竞赛试题及解答(第3卷)1960~1964	2014—06	18.00	279
历届美国中学生数学竞赛试题及解答(第4卷)1965~1969	2014—04	28.00	280
历届美国中学生数学竞赛试题及解答(第5卷)1970~1972	2014—06	18.00	281
历届美国中学生数学竞赛试题及解答(第6卷)1973~1980	2017—07	18.00	768
历届美国中学生数学竞赛试题及解答(第7卷)1981~1986	2015—01	18.00	424
历届美国中学生数学竞赛试题及解答(第8卷)1987~1990	2017—05	18.00	769
历届国际数学奥林匹克试题集	2023—09	158.00	1701
历届中国数学奥林匹克试题集(第3版)	2021—10	58.00	1440
历届加拿大数学奥林匹克试题集	2012—08	38.00	215
历届美国数学奥林匹克试题集	2023—08	98.00	1681
历届波兰数学竞赛试题集.第1卷,1949~1963	2015—03	18.00	453
历届波兰数学竞赛试题集.第2卷,1964~1976	2015—03	18.00	454
历届巴尔干数学奥林匹克试题集	2015—05	38.00	466
历届CGMO试题及解答	2024—03	48.00	1717
保加利亚数学奥林匹克	2014—10	38.00	393
圣彼得堡数学奥林匹克试题集	2015—01	38.00	429
匈牙利奥林匹克数学竞赛题解.第1卷	2016—05	28.00	593
匈牙利奥林匹克数学竞赛题解.第2卷	2016—05	28.00	594
历届美国数学邀请赛试题集(第2版)	2017—10	78.00	851
全美高中数学竞赛:纽约州数学竞赛(1989—1994)	2024—08	48.00	1740
普林斯顿大学数学竞赛	2016—06	38.00	669
亚太地区数学奥林匹克竞赛题	2015—07	18.00	492
日本历届(初级)广中杯数学竞赛试题及解答.第1卷(2000~2007)	2016—05	28.00	641
日本历届(初级)广中杯数学竞赛试题及解答.第2卷(2008~2015)	2016—05	38.00	642
越南数学奥林匹克题选:1962—2009	2021—07	48.00	1370
罗马尼亚大师杯数学竞赛试题及解答	2024—09	48.00	1746
欧洲女子数学奥林匹克	2024—04	48.00	1723
360个数学竞赛问题	2016—08	58.00	677

刘培杰数学工作室
已出版(即将出版)图书目录——初等数学

书 名	出版时间	定 价	编号
奥数最佳实战题.上卷	2017—06	38.00	760
奥数最佳实战题.下卷	2017—05	58.00	761
解决问题的策略	2024—08	48.00	1742
哈尔滨市早期中学数学竞赛试题汇编	2016—07	28.00	672
全国高中数学联赛试题及解答:1981—2019(第4版)	2020—07	138.00	1176
2024年全国高中数学联合竞赛模拟题集	2024—01	38.00	1702
20世纪50年代全国部分城市数学竞赛试题汇编	2017—07	28.00	797
国内外数学竞赛题及精解:2018—2019	2020—08	45.00	1192
国内外数学竞赛题及精解:2019—2020	2021—11	58.00	1439
许康华竞赛优学精选集.第一辑	2018—08	68.00	949
天问叶班数学问题征解100题.I,2016—2018	2019—05	88.00	1075
天问叶班数学问题征解100题.II,2017—2019	2020—07	98.00	1177
美国初中数学竞赛:AMC8准备(共6卷)	2019—07	138.00	1089
美国高中数学竞赛:AMC10准备(共6卷)	2019—08	158.00	1105
中国数学奥林匹克国家集训队选拔试题背景研究	2015—01	78.00	1781
高考数学核心题型解题方法与技巧	2010—01	28.00	86
高考数学压轴题解题诀窍(上)(第2版)	2018—01	58.00	874
高考数学压轴题解题诀窍(下)(第2版)	2018—01	48.00	875
突破高考数学新定义创新压轴题	2024—08	88.00	1741
北京市五区文科数学三年高考模拟题详解:2013~2015	2015—08	48.00	500
北京市五区理科数学三年高考模拟题详解:2013~2015	2015—09	68.00	505
向量法巧解数学高考题	2009—08	28.00	54
高中数学课堂教学的实践与反思	2021—11	48.00	791
数学高考参考	2016—01	78.00	589
新课程标准高考数学解答题各种题型解法指导	2020—08	78.00	1196
全国及各省市高考数学试题审题要津与解法研究	2015—02	48.00	450
高中数学章节起始课的教学研究与案例设计	2019—05	28.00	1064
新课标高考数学——五年试题分章详解(2007~2011)(上、下)	2011—10	78.00	140,141
全国中考数学压轴题审题要津与解法研究	2013—04	78.00	248
新编全国及各省市中考数学压轴题审题要津与解法研究	2014—05	58.00	342
全国及各省市5年中考数学压轴题审题要津与解法研究(2015版)	2015—04	58.00	462
中考数学专题总复习	2007—04	28.00	6
中考数学较难题常考题型解题方法与技巧	2016—09	48.00	681
中考数学难题常考题型解题方法与技巧	2016—09	48.00	682
中考数学中档题常考题型解题方法与技巧	2017—08	68.00	835
中考数学选择填空压轴好题妙解365	2024—01	80.00	1698
中考数学:三类重点考题的解法例析与习题	2020—04	48.00	1140
中小学数学的历史文化	2019—11	48.00	1124
小升初衔接数学	2024—06	68.00	1734
赢在小升初——数学	2024—08	78.00	1739
初中平面几何百题多思创新解	2020—01	58.00	1125
初中数学中考备考	2020—01	58.00	1126
高考数学之九章演义	2019—08	68.00	1044
高考数学之难题谈笑间	2022—06	68.00	1519
化学可以这样学:高中化学知识方法智慧感悟疑难辨析	2019—07	58.00	1103
如何成为学习高手	2019—09	58.00	1107
高考数学:经典真题分类解析	2020—04	78.00	1134
高考数学解答题破解策略	2020—11	58.00	1221
从分析解题过程学解题:高考压轴题与竞赛题之关系探究	2020—08	88.00	1179
从分析解题过程学解题:数学高考与竞赛的互联互通探究	2024—06	88.00	1735
教学新思考:单元整体视角下的初中数学教学设计	2021—03	58.00	1278
思维再拓展:2020年经典几何题的多解探究与思考	即将出版		1279
十年高考数学试题创新与经典研究:基于高中数学大概念的视角	2024—10	58.00	1777
高中数学题型全解(全5册)	2024—10	298.00	1778
中考数学小压轴汇编初讲	2017—07	48.00	788
中考数学大压轴专题微言	2017—09	48.00	846

刘培杰数学工作室
已出版(即将出版)图书目录——初等数学

书　名	出版时间	定价	编号
怎么解中考平面几何探索题	2019—06	48.00	1093
北京中考数学压轴题解题方法突破(第10版)	2024—11	88.00	1780
高考数学奇思妙解	2016—04	38.00	610
高考数学解题策略	2016—05	48.00	670
数学解题泄天机(第2版)	2017—10	48.00	850
高中物理教学讲义	2018—01	48.00	871
高中物理教学讲义:全模块	2022—03	98.00	1492
高中物理答疑解惑65篇	2021—11	48.00	1462
中学物理基础问题解析	2020—08	48.00	1183
初中数学、高中数学脱节知识补缺教材	2017—06	48.00	766
高考数学客观题解题方法和技巧	2017—10	38.00	847
十年高考数学精品试题审题要津与解法研究	2021—10	98.00	1427
中国历届高考数学试题及解答.1949—1979	2018—01	38.00	877
历届中国高考数学试题及解答.第二卷,1980—1989	2018—10	28.00	975
历届中国高考数学试题及解答.第三卷,1990—1999	2018—10	48.00	976
跟我学解高中数学题	2018—07	58.00	926
中学数学研究的方法及案例	2018—05	58.00	869
高考数学抢分技能	2018—07	68.00	934
高一新生常用数学方法和重要数学思想提升教材	2018—06	38.00	921
高考数学全国卷六道解答题常考题型解题诀窍:理科(全2册)	2019—07	78.00	1101
高考数学全国卷16道选择、填空题常考题型解题诀窍.理科	2018—09	88.00	971
高考数学全国卷16道选择、填空题常考题型解题诀窍.文科	2020—01	88.00	1123
高中数学一题多解	2019—06	58.00	1087
历届中国高考数学试题及解答:1917—1999	2021—08	118.00	1371
2000~2003年全国及各省市高考数学试题及解答	2022—05	88.00	1499
2004年全国及各省市高考数学试题及解答	2023—08	78.00	1500
2005年全国及各省市高考数学试题及解答	2023—08	78.00	1501
2006年全国及各省市高考数学试题及解答	2023—08	88.00	1502
2007年全国及各省市高考数学试题及解答	2023—08	98.00	1503
2008年全国及各省市高考数学试题及解答	2023—08	88.00	1504
2009年全国及各省市高考数学试题及解答	2023—08	88.00	1505
2010年全国及各省市高考数学试题及解答	2023—08	98.00	1506
2011~2017年全国及各省市高考数学试题及解答	2024—01	78.00	1507
2018~2023年全国及各省市高考数学试题及解答	2024—03	78.00	1709
突破高原:高中数学解题思维探究	2021—08	48.00	1375
高考数学中的"取值范围"	2021—10	48.00	1429
新课程标准高中数学各种题型解法大全.必修一分册	2021—06	58.00	1315
新课程标准高中数学各种题型解法大全.必修二分册	2022—01	68.00	1471
高中数学各种题型解法大全.选择性必修一分册	2022—06	68.00	1525
高中数学各种题型解法大全.选择性必修二分册	2023—01	58.00	1600
高中数学各种题型解法大全.选择性必修三分册	2023—04	48.00	1643
高中数学专题研究	2024—05	88.00	1722
历届全国初中数学竞赛经典试题详解	2023—04	88.00	1624
孟祥礼高考数学精刷精解	2023—06	98.00	1663
新高考数学第二轮复习讲义	2025—01	88.00	1808
新编640个世界著名数学智力趣题	2014—01	88.00	242
500个最新世界著名数学智力趣题	2008—06	48.00	3
400个最新世界著名数学最值问题	2008—09	48.00	36
500个世界著名数学征解问题	2009—06	48.00	52
400个中国最佳初等数学征解老问题	2010—01	48.00	60
500个俄罗斯数学经典老题	2011—01	28.00	81
1000个国外中学物理好题	2012—04	48.00	174
300个日本高考数学题	2012—05	38.00	142
700个早期日本高考数学试题	2017—02	88.00	752

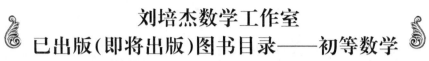

刘培杰数学工作室
已出版(即将出版)图书目录——初等数学

书　　　名	出版时间	定　价	编号
500个前苏联早期高考数学试题及解答	2012—05	28.00	185
546个早期俄罗斯大学生数学竞赛题	2014—03	38.00	285
548个来自美苏的数学好问题	2014—11	28.00	396
20所苏联著名大学早期入学试题	2015—02	18.00	452
161道德国工科大学生必做的微分方程习题	2015—05	28.00	469
500个德国工科大学生必做的高数习题	2015—06	28.00	478
360个数学竞赛问题	2016—08	58.00	677
200个趣味数学故事	2018—02	48.00	857
470个数学奥林匹克中的最值问题	2018—10	88.00	985
德国讲义日本考题.微积分卷	2015—04	48.00	456
德国讲义日本考题.微分方程卷	2015—04	38.00	457
二十世纪中叶中、英、美、日、法、俄高考数学试题精选	2017—06	38.00	783
中国初等数学研究　2009卷(第1辑)	2009—05	20.00	45
中国初等数学研究　2010卷(第2辑)	2010—05	30.00	68
中国初等数学研究　2011卷(第3辑)	2011—07	60.00	127
中国初等数学研究　2012卷(第4辑)	2012—07	48.00	190
中国初等数学研究　2014卷(第5辑)	2014—02	48.00	288
中国初等数学研究　2015卷(第6辑)	2015—06	68.00	493
中国初等数学研究　2016卷(第7辑)	2016—04	68.00	609
中国初等数学研究　2017卷(第8辑)	2017—01	98.00	712
初等数学研究在中国.第1辑	2019—03	158.00	1024
初等数学研究在中国.第2辑	2019—10	158.00	1116
初等数学研究在中国.第3辑	2021—05	158.00	1306
初等数学研究在中国.第4辑	2022—06	158.00	1520
初等数学研究在中国.第5辑	2023—07	158.00	1635
几何变换(Ⅰ)	2014—07	28.00	353
几何变换(Ⅱ)	2015—06	28.00	354
几何变换(Ⅲ)	2015—01	38.00	355
几何变换(Ⅳ)	2015—12	38.00	356
初等数论难题集(第一卷)	2009—05	68.00	44
初等数论难题集(第二卷)(上、下)	2011—02	128.00	82,83
数论概貌	2011—03	18.00	93
代数数论(第二版)	2013—08	58.00	94
代数多项式	2014—06	38.00	289
初等数论的知识与问题	2011—02	28.00	95
超越数论基础	2011—03	28.00	96
数论初等教程	2011—03	28.00	97
数论基础	2011—03	18.00	98
数论基础与维诺格拉多夫	2014—03	18.00	292
解析数论基础	2012—08	28.00	216
解析数论基础(第二版)	2014—01	48.00	287
解析数论问题集(第二版)(原版引进)	2014—05	88.00	343
解析数论问题集(第二版)(中译本)	2016—04	88.00	607
解析数论基础(潘承洞,潘承彪著)	2016—07	98.00	673
解析数论导引	2016—07	58.00	674
数论入门	2011—03	38.00	99
代数数论入门	2015—03	38.00	448

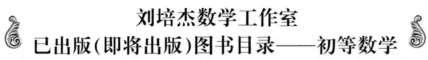

刘培杰数学工作室
已出版(即将出版)图书目录——初等数学

书 名	出版时间	定 价	编号
数论开篇	2012—07	28.00	194
解析数论引论	2011—03	48.00	100
Barban Davenport Halberstam 均值和	2009—01	40.00	33
基础数论	2011—03	28.00	101
初等数论100例	2011—05	18.00	122
初等数论经典例题	2012—07	18.00	204
最新世界各国数学奥林匹克中的初等数论试题(上、下)	2012—01	138.00	144,145
初等数论(Ⅰ)	2012—01	18.00	156
初等数论(Ⅱ)	2012—01	18.00	157
初等数论(Ⅲ)	2012—01	28.00	158
平面几何与数论中未解决的新老问题	2013—01	68.00	229
代数数论简史	2014—11	28.00	408
代数数论	2015—09	88.00	532
代数、数论及分析习题集	2016—11	98.00	695
数论导引提要及习题解答	2016—01	48.00	559
素数定理的初等证明.第2版	2016—09	48.00	686
数论中的模函数与狄利克雷级数(第二版)	2017—11	78.00	837
数论:数学导引	2018—01	68.00	849
范氏大代数	2019—02	98.00	1016
解析数学讲义.第一卷,导来式及微分、积分、级数	2019—04	88.00	1021
解析数学讲义.第二卷,关于几何的应用	2019—04	68.00	1022
解析数学讲义.第三卷,解析函数论	2019—04	78.00	1023
分析·组合·数论纵横谈	2019—04	58.00	1039
Hall 代数:民国时期的中学数学课本:英文	2019—08	88.00	1106
基谢廖夫初等代数	2022—07	38.00	1531
基谢廖夫算术	2024—05	48.00	1725
数学精神巡礼	2019—01	58.00	731
数学眼光透视(第2版)	2017—06	78.00	732
数学思想领悟(第2版)	2018—01	68.00	733
数学方法溯源(第2版)	2018—08	68.00	734
数学解题引论	2017—05	58.00	735
数学史话览胜(第2版)	2017—01	48.00	736
数学应用展观(第2版)	2017—08	68.00	737
数学建模尝试	2018—04	48.00	738
数学竞赛采风	2018—01	68.00	739
数学测评探营	2019—05	58.00	740
数学技能操握	2018—03	48.00	741
数学欣赏拾趣	2018—02	48.00	742
从毕达哥拉斯到怀尔斯	2007—10	48.00	9
从迪利克雷到维斯卡尔迪	2008—01	48.00	21
从哥德巴赫到陈景润	2008—05	98.00	35
从庞加莱到佩雷尔曼	2011—08	138.00	136
博弈论精粹	2008—03	58.00	30
博弈论精粹.第二版(精装)	2015—01	88.00	461
数学 我爱你	2008—01	28.00	20
精神的圣徒 别样的人生——60 位中国数学家成长的历程	2008—09	48.00	39
数学史概论	2009—06	78.00	50

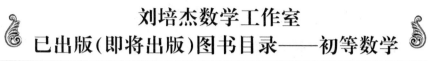

书 名	出版时间	定 价	编号
数学史概论(精装)	2013—03	158.00	272
数学史选讲	2016—01	48.00	544
斐波那契数列	2010—02	28.00	65
数学拼盘和斐波那契魔方	2010—07	38.00	72
斐波那契数列欣赏(第2版)	2018—08	58.00	948
Fibonacci数列中的明珠	2018—06	58.00	928
数学的创造	2011—02	48.00	85
数学美与创造力	2016—01	48.00	595
数海拾贝	2016—01	48.00	590
数学中的美(第2版)	2019—04	68.00	1057
数论中的美学	2014—12	38.00	351
数学王者 科学巨人——高斯	2015—01	28.00	428
振兴祖国数学的圆梦之旅:中国初等数学研究史话	2015—06	98.00	490
二十世纪中国数学史料研究	2015—10	48.00	536
《九章算法比类大全》校注	2024—06	198.00	1695
数字谜、数阵图与棋盘覆盖	2016—01	58.00	298
数学概念的进化:一个初步的研究	2023—07	68.00	1683
数学发现的艺术:数学探索中的合情推理	2016—07	58.00	671
活跃在数学中的参数	2016—07	48.00	675
数海趣史	2021—05	98.00	1314
玩转幻中之幻	2023—08	88.00	1682
数学艺术品	2023—09	98.00	1685
数学博弈与游戏	2023—10	68.00	1692
数学解题——靠数学思想给力(上)	2011—07	38.00	131
数学解题——靠数学思想给力(中)	2011—07	48.00	132
数学解题——靠数学思想给力(下)	2011—07	38.00	133
我怎样解题	2013—01	48.00	227
数学解题中的物理方法	2011—06	28.00	114
数学解题的特殊方法	2011—06	48.00	115
中学数学计算技巧(第2版)	2020—10	48.00	1220
中学数学证明方法	2012—01	58.00	117
数学趣题巧解	2012—03	28.00	128
高中数学教学通鉴	2015—05	58.00	479
和高中生漫谈:数学与哲学的故事	2014—08	28.00	369
算术问题集	2017—03	38.00	789
张教授讲数学	2018—07	38.00	933
陈永明实话实说数学教学	2020—04	68.00	1132
中学数学学科知识与教学能力	2020—06	58.00	1155
怎样把课讲好:大罕数学教学随笔	2022—03	58.00	1484
中国高考评价体系下高考数学探秘	2022—03	48.00	1487
数苑漫步	2024—01	58.00	1670
自主招生考试中的参数方程问题	2015—01	28.00	435
自主招生考试中的极坐标问题	2015—04	28.00	463
近年全国重点大学自主招生数学试题全解及研究.华约卷	2015—02	38.00	441
近年全国重点大学自主招生数学试题全解及研究.北约卷	2016—05	38.00	619
自主招生数学解证宝典	2015—09	48.00	535
中国科学技术大学创新班数学真题解析	2022—03	48.00	1488
中国科学技术大学创新班物理真题解析	2022—03	58.00	1489
格点和面积	2012—07	18.00	191
射影几何趣谈	2012—04	28.00	175
斯潘纳尔引理——从一道加拿大数学奥林匹克试题谈起	2014—01	28.00	228
李普希兹条件——从几道近年高考数学试题谈起	2012—10	18.00	221
拉格朗日中值定理——从一道北京高考试题的解法谈起	2015—10	18.00	197

刘培杰数学工作室
已出版（即将出版）图书目录——初等数学

书　名	出版时间	定　价	编号
闵科夫斯基定理——从一道清华大学自主招生试题谈起	2014-01	28.00	198
哈尔测度——从一道冬令营试题的背景谈起	2012-08	28.00	202
切比雪夫逼近问题——从一道中国台北数学奥林匹克试题谈起	2013-04	38.00	238
伯恩斯坦多项式与贝齐尔曲面——从一道全国高中数学联赛试题谈起	2013-03	38.00	236
卡塔兰猜想——从一道普特南竞赛试题谈起	2013-06	18.00	256
麦卡锡函数和阿克曼函数——从一道前南斯拉夫数学奥林匹克试题谈起	2012-08	18.00	201
贝蒂定理与拉姆贝克莫斯尔定理——从一个拣石子游戏谈起	2012-08	18.00	217
皮亚诺曲线和豪斯道夫分球定理——从无限集谈起	2012-08	18.00	211
平面凸图形与凸多面体	2012-10	28.00	218
斯坦因豪斯问题——从一道二十五省市自治区中学数学竞赛试题谈起	2012-07	18.00	196
纽结理论中的亚历山大多项式与琼斯多项式——从一道北京市高一数学竞赛试题谈起	2012-07	28.00	195
原则与策略——从波利亚"解题表"谈起	2013-04	38.00	244
转化与化归——从三大尺规作图不能问题谈起	2012-08	28.00	214
代数几何中的贝祖定理（第一版）——从一道IMO试题的解法谈起	2013-08	18.00	193
成功连贯理论与约当块理论——从一道比利时数学竞赛试题谈起	2012-04	18.00	180
素数判定与大数分解	2014-08	18.00	199
置换多项式及其应用	2012-10	18.00	220
椭圆函数与模函数——从一道美国加州大学洛杉矶分校（UCLA）博士资格考题谈起	2012-10	28.00	219
差分方程的拉格朗日方法——从一道2011年全国高考理科试题的解法谈起	2012-08	28.00	200
力学在几何中的一些应用	2013-01	38.00	240
从根式解到伽罗华理论	2020-01	48.00	1121
康托洛维奇不等式——从一道全国高中联赛试题谈起	2013-03	28.00	337
拉克斯定理和阿廷定理——从一道IMO试题的解法谈起	2014-01	58.00	246
毕卡大定理——从一道美国大学数学竞赛试题谈起	2014-07	18.00	350
拉格朗日乘子定理——从一道2005年全国高中联赛试题的高等数学解法谈起	2015-05	28.00	480
雅可比定理——从一道日本数学奥林匹克试题谈起	2013-04	48.00	249
李天岩—约克定理——从一道波兰数学竞赛试题谈起	2014-06	28.00	349
受控理论与初等不等式：从一道IMO试题的解法谈起	2023-03	48.00	1601
布劳维不动点定理——从一道前苏联数学奥林匹克试题谈起	2014-01	38.00	273
莫德尔—韦伊定理——从一道日本数学奥林匹克试题谈起	2024-10	48.00	1602
斯蒂尔杰斯积分——从一道国际大学生数学竞赛试题的解法谈起	2024-10	68.00	1605
切博塔廖夫猜想——从一道1978年全国高中数学竞赛试题谈起	2024-10	38.00	1606
卡西尼卵形线：从一道高中数学期中考试试题谈起	2024-10	48.00	1607
格罗斯问题：亚纯函数的唯一性问题	2024-10	48.00	1608
布格尔问题——从一道第6届全国中学生物理竞赛预赛试题谈起	2024-09	68.00	1609
多项式逼近问题——从一道美国大学生数学竞赛试题谈起	2024-10	48.00	1748
中国剩余定理——总数法构建中国历史年表	2015-01	28.00	430
沙可夫斯基定理——从一道韩国数学奥林匹克竞赛试题的解法谈起	2025-01	68.00	1753
斯特林公式——从一道2023年高考数学（天津卷）试题的背景谈起	2025-01	28.00	1754
外索天博弈：从一道瑞士国家队选拔考试试题谈起	2025-03	48.00	1755
分圆多项式——从一道美国国家队选拔考试试题的解法谈起	2025-01	48.00	1786
费马数与广义费马数——从一道USAMO试题的解法谈起	2025-01	48.00	1794

刘培杰数学工作室
已出版(即将出版)图书目录——初等数学

书　　名	出版时间	定　价	编号
贝克码与编码理论——从一道全国高中数学联赛二试试题的解法谈起	2025-03	48.00	1751
拉比诺维奇定理	即将出版		
刘维尔定理——从一道《美国数学月刊》征解问题的解法谈起	即将出版		
卡塔兰恒等式与级数求和——从一道 IMO 试题的解法谈起	即将出版		
勒让德猜想与素数分布——从一道爱尔兰竞赛试题谈起	即将出版		
天平称重与信息论——从一道基辅市数学奥林匹克试题谈起	即将出版		
哈密尔顿-凯莱定理:从一道高中数学联赛试题的解法谈起	2014-09	18.00	376
艾思特曼定理——从一道 CMO 试题的解法谈起	即将出版		
阿贝尔恒等式与经典不等式及应用	2018-06	98.00	923
迪利克雷除数问题	2018-07	48.00	930
幻方、幻立方与拉丁方	2019-08	48.00	1092
帕斯卡三角形	2014-03	18.00	294
蒲丰投针问题——从 2009 年清华大学的一道自主招生试题谈起	2014-01	38.00	295
斯图姆定理——从一道"华约"自主招生试题的解法谈起	2014-01	18.00	296
许瓦兹引理——从一道加利福尼亚大学伯克利分校数学系博士生试题谈起	2014-08	18.00	297
拉姆塞定理——从王诗宬院士的一个问题谈起	2016-04	48.00	299
坐标法	2013-12	28.00	332
数论三角形	2014-04	38.00	341
毕克定理	2014-07	18.00	352
数林掠影	2014-09	48.00	389
我们周围的概率	2014-10	38.00	390
凸函数最值定理:从一道华约自主招生题的解法谈起	2014-10	28.00	391
易学与数学奥林匹克	2014-10	38.00	392
生物数学趣谈	2015-01	18.00	409
反演	2015-01	28.00	420
因式分解与圆锥曲线	2015-01	18.00	426
轨迹	2015-01	28.00	427
面积原理:从常庚哲命的一道 CMO 试题的积分解法谈起	2015-01	48.00	431
形形色色的不动点定理:从一道 28 届 IMO 试题谈起	2015-01	38.00	439
柯西函数方程:从一道上海交大自主招生的试题谈起	2015-02	28.00	440
三角恒等式	2015-02	28.00	442
无理性判定:从一道 2014 年"北约"自主招生试题谈起	2015-01	38.00	443
数学归纳法	2015-03	18.00	451
极端原理与解题	2015-04	28.00	464
法雷级数	2014-08	18.00	367
摆线族	2015-01	38.00	438
函数方程及其解法	2015-05	38.00	470
含参数的方程和不等式	2012-09	28.00	213
希尔伯特第十问题	2016-01	38.00	543
无穷小量的求和	2016-01	28.00	545
切比雪夫多项式:从一道清华大学金秋营试题谈起	2016-01	38.00	583
泽肯多夫定理	2016-03	38.00	599
代数等式证题法	2016-01	28.00	600
三角等式证题法	2016-01	28.00	601
吴大任教授藏书中的一个因式分解公式:从一道美国数学邀请赛试题的解法谈起	2016-06	28.00	656
易卦——类万物的数学模型	2017-08	68.00	838
"不可思议"的数与数系可持续发展	2018-01	38.00	878
最短线	2018-01	38.00	879
数学在天文、地理、光学、机械力学中的一些应用	2023-03	88.00	1576
从阿基米德三角形谈起	2023-01	28.00	1578

刘培杰数学工作室
已出版(即将出版)图书目录——初等数学

书　　名	出版时间	定　价	编号
幻方和魔方(第一卷)	2012—05	68.00	173
尘封的经典——初等数学经典文献选读(第一卷)	2012—07	48.00	205
尘封的经典——初等数学经典文献选读(第二卷)	2012—07	38.00	206
初级方程式论	2011—03	28.00	106
初等数学研究(Ⅰ)	2008—09	68.00	37
初等数学研究(Ⅱ)(上、下)	2009—05	118.00	46,47
初等数学专题研究	2022—10	68.00	1568
趣味初等方程妙题集锦	2014—09	48.00	388
趣味初等数论选美与欣赏	2015—02	48.00	445
耕读笔记(上卷):一位农民数学爱好者的初数探索	2015—04	28.00	459
耕读笔记(中卷):一位农民数学爱好者的初数探索	2015—05	28.00	483
耕读笔记(下卷):一位农民数学爱好者的初数探索	2015—05	28.00	484
几何不等式研究与欣赏.上卷	2016—01	88.00	547
几何不等式研究与欣赏.下卷	2016—01	48.00	552
初等数列研究与欣赏·上	2016—01	48.00	570
初等数列研究与欣赏·下	2016—01	48.00	571
趣味初等函数研究与欣赏.上	2016—09	48.00	684
趣味初等函数研究与欣赏.下	2018—09	48.00	685
三角不等式研究与欣赏	2020—10	68.00	1197
新编平面解析几何解题方法研究与欣赏	2021—10	78.00	1426
火柴游戏(第2版)	2022—05	38.00	1493
智力解谜.第1卷	2017—07	38.00	613
智力解谜.第2卷	2017—07	38.00	614
故事智力	2016—07	48.00	615
名人们喜欢的智力问题	2020—01	48.00	616
数学大师的发现、创造与失误	2018—01	48.00	617
异曲同工	2018—09	48.00	618
数学的味道(第2版)	2023—10	68.00	1686
数学千字文	2018—10	68.00	977
数贝偶拾——高考数学题研究	2014—04	28.00	274
数贝偶拾——初等数学研究	2014—04	38.00	275
数贝偶拾——奥数题研究	2014—04	48.00	276
钱昌本教你快乐学数学(上)	2011—12	48.00	155
钱昌本教你快乐学数学(下)	2012—03	58.00	171
集合、函数与方程	2014—01	28.00	300
数列与不等式	2014—01	38.00	301
三角与平面向量	2014—01	28.00	302
平面解析几何	2014—01	38.00	303
立体几何与组合	2014—01	28.00	304
极限与导数、数学归纳法	2014—01	38.00	305
趣味数学	2014—03	28.00	306
教材教法	2014—04	68.00	307
自主招生	2014—05	58.00	308
高考压轴题(上)	2015—01	48.00	309
高考压轴题(下)	2014—10	68.00	310

刘培杰数学工作室
已出版(即将出版)图书目录——初等数学

书　名	出版时间	定　价	编号
从费马到怀尔斯——费马大定理的历史	2013—10	198.00	I
从庞加莱到佩雷尔曼——庞加莱猜想的历史	2013—10	298.00	II
从切比雪夫到爱尔特希(上)——素数定理的初等证明	2013—07	48.00	III
从切比雪夫到爱尔特希(下)——素数定理100年	2012—12	98.00	III
从高斯到盖尔方特——二次域的高斯猜想	2013—10	198.00	IV
从库默尔到朗兰兹——朗兰兹猜想的历史	2014—01	98.00	V
从比勃巴赫到德布朗斯——比勃巴赫猜想的历史	2014—02	298.00	VI
从麦比乌斯到陈省身——麦比乌斯变换与麦比乌斯带	2014—02	298.00	VII
从布尔到豪斯道夫——布尔方程与格论漫谈	2013—10	198.00	VIII
从开普勒到阿诺德——三体问题的历史	2014—05	298.00	IX
从华林到华罗庚——华林问题的历史	2013—10	298.00	X
美国高中数学竞赛五十讲.第1卷(英文)	2014—08	28.00	357
美国高中数学竞赛五十讲.第2卷(英文)	2014—08	28.00	358
美国高中数学竞赛五十讲.第3卷(英文)	2014—09	28.00	359
美国高中数学竞赛五十讲.第4卷(英文)	2014—09	28.00	360
美国高中数学竞赛五十讲.第5卷(英文)	2014—10	28.00	361
美国高中数学竞赛五十讲.第6卷(英文)	2014—11	28.00	362
美国高中数学竞赛五十讲.第7卷(英文)	2014—12	28.00	363
美国高中数学竞赛五十讲.第8卷(英文)	2015—01	28.00	364
美国高中数学竞赛五十讲.第9卷(英文)	2015—01	28.00	365
美国高中数学竞赛五十讲.第10卷(英文)	2015—02	38.00	366
三角函数(第2版)	2017—04	38.00	626
不等式	2014—01	38.00	312
数列	2014—01	38.00	313
方程(第2版)	2017—04	38.00	624
排列和组合	2014—01	28.00	315
极限与导数(第2版)	2016—04	38.00	635
向量(第2版)	2018—08	58.00	627
复数及其应用	2014—08	28.00	318
函数	2014—01	38.00	319
集合	2020—01	48.00	320
直线与平面	2014—01	28.00	321
立体几何(第2版)	2016—04	38.00	629
解三角形	即将出版		323
直线与圆(第2版)	2016—11	38.00	631
圆锥曲线(第2版)	2016—09	48.00	632
解题通法(一)	2014—07	38.00	326
解题通法(二)	2014—07	38.00	327
解题通法(三)	2014—05	38.00	328
概率与统计	2014—01	28.00	329
信息迁移与算法	即将出版		330

书　名	出版时间	定　价	编号
IMO 50 年. 第 1 卷(1959—1963)	2014—11	28.00	377
IMO 50 年. 第 2 卷(1964—1968)	2014—11	28.00	378
IMO 50 年. 第 3 卷(1969—1973)	2014—09	28.00	379
IMO 50 年. 第 4 卷(1974—1978)	2016—04	38.00	380
IMO 50 年. 第 5 卷(1979—1984)	2015—04	38.00	381
IMO 50 年. 第 6 卷(1985—1989)	2015—04	58.00	382
IMO 50 年. 第 7 卷(1990—1994)	2016—01	48.00	383
IMO 50 年. 第 8 卷(1995—1999)	2016—06	38.00	384
IMO 50 年. 第 9 卷(2000—2004)	2015—04	58.00	385
IMO 50 年. 第 10 卷(2005—2009)	2016—01	48.00	386
IMO 50 年. 第 11 卷(2010—2015)	2017—03	48.00	646
数学反思(2006—2007)	2020—09	88.00	915
数学反思(2008—2009)	2019—01	68.00	917
数学反思(2010—2011)	2018—05	58.00	916
数学反思(2012—2013)	2019—01	58.00	918
数学反思(2014—2015)	2019—03	78.00	919
数学反思(2016—2017)	2021—03	58.00	1286
数学反思(2018—2019)	2023—01	88.00	1593
历届美国大学生数学竞赛试题集.第一卷(1938—1949)	2015—01	28.00	397
历届美国大学生数学竞赛试题集.第二卷(1950—1959)	2015—01	28.00	398
历届美国大学生数学竞赛试题集.第三卷(1960—1969)	2015—01	28.00	399
历届美国大学生数学竞赛试题集.第四卷(1970—1979)	2015—01	18.00	400
历届美国大学生数学竞赛试题集.第五卷(1980—1989)	2015—01	28.00	401
历届美国大学生数学竞赛试题集.第六卷(1990—1999)	2015—01	28.00	402
历届美国大学生数学竞赛试题集.第七卷(2000—2009)	2015—08	18.00	403
历届美国大学生数学竞赛试题集.第八卷(2010—2012)	2015—01	18.00	404
新课标高考数学创新题解题诀窍:总论	2014—09	28.00	372
新课标高考数学创新题解题诀窍:必修 1～5 分册	2014—08	38.00	373
新课标高考数学创新题解题诀窍:选修 2—1,2—2,1—1,1—2分册	2014—09	38.00	374
新课标高考数学创新题解题诀窍:选修 2—3,4—4,4—5分册	2014—09	18.00	375
全国重点大学自主招生英文数学试题全攻略:词汇卷	2015—07	48.00	410
全国重点大学自主招生英文数学试题全攻略:概念卷	2015—01	28.00	411
全国重点大学自主招生英文数学试题全攻略:文章选读卷(上)	2016—09	38.00	412
全国重点大学自主招生英文数学试题全攻略:文章选读卷(下)	2017—01	58.00	413
全国重点大学自主招生英文数学试题全攻略:试题卷	2015—07	38.00	414
全国重点大学自主招生英文数学试题全攻略:名著欣赏卷	2017—03	48.00	415
劳埃德数学趣题大全.题目卷.1:英文	2016—01	18.00	516
劳埃德数学趣题大全.题目卷.2:英文	2016—01	18.00	517
劳埃德数学趣题大全.题目卷.3:英文	2016—01	18.00	518
劳埃德数学趣题大全.题目卷.4:英文	2016—01	18.00	519
劳埃德数学趣题大全.题目卷.5:英文	2016—01	18.00	520
劳埃德数学趣题大全.答案卷:英文	2016—01	18.00	521

刘培杰数学工作室
已出版(即将出版)图书目录——初等数学

书　名	出版时间	定　价	编号
李成章教练奥数笔记.第1卷	2016—01	48.00	522
李成章教练奥数笔记.第2卷	2016—01	48.00	523
李成章教练奥数笔记.第3卷	2016—01	38.00	524
李成章教练奥数笔记.第4卷	2016—01	38.00	525
李成章教练奥数笔记.第5卷	2016—01	38.00	526
李成章教练奥数笔记.第6卷	2016—01	38.00	527
李成章教练奥数笔记.第7卷	2016—01	38.00	528
李成章教练奥数笔记.第8卷	2016—01	48.00	529
李成章教练奥数笔记.第9卷	2016—01	28.00	530
第19～23届"希望杯"全国数学邀请赛试题审题要津详细评注(初一版)	2014—03	28.00	333
第19～23届"希望杯"全国数学邀请赛试题审题要津详细评注(初二、初三版)	2014—03	38.00	334
第19～23届"希望杯"全国数学邀请赛试题审题要津详细评注(高一版)	2014—03	28.00	335
第19～23届"希望杯"全国数学邀请赛试题审题要津详细评注(高二版)	2014—03	38.00	336
第19～25届"希望杯"全国数学邀请赛试题审题要津详细评注(初一版)	2015—01	38.00	416
第19～25届"希望杯"全国数学邀请赛试题审题要津详细评注(初二、初三版)	2015—01	58.00	417
第19～25届"希望杯"全国数学邀请赛试题审题要津详细评注(高一版)	2015—01	48.00	418
第19～25届"希望杯"全国数学邀请赛试题审题要津详细评注(高二版)	2015—01	48.00	419
物理奥林匹克竞赛大题典——力学卷	2014—11	48.00	405
物理奥林匹克竞赛大题典——热学卷	2014—04	28.00	339
物理奥林匹克竞赛大题典——电磁学卷	2015—07	48.00	406
物理奥林匹克竞赛大题典——光学与近代物理卷	2014—06	28.00	345
历届中国东南地区数学奥林匹克试题及解答	2024—06	68.00	1724
历届中国西部地区数学奥林匹克试题集(2001～2012)	2014—07	18.00	347
历届中国女子数学奥林匹克试题集(2002～2012)	2014—08	18.00	348
数学奥林匹克在中国	2014—06	98.00	344
数学奥林匹克问题集	2014—01	38.00	267
数学奥林匹克不等式散论	2010—06	38.00	124
数学奥林匹克不等式欣赏	2011—09	38.00	138
数学奥林匹克超级题库(初中卷上)	2010—01	58.00	66
数学奥林匹克不等式证明方法和技巧(上、下)	2011—08	158.00	134,135
他们学什么:原民主德国中学数学课本	2016—09	38.00	658
他们学什么:英国中学数学课本	2016—09	38.00	659
他们学什么:法国中学数学课本.1	2016—09	38.00	660
他们学什么:法国中学数学课本.2	2016—09	28.00	661
他们学什么:法国中学数学课本.3	2016—09	38.00	662
他们学什么:苏联中学数学课本	2016—09	28.00	679

刘培杰数学工作室

已出版(即将出版)图书目录——初等数学

书　名	出版时间	定　价	编号
高中数学题典——集合与简易逻辑·函数	2016－07	48.00	647
高中数学题典——导数	2016－07	48.00	648
高中数学题典——三角函数·平面向量	2016－07	48.00	649
高中数学题典——数列	2016－07	58.00	650
高中数学题典——不等式·推理与证明	2016－07	38.00	651
高中数学题典——立体几何	2016－07	48.00	652
高中数学题典——平面解析几何	2016－07	78.00	653
高中数学题典——计数原理·统计·概率·复数	2016－07	48.00	654
高中数学题典——算法·平面几何·初等数论·组合数学·其他	2016－07	68.00	655
台湾地区奥林匹克数学竞赛试题.小学一年级	2017－03	38.00	722
台湾地区奥林匹克数学竞赛试题.小学二年级	2017－03	38.00	723
台湾地区奥林匹克数学竞赛试题.小学三年级	2017－03	38.00	724
台湾地区奥林匹克数学竞赛试题.小学五年级	2017－03	38.00	725
台湾地区奥林匹克数学竞赛试题.小学五年级	2017－03	38.00	726
台湾地区奥林匹克数学竞赛试题.小学六年级	2017－03	38.00	727
台湾地区奥林匹克数学竞赛试题.初中一年级	2017－03	38.00	728
台湾地区奥林匹克数学竞赛试题.初中二年级	2017－03	38.00	729
台湾地区奥林匹克数学竞赛试题.初中三年级	2017－03	28.00	730
不等式证题法	2017－04	28.00	747
平面几何培优教程	2019－08	88.00	748
奥数鼎级培优教程.高一分册	2018－09	88.00	749
奥数鼎级培优教程.高二分册.上	2018－04	68.00	750
奥数鼎级培优教程.高二分册.下	2018－04	68.00	751
高中数学竞赛冲刺宝典	2019－04	68.00	883
初中尖子生数学超级题典.实数	2017－07	58.00	792
初中尖子生数学超级题典.式、方程与不等式	2017－08	58.00	793
初中尖子生数学超级题典.圆、面积	2017－08	38.00	794
初中尖子生数学超级题典.函数、逻辑推理	2017－08	48.00	795
初中尖子生数学超级题典.角、线段、三角形与多边形	2017－07	58.00	796
数学王子——高斯	2018－01	48.00	858
坎坷奇星——阿贝尔	2018－01	48.00	859
闪烁奇星——伽罗瓦	2018－01	58.00	860
无穷统帅——康托尔	2018－01	48.00	861
科学公主——柯瓦列夫斯卡娅	2018－01	48.00	862
抽象代数之母——埃米·诺特	2018－01	48.00	863
电脑先驱——图灵	2018－01	58.00	864
昔日神童——维纳	2018－01	48.00	865
数坛怪侠——爱尔特希	2018－01	68.00	866
传奇数学家徐利治	2019－09	88.00	1110

书　　名	出版时间	定　价	编号
当代世界中的数学.数学思想与数学基础	2019—01	38.00	892
当代世界中的数学.数学问题	2019—01	38.00	893
当代世界中的数学.应用数学与数学应用	2019—01	38.00	894
当代世界中的数学.数学王国的新疆域(一)	2019—01	38.00	895
当代世界中的数学.数学王国的新疆域(二)	2019—01	38.00	896
当代世界中的数学.数林撷英(一)	2019—01	38.00	897
当代世界中的数学.数林撷英(二)	2019—01	48.00	898
当代世界中的数学.数学之路	2019—01	38.00	899
105 个代数问题:来自 AwesomeMath 夏季课程	2019—02	58.00	956
106 个几何问题:来自 AwesomeMath 夏季课程	2020—07	58.00	957
107 个几何问题:来自 AwesomeMath 全年课程	2020—07	58.00	958
108 个代数问题:来自 AwesomeMath 全年课程	2019—01	68.00	959
109 个不等式:来自 AwesomeMath 夏季课程	2019—04	58.00	960
110 个几何问题:选自各国数学奥林匹克竞赛	2024—04	58.00	961
111 个代数和数论问题	2019—05	58.00	962
112 个组合问题:来自 AwesomeMath 夏季课程	2019—05	58.00	963
113 个几何不等式:来自 AwesomeMath 夏季课程	2020—08	58.00	964
114 个指数和对数问题:来自 AwesomeMath 夏季课程	2019—09	48.00	965
115 个三角问题:来自 AwesomeMath 夏季课程	2019—09	58.00	966
116 个代数不等式:来自 AwesomeMath 全年课程	2019—04	58.00	967
117 个多项式问题:来自 AwesomeMath 夏季课程	2021—09	58.00	1409
118 个数学竞赛不等式	2022—08	78.00	1526
119 个三角问题	2024—05	58.00	1726
119 个三角问题	2024—05	58.00	1726
紫色彗星国际数学竞赛试题	2019—02	58.00	999
数学竞赛中的数学:为数学爱好者、父母、教师和教练准备的丰富资源.第一部	2020—04	58.00	1141
数学竞赛中的数学:为数学爱好者、父母、教师和教练准备的丰富资源.第二部	2020—07	48.00	1142
和与积	2020—10	38.00	1219
数论:概念和问题	2020—12	68.00	1257
初等数学问题研究	2021—03	48.00	1270
数学奥林匹克中的欧几里得几何	2021—10	68.00	1413
数学奥林匹克题解新编	2022—01	58.00	1430
图论入门	2022—09	58.00	1554
新的、更新的、最新的不等式	2023—07	58.00	1650
几何不等式相关问题	2024—04	58.00	1721
数学归纳法——一种高效而简捷的证明方法	2024—06	48.00	1738
数学竞赛中奇妙的多项式	2024—01	78.00	1646
120 个奇妙的代数问题及 20 个奖励问题	2024—04	48.00	1647
几何不等式相关问题	2024—04	58.00	1721
数学竞赛中的十个代数主题	2024—10	58.00	1745
AwesomeMath 入学测试题:前九年:2006—2014	2024—11	38.00	1644
AwesomeMath 入学测试题:接下来的七年:2015—2021	2024—12	48.00	1782
奥林匹克几何入门	2025—01	48.00	1796
数学太空漫游:21 世纪的立体几何	2025—01	68.00	1810

刘培杰数学工作室
已出版(即将出版)图书目录——初等数学

书　　名	出版时间	定　价	编号
澳大利亚中学数学竞赛试题及解答(初级卷)1978~1984	2019－02	28.00	1002
澳大利亚中学数学竞赛试题及解答(初级卷)1985~1991	2019－02	28.00	1003
澳大利亚中学数学竞赛试题及解答(初级卷)1992~1998	2019－02	28.00	1004
澳大利亚中学数学竞赛试题及解答(初级卷)1999~2005	2019－02	28.00	1005
澳大利亚中学数学竞赛试题及解答(中级卷)1978~1984	2019－03	28.00	1006
澳大利亚中学数学竞赛试题及解答(中级卷)1985~1991	2019－03	28.00	1007
澳大利亚中学数学竞赛试题及解答(中级卷)1992~1998	2019－03	28.00	1008
澳大利亚中学数学竞赛试题及解答(中级卷)1999~2005	2019－03	28.00	1009
澳大利亚中学数学竞赛试题及解答(高级卷)1978~1984	2019－05	28.00	1010
澳大利亚中学数学竞赛试题及解答(高级卷)1985~1991	2019－05	28.00	1011
澳大利亚中学数学竞赛试题及解答(高级卷)1992~1998	2019－05	28.00	1012
澳大利亚中学数学竞赛试题及解答(高级卷)1999~2005	2019－05	28.00	1013
天才中小学生智力测验题.第一卷	2019－03	38.00	1026
天才中小学生智力测验题.第二卷	2019－03	38.00	1027
天才中小学生智力测验题.第三卷	2019－03	38.00	1028
天才中小学生智力测验题.第四卷	2019－03	38.00	1029
天才中小学生智力测验题.第五卷	2019－03	38.00	1030
天才中小学生智力测验题.第六卷	2019－03	38.00	1031
天才中小学生智力测验题.第七卷	2019－03	38.00	1032
天才中小学生智力测验题.第八卷	2019－03	38.00	1033
天才中小学生智力测验题.第九卷	2019－03	38.00	1034
天才中小学生智力测验题.第十卷	2019－03	38.00	1035
天才中小学生智力测验题.第十一卷	2019－03	38.00	1036
天才中小学生智力测验题.第十二卷	2019－03	38.00	1037
天才中小学生智力测验题.第十三卷	2019－03	38.00	1038
重点大学自主招生数学备考全书:函数	2020－05	48.00	1047
重点大学自主招生数学备考全书:导数	2020－08	48.00	1048
重点大学自主招生数学备考全书:数列与不等式	2019－10	78.00	1049
重点大学自主招生数学备考全书:三角函数与平面向量	2020－08	68.00	1050
重点大学自主招生数学备考全书:平面解析几何	2020－07	58.00	1051
重点大学自主招生数学备考全书:立体几何与平面几何	2019－08	48.00	1052
重点大学自主招生数学备考全书:排列组合·概率统计·复数	2019－09	48.00	1053
重点大学自主招生数学备考全书:初等数论与组合数学	2019－08	48.00	1054
重点大学自主招生数学备考全书:重点大学自主招生真题.上	2019－04	68.00	1055
重点大学自主招生数学备考全书:重点大学自主招生真题.下	2019－04	58.00	1056
高中数学竞赛培训教程:平面几何问题的求解方法与策略.上	2018－05	68.00	906
高中数学竞赛培训教程:平面几何问题的求解方法与策略.下	2018－06	78.00	907
高中数学竞赛培训教程:整除与同余以及不定方程	2018－01	88.00	908
高中数学竞赛培训教程:组合计数与组合极值	2018－04	48.00	909
高中数学竞赛培训教程:初等代数	2019－04	78.00	1042
高中数学讲座:数学竞赛基础教程(第一册)	2019－06	48.00	1094
高中数学讲座:数学竞赛基础教程(第二册)	即将出版		1095
高中数学讲座:数学竞赛基础教程(第三册)	即将出版		1096
高中数学讲座:数学竞赛基础教程(第四册)	即将出版		1097

刘培杰数学工作室
已出版(即将出版)图书目录——初等数学

书　　名	出版时间	定　价	编号
新编中学数学解题方法 1000 招丛书.实数(初中版)	2022-05	58.00	1291
新编中学数学解题方法 1000 招丛书.式(初中版)	2022-05	48.00	1292
新编中学数学解题方法 1000 招丛书.方程与不等式(初中版)	2021-04	58.00	1293
新编中学数学解题方法 1000 招丛书.函数(初中版)	2022-05	38.00	1294
新编中学数学解题方法 1000 招丛书.角(初中版)	2022-05	48.00	1295
新编中学数学解题方法 1000 招丛书.线段(初中版)	2022-05	48.00	1296
新编中学数学解题方法 1000 招丛书.三角形与多边形(初中版)	2021-04	48.00	1297
新编中学数学解题方法 1000 招丛书.圆(初中版)	2022-05	48.00	1298
新编中学数学解题方法 1000 招丛书.面积(初中版)	2021-07	28.00	1299
新编中学数学解题方法 1000 招丛书.逻辑推理(初中版)	2022-06	48.00	1300
高中数学题典精编.第一辑.函数	2022-01	58.00	1444
高中数学题典精编.第一辑.导数	2022-01	68.00	1445
高中数学题典精编.第一辑.三角函数·平面向量	2022-01	68.00	1446
高中数学题典精编.第一辑.数列	2022-01	58.00	1447
高中数学题典精编.第一辑.不等式·推理与证明	2022-01	58.00	1448
高中数学题典精编.第一辑.立体几何	2022-01	58.00	1449
高中数学题典精编.第一辑.平面解析几何	2022-01	68.00	1450
高中数学题典精编.第一辑.统计·概率·平面几何	2022-01	58.00	1451
高中数学题典精编.第一辑.初等数论·组合数学·数学文化·解题方法	2022-01	58.00	1452
历届全国初中数学竞赛试题分类解析.初等代数	2022-09	98.00	1555
历届全国初中数学竞赛试题分类解析.初等数论	2022-09	48.00	1556
历届全国初中数学竞赛试题分类解析.平面几何	2022-09	38.00	1557
历届全国初中数学竞赛试题分类解析.组合	2022-09	38.00	1558
从三道高三数学模拟题的背景谈起:兼谈傅里叶三角级数	2023-03	48.00	1651
从一道日本东京大学的入学试题谈起:兼谈 π 的方方面面	2025-01	68.00	1652
从两道 2021 年福建高三数学测试题谈起:兼谈球面几何学与球面三角学	2025-01	58.00	1653
从一道湖南高考数学试题谈起:兼谈有界变差数列	2024-01	48.00	1654
从一道高校自主招生试题谈起:兼谈詹森函数方程	即将出版		1655
从一道上海高考数学试题谈起:兼谈有界变差函数	即将出版		1656
从一道北京大学金秋营数学试题的解法谈起:兼谈伽罗瓦理论	2024-10	38.00	1657
从一道北京高考数学试题的解法谈起:兼谈毕克定理	即将出版		1658
从一道北京大学金秋营数学试题的解法谈起:兼谈帕塞瓦尔恒等式	2024-10	68.00	1659
从一道高三数学模拟测试题的背景谈起:兼谈等周问题与等周不等式	即将出版		1660
从一道 2020 年全国高考数学试题的解法谈起:兼谈斐波那契数列和纳卡穆拉定理及奥斯图达定理	即将出版		1661
从一道高考数学附加题谈起:兼谈广义斐波那契数列	2025-01	68.00	1662

刘培杰数学工作室
已出版(即将出版)图书目录——初等数学

书　名	出版时间	定　价	编号
从一道普通高中学业水平考试中数学卷的压轴题谈起——兼谈最佳逼近理论	2024—10	58.00	1759
从一道高考数学试题谈起——兼谈李普希兹条件	即将出版		1760
从一道北京市朝阳区高二期末数学考试题的解法谈起——兼谈希尔宾斯基垫片和分形几何	即将出版		1761
从一道高考数学试题谈起——兼谈巴拿赫压缩不动点定理	即将出版		1762
从一道中国台湾地区高考数学试题谈起——兼谈费马数与计算数论	即将出版		1763
从2022年全国高考数学压轴题的解法谈起——兼谈数值计算中的帕德逼近	2024—10	48.00	1764
从一道清华大学2022年强基计划数学测试题的解法谈起——兼谈拉马努金恒等式	即将出版		1765
从一篇有关数学建模的讲义谈起——兼谈信息熵与信息论	即将出版		1766
从一道清华大学自主招生的数学试题谈起——兼谈格点与闵可夫斯基定理	即将出版		1767
从一道1979年高考数学试题谈起——兼谈勾股定理和毕达哥拉斯定理	即将出版		1768
从一道2020年北京大学"强基计划"数学试题谈起——兼谈微分几何中的包络问题	即将出版		1769
从一道高考数学试题谈起——兼谈香农的信息理论	即将出版		1770
代数学教程.第一卷,集合论	2023—08	58.00	1664
代数学教程.第二卷,抽象代数基础	2023—08	68.00	1665
代数学教程.第三卷,数论原理	2023—08	58.00	1666
代数学教程.第四卷,代数方程式论	2023—08	48.00	1667
代数学教程.第五卷,多项式理论	2023—08	58.00	1668
代数学教程.第六卷,线性代数原理	2024—06	98.00	1669
中考数学培优教程——二次函数卷	2024—05	78.00	1718
中考数学培优教程——平面几何最值卷	2024—05	58.00	1719
中考数学培优教程——专题讲座卷	2024—05	58.00	1720

联系地址:哈尔滨市南岗区复华四道街10号　哈尔滨工业大学出版社刘培杰数学工作室
邮　　编:150006
联系电话:0451—86281378　　　13904613167
E-mail:lpj1378@163.com